Erläuterungen

zu den

Sicherheitsvorschriften

für die

Errichtung elektrischer Starkstromanlagen
einschliesslich der elektrischen Bahnanlagen.

Im Auftrage des Verbandes Deutscher Elektrotechniker

herausgegeben

von

Dr. C. L. Weber,
Kaiserl. Geh. Regierungsrat.

Achte, vermehrte und verbesserte Ausgabe.

Berlin.
Verlag von Julius Springer.
1906.

ISBN-13: 978-3-642-90527-8   e-ISBN-13: 978-3-642-92384-5
DOI: 10.1007/ 978-3-642-92384-5

Alle Rechte, insbesondere das der Übersetzung in fremde
Sprachen, vorbehalten.
Softcover reprint of the hardcover 8th edition 1906

Veröffentlichungen
des
Verbandes Deutscher Elektrotechniker.
Eingetragener Verein.

Sicherheitsvorschriften
für die
Errichtung elektrischer Starkstromanlagen.
Ausgabe vom Oktober 1905.

Niederspannung. — Hochspannung.
In einem Bande.

Festgesetzt nach den Beschlüssen der Sicherheits-Kommission zu Jena 1903 und der Jahresversammlungen in Kassel 1904 und in Dortmund-Essen 1905.

Taschenformat:
Kartoniert Preis 80 Pf.
10 Exemplare M. 7,50; 25 Exemplare M. 17,—; 100 Exemplare M. 60,—.

Daraus einzeln:

Niederspannung.
Taschenformat:
Kartoniert Preis 60 Pf.
10 Exemplare M. 5,50; 25 Exemplare M. 12,50; 100 Exemplare M. 45,—.

Sicherheitsvorschriften
für den Betrieb elektrischer Starkstromanlagen.
Taschenformat:
Geheftet Preis 20 Pf.
10 Exemplare M. 1,50; 25 Exemplare M. 3,50; 100 Exemplare M. 12,50.

Plakatformat auf festem Kartonpapier:
10 Exemplare in Rolle M. 3, ; 25 Exemplare M. 6,—.
Weniger als 10 Exemplare werden nicht abgegeben.

Sicherheitsvorschriften
für elektrische Straßenbahnen und straßenbahnähnliche Kleinbahnen.

Festgesetzt nach den Beschlüssen der Jahresversammlung zu Stuttgart vom 24. bis 27. Mai 1906.

Giltig vom 1. Oktober 1906 ab.

Taschenformat:
Kartoniert Preis M. —,50.
10 Exemplare M. 4,50; 25 Exemplare M. 10,-.; 100 Exemplare M. 35,—.

Vorschriften für die Lichtmessung
an Glühlampen nebst photometrischen Einheiten.
Taschenformat:
Geheftet Preis 20 Pf.

Zu beziehen durch jede Buchhandlung.

Veröffentlichungen
des
Verbandes Deutscher Elektrotechniker.
Eingetragener Verein.

Anleitung zur ersten Hülfeleistung
bei
Unfällen in elektrischen Betrieben.
Taschenformat:
10 Exemplare M. —,40; 100 Exemplare M. 3,—.
Plakatformat auf festem Kartonpapier:
10 Exemplare in Rolle M. 3,—; 25 Exemplare M. 6,—.
Weniger als 10 Exemplare werden nicht abgegeben.

Normalien für Bewertung und Prüfung
von
elektrischen Maschinen und Transformatoren.
Mit Erläuterungen von
G. Dettmar.
Taschenformat:
Kartoniert Preis 80 Pf. 10 Exemplare M 6,—.

Empfehlenswerte Maßnahmen bei Bränden.
Taschenformat:
10 Exemplare M. —,25; 100 Exemplare M. 2,—.
Plakatformat:
10 Exemplare in Rolle M. 3,—; 25 Exemplare M. 6,—.
Weniger als 10 Exemplare werden nicht abgegeben.

Normalien, Vorschriften und Leitsätze
des
Verbandes Deutscher Elektrotechniker.
Eingetragener Verein.
Herausgegeben von
Gisbert Kapp,
Generalsekretär.
Zweite Auflage.
Mit Berücksichtigung der Beschlüsse der Jahresversammlungen
in Kassel 1904 und Dortmund-Essen 1905.
In Leinwand gebunden Preis M. 2,—.
(Enthält sämtliche auf elektrische Anlagen bezügliche Veröffentlichungen des V. D E.)
Dazu erschien ein **Nachtrag**, enthaltend die Beschlüsse
der Jahresversammlung in Stuttgart, 24.—27. Mai 1906.
Preis M. —,60.

Herstellung und Instandhaltung elektrischer Licht- und Kraftanlagen.
Ein Leitfaden auch für Nicht-Techniker.
Unter Mitwirkung von Dr. C. Michalke verfaßt und herausgegeben
von **S. Frhr. v. Gaisberg.**
Dritte, umgearbeitete und erweiterte Auflage.
Mit 54 Textfiguren.
In Leinwand gebunden Preis M. 2,40.

Zu beziehen durch jede Buchhandlung.

Vorwort zur ersten Ausgabe.

Vom Vorstande des Verbandes Deutscher Elektrotechniker mit der Abfassung von Erläuterungen zu den von dem genannten Verbande aufgestellten Sicherheitsvorschriften beauftragt, habe ich denselben zunächst den Inhalt der Beratungen zugrunde gelegt, aus welchen die Vorschriften selbst hervorgegangen sind. Diese Beratungen sind in der Zeit von Anfang des Jahres 1894 bis gegen Ende des Jahres 1895 teils vom technischen Ausschusse des elektrotechnischen Vereins, teils von einer durch den Verband Deutscher Elektrotechniker eingesetzten Kommission in sehr umfassender und gründlicher Weise gepflogen worden. Die Kommission war aus Vertretern der Kaiserlichen Post- und Telegraphenverwaltung sowie der physikalisch-technischen Reichsanstalt und den Delegierten der bedeutendsten elektrotechnischen Vereine und städtischer Elektrizitätswerke zusammengesetzt. Die hervorragendsten Firmen waren durch Mitglieder der Kommission vertreten. Da es mir möglich gewesen war, an den Verhandlungen ausnahmslos teilzunehmen, so glaube ich das Wesen und den Zweck der Vorschriften im Sinne ihrer Urheber zum Ausdruck gebracht zu haben.

In Bezug auf technische Einzelheiten habe ich mich auf die praktischen Erfahrungen und Beobachtungen gestützt, zu denen mir eine mehrjährige Tätigkeit als Direktor der elektrotechnischen Versuchsstation München reichliche Gelegenheit geboten hat. Eine Reihe von Anregungen und Ergänzungen habe ich der Besprechung mit befreundeten Fachgenossen zu verdanken; insbesondere haben mich die Herren G. Kapp, Dr. Passavant und Ph. Seubel in dankenswerter Weise unterstützt.

Berlin, April 1896.

Der Verfasser.

Aus dem Vorwort zur zweiten und dritten Ausgabe.

Da im Jahre 1898 die Abteilung I der Sicherheitsvorschriften einer Revision unterzogen wurde, so erschien auch eine neue Bearbeitung der „Erläuterungen" notwendig. Gleichzeitig mußten die Erläuterungen auf den Anhang A der Abteilung I und auf die Abteilung II (für Hochspannungsanlagen) ausgedehnt werden.

Den Herren von Gaisberg, Görges, Heinke, Kapp, May, Passavant, Seubel und West, deren einsichtsvoller Mitarbeit eine große Zahl wichtiger Ergänzungen und Verbesserungen zu verdanken ist, sei hierfür der geziemende Dank ausgesprochen.

Berlin, Januar 1899.

Die dritte Ausgabe ist gegenüber der vorigen durch die Aufnahme der Abteilung II (für Anlagen mit mittleren Spannungen) vermehrt worden.

Dabei hat sich gezeigt, daß manche Fragen noch weiterer Aufklärung sowohl nach der theoretischen wie nach der experimentellen Seite hin bedürftig sind. Mehrfach hat dies Bedürfnis bereits zu neuen Untersuchungen Anlaß gegeben. Beispiele hierfür sind: die Festsetzungen zur schärferen Kennzeichnung der Schmelzsicherungen, die Untersuchungen über die Art der Einwirkung elektrischer Ströme auf den menschlichen Organismus, die Erörterungen über den Schutzwert der Erdung.

Berlin, Oktober 1899.

Dr. C. L. Weber.

Aus dem Vorwort
zur vierten bis siebenten Ausgabe.

Durch die Beschlüsse der Sicherheits-Kommission vom September 1901 ist den Vorschriften für Niederspannungsanlagen eine wesentlich geänderte Fassung gegeben und gleichzeitig der neue Titel: „**Vorschriften für die Errichtung elektrischer Starkstromanlagen**" eingeführt worden.
Berlin, Januar 1902.

Die neue Fassung der Vorschriften ist im Jahre 1903 auch auf die bisherige zweite und dritte Abteilung ausgedehnt worden und zwar in der Weise, daß die beiden letzten zu einer einzigen Abteilung — Hochspannung — verschmolzen wurde.
Damit liegt, nach fast zehnjähriger Arbeit, zum ersten Male eine einheitliche, alle Spannungsgebiete umfassende Vorschrift vor, welche nur noch in zwei Teile gegliedert ist und auch Anlagen für Sonderzwecke, wie für Theater und Bergwerke, mit einschließt.
Die neue Bearbeitung der Erläuterungen behandelt beide Abteilungen gemeinsam. Dadurch ist in der Anlage des Buches eine wesentliche Vereinfachung erzielt. Um die Übersichtlichkeit noch weiter zu verbessern, hat die Verlagsbuchhandlung eine andere Anordnung des Satzes getroffen. Auch das neu gewählte Format dürfte zur Erleichterung im Gebrauch des Buches beitragen.
Berlin, Oktober 1903.

Die Erläuterungen sind in der siebenten Ausgabe zum ersten Male auch auf die Sicherheitsvorschriften für elektrische Bahnanlagen ausgedehnt worden.
Gr.-Lichterfelde, Oktober 1904.

Dr. C. L. Weber.

Vorwort zur achten Ausgabe.

Im Jahre 1904 wie auch 1905 ergab sich die Notwendigkeit, eine Reihe von Einzelheiten der Vorschriften zu verbessern, insbesondere wurde im letzten Jahre der § 47 „chemische Betriebsstätten" eingefügt. Die „Erläuterungen" haben diese Änderungen berücksichtigt. Mit besonderer Sorgfalt sind in der vorliegenden achten Ausgabe diejenigen Auslegungen der Sicherheitsvorschriften berücksichtigt worden, die durch das „Redaktionskomitee der Sicherheitskommission des Verbandes Deutscher Elektrotechniker" auf Anfragen über zweifelhafte Fälle der Praxis gegeben worden sind. Die wichtigeren dieser Fragen und ihre Beantwortungen werden seit einigen Jahren auf Anregung des Verfassers regelmäßig in der ETZ veröffentlicht. Ihre Zahl ist bereits auf nahe 200 gestiegen. Während die Zahl der Beantwortungen überhaupt wohl das Vierfache betragen dürfte. Um dies wertvolle Material zugänglich zu machen, ist in den „Erläuterungen" jeweils auf die betreffende Stelle der ETZ verwiesen, so daß es denjenigen Lesern, die sich über einzelne Fragen ausführlicher unterrichten wollen, möglich ist, auf die unmittelbar durch die Praxis angeregten Auslegungen des Redaktionskomitees zurückzugehen.

Groß-Lichterfelde, Januar 1906.

Dr. C. L. Weber.

Inhaltsverzeichnis.

	Seite
Einleitung	1

Sicherheitsvorschriften für die Errichtung elektrischer Starkstromanlagen.

I. Niederspannung. II. Hochspannung 8

A. Allgemeines.
- § 1. Pläne 12
- § 2. Isolation 18
- § 3. Definitionen 24

B. Beschaffenheit des zu verwendenden Materials.
- § 4. Schalt- und Verteilungstafeln 30

Leitungsmaterial.
- § 5. Beschaffenheit und Belastung des Leitungskupfers 38
- § 6. Arten des Leitungsmaterials 42
- § 7. Drahtleitung 42
- § 8. Schnüre (biegsame Leitungen) 46
- § 9. Kabel 46

Apparate.
- § 10. Allgemeines 48
- § 11. Aus- und Umschalter 52
- § 12. Steckkontakte und dergleichen 56
- § 13. Widerstände und Heizapparate 60
- § 14. Schmelzsicherungen 62

Isolier- und Befestigungskörper.
- § 15. Holzleisten, Krampen 66
- § 16. Isolierglocken, Rollen und Ringe 68
- § 17. Klemmen 70
- § 18. Rohre 70

Lampen und Zubehör.
- § 19. Glühlampen und Fassungen 72
- § 20. Bogenlampen 74
- § 21. Beleuchtungskörper, auch Schnurpendel . 76

C. Verlegungsvorschriften.
- § 22. 1. Erdung 80
- § 23. 2. Freileitungen 84
- § 24. 3. Einführung von Freileitungen in Gebäude 98
-      4. Anlagen in Gebäuden.

4a. Gebäude im allgemeinen.

§ 25. Aufstellung von Generatoren, Motoren und Transformatoren 98
§ 26. Leitungen im allgemeinen 106
§ 27. Wand- und Deckendurchführungen .. 114
§ 28. Blanke Leitungen in Gebäuden 116

Isolierte Drähte und Schnurleitungen.

§ 29. Verlegung mit Glocken, Rollen, Ringen und Klemmen 120
§ 30. Verlegung in Rohren 122
§ 31. Verlegung von Kabeln 128

Anbringung von Sicherungen, Schaltern und anderen Apparaten.

§ 32. Anbringung der Sicherungen 130
§ 33. Anbringung von Ausschaltern 138
§ 34. Anbringung von Apparaten, insbesondere auch Widerständen und Heizapparaten . 142
§ 35. Anbringung von Beleuchtungskörpern . 146

4b. Behandlung verschiedenartiger Räume.

§ 36. Elektrische Betriebsräume 150
§ 37. Akkumulatorenräume 150
§ 38. Trockene Räume ohne leicht entzündlichen Inhalt 152
§ 39. Feuergefährliche Betriebsstätten 154
§ 40. Explosionsgefährliche Räume 156
§ 41. Feuchte Räume 158
§ 42. Räume mit ätzenden Dünsten 160
§ 43. Durchtränkte Räume 162
§ 44. Schaufenster, Warenhäuser etc. 164
§ 45. Theater 168
§ 46. Bergwerke 176
   Schlagwetterfreie Gruben 177
   Schlagwettergruben 185
§ 47. Chemische Betriebsstätten 190
§ 48. Inkrafttreten der Vorschriften 194

Sicherheitsvorschriften für elektrische Bahnanlagen.

Allgemeines 196

I. Kraftwerke.
§ 1. 197

II. Leitungsanlagen.
§ 2. Fahr- und Speiseleitungen 197
§ 3. Luftweichen und Kreuzungen 201
§ 4. Isolationswiderstand 201
§ 5. Polarität der Gleise 201
§ 6. Spannung der Gleise 202

III. Fahrzeuge.
§ 7. Allgemeines 202
§ 8. Generatoren, Motoren, Transformatoren . 203

Inhaltsverzeichnis.

	Seite
§ 9. Akkumulatoren	203
§ 10. Leitungen	203
§ 11. Schalttafeln	207
§ 12. Fahrschalter	208
§ 13. Sicherungen	208
§ 14. Ausschalter	209
§ 15. Widerstände	209
§ 16. Blitzschutzvorrichtungen	210
§ 17. Lampen	210
§ 18. Inkrafttreten dieser Vorschriften	210

Anhänge.

Vorschriften über die Herstellung und Unterhaltung von Holzgestängen 211

Normalien für Leitungen.

Kupfernormalien	214
Normalien für die Belastung von Kabeln	215
Normalien für Gummiband- und Gummiader-Leitungen	216
Normalien für Gummiband- und Gummiader-Schnüre	220
Normalien für Fassungsadern	221
Normalien für einfache Gleichstromkabel mit und ohne Prüfdraht bis 700 V	222
Fassungsdoppelader	223
Normalien für Pendelschnur	223
Normalien für die Konstruktion und Prüfung von Gummiaderleitungen für Hochspannung	224
Normalien für konzentrische, bikonzentrische und verseilte Mehrleiterkabel mit und ohne Prüfdraht	225

Normalien für die Konstruktion und Prüfung von Installationsmaterial 228

Erste Hilfeleistung bei Unfällen und Maßnahmen für das Entfernen der Verunglückten von den Leitungen 233

Sachregister 235

Einleitung.

Vorgeschichte der Sicherheitsvorschriften. Während es in anderen Ländern, so in Frankreich und England, schon vor einer Reihe von Jahren für nötig erachtet wurde, die Ausführung elektrischer Anlagen auf dem Wege der Gesetzgebung zu regeln, hat sich die Starkstromtechnik in Deutschland unbeeinflußt von jeder Einwirkung oder Aufsicht des Staates frei entwickeln können. Hierin ist auch durch das „Gesetz über das Telegraphenwesen des Deutschen Reichs" vom 6. April 1892 und durch „das Telegraphen-Wege-Gesetz" vom 18. Dez. 1899 keine wesentliche Änderung eingetreten; denn diese Gesetze haben ihren Schwerpunkt in der Regelung rein rechtlicher Beziehungen und auch da, wo aus ihrer Anwendung technische Maßnahmen erfolgen, lassen sie den denkbar weitesten Spielraum für deren Auswahl und für die Art ihrer Durchführung.

Wenn die Vertreter der deutschen Elektrotechnik sich wiederholt bemüht haben, ein tieferes Eingreifen der Gesetzgebung auf dem in Rede stehenden Gebiete zu verhindern oder hinauszuschieben, um nicht im ersten Ausbau der jungen Technik durch starre Formen beengt zu sein, so haben sie gleichwohl niemals der Ansicht gehuldigt, daß schrankenlose Willkür und unbegrenzte Regellosigkeit ein erstrebenswertes Ziel sei. Sie waren sich vielmehr stets bewußt, daß der auf die Spitze getriebene Konkurrenzkampf, welcher als alleiniges Hilfsmittel gegen bedenkliche Auswüchse nur die Selbsthilfe des einzelnen übrig läßt, niemals zu gedeihlichen Zuständen führen könne.

Es sind daher schon frühzeitig, aus den Kreisen und Bedürfnissen der Industrie selbst hervorgehend, mehr oder weniger bestimmte Regeln für die Ausführung elektrischer Einrichtungen ausgebildet worden. Zuerst waren es die Elektrizitätswerke größerer Städte, welche im Interesse der Sicherheit des eigenen Betriebes und im Bewußtsein ihrer Verantwortlichkeit den Installateuren die Verwendung bestimmter Materialien und Verlegungsarten vorschrieben. In demselben Maße, in welchem die elektrischen Anlagen an Ausdehnung und Bedeutung zugenommen haben, sind derartige Vorschriften auf Grund der allmählich gewonnenen Erfahrungen Schritt für Schritt erweitert und verbessert worden.

Allgemeiner gefaßte Sicherheitsvorschriften sind im Jahre 1888 durch den **elektrotechnischen Verein in Wien** entworfen worden, und im Jahre 1892 ließ der Verband deutscher **Privat-Feuer-Versicherungsgesellschaften** Grundsätze zur Beurteilung der Feuersicherheit elektrischer Anlagen aufstellen, welche später im Sinne der vorliegenden Vorschriften revidiert wurden und zurzeit im Geschäftsbereiche dieses Verbandes Geltung haben.

Als daher im Beginn des Jahres 1894 zu gleicher Zeit von seiten des elektrotechnischen Vereins in Berlin und des Verbandes deutscher Elektrotechniker die Aufgabe, allgemein gültige Vorschriften auszuarbeiten, in Angriff genommen wurde, handelte es sich weniger darum neue Gesichtspunkte zu finden, als vielmehr darum, das bereits vorhandene Material in einheitliche Formen zu bringen und Vereinbarungen darüber zu treffen, wie weit durch solche Vorschriften, die ja im allgemeinen stets auf derselben Grundlage aufzubauen sind, die besonderen Einzelheiten der Installationstechnik festgelegt werden können und dürfen.

Zweck der Vorschriften. Diese letztere Frage wird verschieden zu beantworten sein, je nach dem Zweck, dem die Vorschriften in erster Linie dienen sollen. — Wenn den Vorsichtsbedingungen der Versicherungsgesellschaften die ausgesprochene Absicht zugrunde liegt, den Wortlaut so allgemein zu halten, daß nur die Anforderungen, nicht aber die technischen Mittel zur Erfüllung dieser Forderungen bestimmt werden, so ist dies gerechtfertigt, insofern es sich im Geschäftskreis der genannten Gesellschaften vielfach um die Prüfung älterer zu den verschiedensten Zeiten und mit den verschiedensten Mitteln ausgeführter Einrichtungen handelt. Es würde unmöglich sein, alle hierbei in Betracht kommenden Einzelheiten des Materials und der Verlegung in den Vorschriften zu berücksichtigen; anderseits sind diese Gesellschaften in der Lage, die Handhabung ihrer Bestimmungen so zu regeln, daß bestimmte Sachverständige die einzelnen Fälle in gleichheitlicher Weise beurteilen.

Die vom Verbande deutscher Elektrotechniker aufgestellten Vorschriften sind in etwas anderem Sinne gedacht und müssen mit anderen Verhältnissen rechnen. Sie sollen in erster Linie die bei der Einrichtung von

Neuanlagen gültigen Regeln in einheitlicher Weise zum Ausdruck bringen.

Demgemäß müssen sie in erhöhtem Grade auf die Einzelheiten der elektrischen Einrichtungen eingehen. Sie haben daher einen ähnlichen Umfang wie die bisher von den Elektrizitätswerken erlassenen Bestimmungen angenommen. — Diesen bisher verschiedenartigen Bestimmungen sollen sie als einheitliche, für ganz Deutschland gültige Grundlage dienen, damit, wenn nicht alle Unterschiede, so doch wenigstens Widersprüche in den Maßnahmen der verschiedenen Elektrizitätswerke vermieden werden. Dadurch wird erreicht, daß ein Installateur in verschiedenen Städten die gleichen Verlegungsarten benutzen kann. Der Fabrikant von Einrichtungsgegenständen wird für die gleichen Muster überall Verwendung finden. Der Konsument wird bis zu einem gewissen Grade schon ohne Sachverständigen die Ausführung und den Zustand seiner Einrichtung beurteilen können. Die Beurteilung von Kostenvoranschlägen für geplante Anlagen wird wesentlich erleichtert, wenn die Güte der Materialien und die zulässigen Verlegungsarten wenigstens in den Hauptpunkten durch einheitliche Bestimmungen festgelegt sind. Endlich wird auch die Prüfung bestehender Einrichtungen ungemein vereinfacht und der Entstehung von Meinungsdifferenzen vorgebeugt, wenn nicht nur allgemeine Grundsätze, sondern auch technische Regeln aus den Vorschriften begründet werden können. Es werden daher auch die Feuer-Versicherungsgesellschaften, unbeschadet des Fortbestehens ihrer allgemeiner gehaltenen Vorsichtsbedingungen, ihre Aufgabe durch die vorliegenden Detailvorschriften erleichtert sehen.

Auch den Behörden sollen die Vorschriften eine brauchbare Grundlage und Richtschnur für ihr Vorgehen bieten, sofern sie es für notwendig erachten, einzelne oder bestimmte Gattungen von elektrischen Anlagen aus besonderen Gründen zu prüfen oder zu überwachen.

Es ist nicht beabsichtigt, diese Vorschriften mit rückwirkender Kraft in allen ihren Einzelheiten auf ältere, vor Feststellung der Vorschriften vorhandene Anlagen anzuwenden. Bei der Beurteilung solcher Einrichtungen können sie aber als Richtschnur dienen, wobei es dem Prüfenden überlassen bleiben muß, diejenigen Teile, welche in schroffem Widerspruche mit den Vorschriften stehen und zu unmittelbarer Gefahr Anlaß geben, sofort beseitigen zu lassen, während andere bei passender Gelegenheit mit den Vorschriften in Übereinstimmung gebracht werden können. Bei Neuanlagen dagegen muß die Einhaltung der Vorschriften in vollem Maße gefordert werden.

Es sei hier noch besonders betont, daß eine Schädigung der Industrie auch von eng gefaßten Vorschriften nicht zu befürchten ist, sofern diese sich nur an diejenigen Maßnahmen anlehnen, welche sich bereits durch die Erfahrung als nützlich und notwendig eingebürgert haben und dort, wo es sich um neu hervorgetretene Bedürfnisse oder neue Hilfsmittel handelt, einen wohlbemessenen Spielraum gewähren. Vielmehr wird mancher bedenkliche Auswuchs zurückgedrängt werden können. In dieser Hinsicht darf es nicht unerwähnt bleiben, daß eine Zeitlang die ernsthafte Gefahr vorlag, es möchte das Zutrauen des Publikums zur Sicherheit elektrischer Anlagen gründlich untergraben werden durch die weitgehende Verwendung schlechter oder ungeeigneter Materialien, wie sie von ununterrichteten oder gewissenlosen Unternehmern manchmal beliebt wurde. Die damit verbundene Herabsetzung der Preise war gleichzeitig geeignet, den auf ihren guten Ruf bedachten und sorgfältig arbeitenden Firmen nicht zu unterschätzende Schädigungen zu bereiten.

Nach dieser Richtung hin haben die Vorschriften des Verbandes seit ihrer Einführung bereits unverkennbare günstige Wirkungen gezeigt, weitere sind zu erwarten in demselben Maße, in dem ihre Anerkennung und Benutzung sich ausdehnt; endlich stellen es die bisherigen Erfahrungen außer Zweifel, daß das Vorhandensein der Vorschriften an sich der Versuchung, unzulängliche Hilfsmittel auf den Markt zu bringen, einen wirksamen Damm entgegensetzt.

Entstehungsgeschichte. Die jetzt vorliegende Fassung der Sicherheitsvorschriften für die Errichtung elektrischer Starkstromanlagen ist durch schrittweises Vorgehen und durch mehrfache Abänderungen zustande gekommen. Sicherheitsvorschriften für Anlagen von niederer Spannung (bis zu 250 Volt) wurden zum ersten Male im November 1895 durch die auf der Jahresversammlung des Verbandes eingesetzte Kommission vereinbart. Bereits im folgenden Jahre trat man an die Aufstellung von Vorschriften für Hochspannungsanlagen (für 1000 Volt und mehr) heran, die im Jahre 1897 als vorläufige Regeln zustande kamen und 1898 endgültig angenommen wurden. Gleichzeitig erwies sich 1898 eine Durchsicht der Niederspannungsvorschriften als nötig, wobei den besonders schwierigen Verhältnissen einzelner Betriebe, welche zu wiederholten Unfällen Veranlassung gegeben hatten, durch Aufstellung eines Anhanges Rechnung getragen wurde. Vorschriften für Anlagen von mittlerer Spannung (zwischen 250 und 1000 Volt) wurden 1899 als vorläufige Regeln angenommen. Ferner wurden im Jahre 1900 Sicherheitsregeln für elektrische Bahnanlagen aufgestellt, die seit 1901 als Vorschriften gelten. Inzwischen hatte sich eine Umarbeitung des ganzen Stoffes als wünschenswert herausgestellt.

Diese wurde im Jahre 1901 zunächst für die Niederspannungsvorschriften durchgeführt und im Januar 1903 gelang es, auch ihre Ausdehnung auf die Vorschriften für mittlere und hohe Spannungen zum Abschluß zu bringen, so daß nunmehr ein einheitliches Werk vorliegt, welches alle Spannungsbereiche in nur noch zwei Abteilungen umfaßt. Auch die für einzelne eigenartige Anwendungsgebiete wie Theater und Bergwerke nötigen Sondervorschriften sind eingegliedert. Ebenso die für elektrische Bahnen, welche im Jahre 1904 eine neue den übrigen Teilen entsprechende Fassung erhalten haben.

Die Einführung der Vorschriften wurde dadurch wesentlich unterstützt, daß sie von zahlreichen Behörden sowie vom Verbande Deutscher Privat-Feuerversicherungsgesellschaften als maßgebend anerkannt wurden.*) So sind sie bereits 1898 vom K. preußischen Ministerium für Handel und Gewerbe den zuständigen Behörden als technische Richtschnur mitgeteilt worden.**) In gleichem Sinne sind bisher folgende Regierungen vorgegangen:***) Preußen, Bayern, Sachsen, Baden, Hessen, Mecklenburg-Schwerin, Mecklenburg-Strelitz, Sachsen-Weimar, Oldenburg, Braunschweig, Sachsen-Meiningen, Sachsen-Altenburg, Hamburg, Elsaß-Lothringen.

Die letzte Umarbeitung der Vorschriften, die, wie erwähnt, 1901 für die erste Abteilung (Niederspannungsvorschriften), 1903 für die übrigen Teile durchgeführt, 1904 und 1905 durch Verbesserung einiger Einzelheiten, sowie durch die Angliederung der Bahnvorschriften und der Sonderbestimmungen für chemische Betriebe fortgesetzt wurde, war durch folgende Erwägungen veranlaßt.

Zunächst mußten die Sonderforderungen für durchtränkte Räume, die im Jahre 1898 in Gestalt eines Anhanges zur Abteilung I aufgestellt worden waren, soweit sich dessen Inhalt als brauchbar und notwendig bewährt hatte, in die Vorschriften selbst eingegliedert werden. Dabei war gleichzeitig auf die neuere Ent-

---

*) ETZ 1896, S. 456; 1897, S. 391.
**) ETZ 1898, S. 711.
***) ETZ 1899, S. 561; 1902, S. 732.

wickelung des Installationswesens Rücksicht zu nehmen, die sich namentlich in einer Bevorzugung höherer Spannungen an den Verbrauchsstellen (2 × 220 V Nutzspannung an den Glühlampen und 400 — 500 V an Motoren) bemerkbar gemacht hat.

Ein dritter Gesichtspunkt, der für die Neubearbeitung der Vorschriften maßgebend war, betrifft die Beschaffenheit des Leitungsmaterials.

Von verschiedenen Seiten war die Aufmerksamkeit der Sicherheitskommission auf die ungleiche und teilweise ungenügende Beschaffenheit von Gummibandleitungen und Mehrfachleitungen, namentlich auch auf unzweckmäßige Verwendung der letzteren hingelenkt worden. Die Beseitigung dieses Übelstandes stößt zwar auf die Schwierigkeit, daß sichere Methoden, um die verschiedenen im Handel vorkommenden Gummisorten auf den Grad ihrer Reinheit zu prüfen, noch nicht vorhanden sind. Indessen ist es gelungen, durch das Zusammenarbeiten der Gummi- und Kabelfabriken sowie der Vereinigung von Leitern städtischer Elektrizitätswerke mit der Sicherheitskommission, Normalien über die Herstellung der mit Gummi isolierten Drähte und Schnüre zu schaffen. Auch diese Festsetzungen konnten in den Sicherheitsvorschriften nur durch eine neue Fassung berücksichtigt werden.

Zu all den aufgezählten inneren Gründen trat noch eine äußere Veranlassung insofern hinzu, als verschiedene Staatsregierungen die Absicht kund gaben, zur Überwachung der elektrischen Anlagen gesetzliche oder polizeiliche Verordnungen zu erlassen, denen die Vorschriften des Verbandes als Grundlage dienen sollten.*) Zu diesem Zwecke mußte den Vorschriften eine gewiße Endgültigkeit gegeben werden; namentlich ergab sich bei Erwägung dieses Zieles die Notwendigkeit, ein gewisses Einteilungsprinzip in allen Abteilungen der Vorschriften einheitlich durchzuführen.

Inhalt und Gliederung der Vorschriften. Gegenüber der früheren Fassung ist der Inhalt der nun vorliegenden Vorschriften, soweit es durchführbar war, beschränkt auf solche Maßnahmen, die die Beschaffenheit und die Errichtung elektrischer Anlagen betreffen. Alles, was sich ausschließlich auf den Betrieb

---

*) Diese Absicht ist in Preußen durch das Gesetz betr. die Kosten der Prüfung überwachungsbedürftiger Anlagen verwirklicht worden. ETZ. 1905 S. 364 u. S. 687.

der Anlagen bezieht, ist in besonderen Betriebsvorschriften*) behandelt.

Im übrigen ist, wie das Inhaltsverzeichnis erkennen läßt, eine Trennung durchgeführt zwischen dem, was sich auf die B e s c h a f f e n h e i t d e r I n s t a l l a t i o n s m a t e r i a l i e n bezieht, und den V e r l e g u n g s v o r s c h r i f t e n. Der Fabrikant von elektrischen Leitungsdrähten, Isolatoren, Schaltungen, Sicherungen, Fassungen, Glüh- und Bogenlampen, Widerständen usw. braucht nunmehr vornehmlich nur den ersten Teil zu beachten; auch kann die Prüfung der zur Montage hinausgehenden Materialien an Hand dieses Teiles für sich vorgenommen werden. Bei der Montage selbst kann man sich dann, wenn die Materialien vorgeprüft sind, der Hauptsache nach an den zweiten Teil, an die Verlegungsvorschriften halten. Auch diese sind wieder getrennt in der Weise, daß zunächst die allgemeinen, überall gültigen Anweisungen abgehandelt werden, während ein weiterer Abschnitt jene Maßregeln enthält, welche die E i g e n a r t d e r v e r s c h i e d e n e n R ä u m e und Sonderzwecke erfordert. Dadurch wird ein ungezwungener stufenweiser Übergang vom Allgemeinen zum Speziellen erreicht und es lassen sich ohne Schwierigkeit weitere Sonderbestimmungen anschließen, wie dies bereits 1905 für chemische Betriebsstätten geschehen ist und später vielleicht noch für dies oder jenes Sondergebiet nötig sein wird.

Die neue Fassung jeder einzelnen Abteilung ist umfangreicher als im alten Wortlaut der Vorschriften; doch wird diese Vermehrung des Umfanges wieder aufgehoben dadurch, daß der ganze Stoff nur noch in zwei Abteilungen (für Niederspannung und für Hochspannung) gegliedert ist, indem die frühere besondere Abteilung für mittlere Spannungen ihrem Inhalt nach hauptsächlich in die Abteilung für Hochspannung aufgenommen werden konnte.

---

*) Vergl. auch: Erläuterungen zu den Sicherheitsvorschriften für den B e t r i e b elektrischer Starkstromanlagen; herausge-

I. Niederspannung.

Die hierunter stehenden Vorschriften gelten für elektrische Starkstromanlagen,[1]) bezw. diejenigen Teile derselben,[2]) deren effektive Gebrauchsspannung[3]) zwischen

---

[1]) Bis vor kurzem waren die Sicherheitsvorschriften für die Errichtung elektrischer Starkstromanlagen in drei Abteilungen gegliedert, die zu verschiedenen Zeiten aufgestellt und stets gesondert behandelt worden waren. Die erste umfaßte Anlagen mit Spannungen bis zu 250 Volt zwischen irgend zwei Leitern oder zwischen einem Leiter und Erde (Niederspannung); die zweite (für Mittelspannung) behandelte das Gebiet zwischen 250 und 1000 Volt: während die Hochspannungsvorschriften für alle Anlagen galten, bei denen eine Spannungsdifferenz von 1000 Volt oder mehr vorkam.

Mit dem Inkrafttreten der neuen Fassung der Vorschriften bestehen nur noch z w e i Abteilungen: für Niederspannung und für Hochspannung. Dabei ist das Gebiet der Niederspannung gegen früher dahin erweitert, daß es auch Anlagen umfaßt, welche Spannungsdifferenzen bis zu 500 Volt aufweisen, wenn nur dafür gesorgt ist, daß die Spannungsdifferenz g e g e n E r d e an keiner Stelle größer als 250 Volt werden kann.

Alle Anlagen dagegen, in denen die Spannungsdifferenz gegen Erde in irgend einem Teil mehr als 250 Volt beträgt, fallen unter die Hochspannung; diese Abteilung umfaßt demnach eine außerordentlich weites Gebiet und schließt die früher als Mittelspannung bezeichneten Bereiche in sich ein.

Bei der Erweiterung der ersten Abteilung war hauptsächlich die Absicht bestimmend, daß Dreileiteranlagen mit Spannungen bis zu 2×250 Volt, wenigstens insoweit sie mit geerdetem Mittelleiter arbeiten, durch ein und dieselbe Vorschrift in allen ihren Teilen beherrscht werden sollten; während früher diejenigen Teile einer solchen Anlage, in denen alle drei Leiter oder nur die Außenleiter vorhanden waren, den schärferen Bestimmungen der Abteilung II genügen mußten und die Abteilung I nur für die getrennten Ausläufer des einen oder des anderen Zweiges der Anlage Geltung hatte.

Die jetzige Festsetzung lässt sich durch den Umstand rechtfertigen, daß die Lebensgefahr wesentlich niedriger zu bewerten ist, wenn bei Erdschlüssen nur 250 Volt ins Spiel kommen können, wobei vorausgesetzt wird, daß die Einschaltung des menschlichen Körpers zwischen die Außenleiter nicht so leicht in Frage kommt, wie die Berührung eines Außenleiters durch eine auf dem Erdboden stehende oder mit ihm verbundene Person.

Die Spannungsgrenzen sind so gewählt, daß die meist gebräuchlichen Anlagen von 2×220 Volt unter ihren Bereich fallen, wobei noch ein Spielraum bis zu 2×250 Volt gelassen ist, der den Fall decken soll, daß etwa das Potential des an Erde gelegten Mittelleiters in seinen äußeren Enden nicht mehr genau gleich Null bleibt, sondern infolge von Verschiedenheiten in der Belastung beider Zweige oder infolge eines schwachen Stromüberganges nach der Erde in einem der Außenleiter eine Verschie-

II. Hochspannung.

Die hierunter stehenden Bestimmungen gelten für elektrische Starkstromanlagen¹) bezw. diejenigen Teile derselben,²) bei denen die effektive Spannung³) zwischen

bung des Potentials eingetreten ist. Es darf jedoch diese Verschiebung nicht über die angegebene Zahlengrenze hinausgehen.

Sollte eine Dreileiteranlage so angeordnet sein, daß ein A u ß e n l e i t e r an Erde liegt, während der Mittelleiter und der andere Außenleiter z. B. die Spannungen 200 und 400 Volt gegen Erde aufweisen, so kann diese Anlage nicht mehr nach den Vorschriften dieser Abteilung behandelt werden*). Auch Zweileiteranlagen, deren Spannung mehr als 250 Volt beträgt, müssen nach Abteilung II behandelt werden, einerlei, ob hierbei ein Pol an Erde liegt oder nicht. Desgleichen fallen Drehstromanlagen mit z. B. 500 Volt Spannug zwischen je zwei Zuleitungen unter die Abteilung II; und zwar auch dann, wenn der neutrale Punkt an Erde liegt, weil alsdann die Spannung in jeder Leitung auf 300 Volt gegen den neutralen Leiter ansteigt.

²) Es ist zulässig, e i n e n T e i l einer Hochspannungsanlage nach den Vorschriften für Niederspannung auszuführen und zu behandeln, wenn dieser Teil eine gewisse Selbständigkeit besitzt. Wie dies gemeint sei, ist sofort verständlich beim Beispiel einer Wechselstromanlage mit Transformatoren, wenn die primären Spannungen mehr als 250 Volt, die sekundären weniger als 250 Volt gegen Erde aufweisen. Hier ist jeder der beiden Teile selbständig, denn der Übertritt der Hochspannung in die Niederspannungsstromkreise ist nach § 25b zu verhindern. Besteht ein unmittelbarer leitender Zusammenhang zwischen Teilen, die verschiedenen Spannungsbereichen angehören, so dürfen die Vorschriften der N. Sp. nur in soweit Platz greifen, als die Teile mit N. Sp. von den Teilen mit H. Sp. r ä u m l i c h g e t r e n n t sind. Ein Beispiel hierfür wäre etwa ein Fünfleiternetz mit 4 × 200 Volt und geerdetem Mittelleiter. Hier dürfen die beiden mittleren Zweige, die unmittelbar am geerdeten Nulleiter liegen, nach N. Sp. behandelt werden, sofern sie a l l e i n in den betreffenden Raum, das Haus usw. eingeführt sind; diejenigen Zweige dagegen, die an den Außenleitern liegen, sowie die Teile der Anlage, in welchen alle fünf Leiter nebeneinander vorkommen, unterliegen den Vorschriften der H. Sp. Wie weit im einzelnen Falle die zu fordernde räumliche Trennung gewahrt ist, bleibt der fachmännischen Erwägung überlassen. Es kann z. B. in sehr großen Fabrikhallen, Bahnhofshallen und dergl. eine genügende Trennung als vorhanden anerkannt werden, wenn die nach N. Sp. Vorschriften ausgeführten Teile auf der einen Längsoder Querseite, die nach H. Sp. ausgeführten auf der andern Seite liegen und die Ausläufer beider Teile nicht ineinander greifen **).

Ein weiterer, vielleicht häufiger vorkommender Fall, in dem die Unterscheidung nach der besonderen Sachlage getroffen wer-

---

*) Vergl. z. B. ETZ 1902 S. 941 Frage 22.
**) ETZ 1902 S. 1133 N. 23.

irgend zwei gegen Erde isolierten Leitungen 500 V nicht überschreitet und bei denen gleichzeitig die effektive Spannung zwischen irgend einer Leitung und Erde 250 V nicht überschreiten kann; ausgenommen sind jedoch unterirdische Leitungsnetze, elektrische Bahnen, Fahrzeuge und elektrochemische Betriebsapparate.[4]) Bei Akkumulatoren ist die Entladespannung maßgebend.[5])

den muß, würde der sein, daß an eine N. Sp. Anlage eine Zusatzmaschine angeschlossen und so, etwa zum Betriebe von Motoren, ein Hochspannungskreis geschaffen wird.

[3]) Maßgebend ist die Gebrauchsspannung, d. h. die an den Stromverbrauchern herrschende. Wenn also z. B. ein Netz für 2×220 Volt eingerichtet ist, hierbei aber etwa infolge großer Entfernung der Zentrale der Spannungsabfall in den Speiseleitungen den Betrag von 60 Volt überschreiten sollte, so daß die Stromerzeuger etwa mit 510 Volt arbeiten müßten, so soll diese Anlage noch nach den Vorschriften der ersten Abteilung behandelt werden.

Ebenso soll die für die Ladung von Akkumulatoren etwa notwendige Überspannung nicht die Einreihung der Anlage unter die schärferen Vorschriften der Abteilung II zur Folge haben, wenn bei der Entladung die Grenze von 500 Volt eingehalten ist.

Die Vorschriften der Abteilung I umfassen auch die Stromerzeugerstellen größerer oder kleinerer Verteilungsanlagen, soweit sie in den angegebenen Spannungsgrenzen bleiben, sowie die zugehörigen Verteilungsleitungen, sofern diese oberirdisch sind.

[4]) Zwischen oberirdischen und unterirdischen Leitungsnetzen wurde eine Grenze deswegen gezogen, weil bei letzteren schon wegen des erheblichen in ihnen niedergelegten Kapitals in der Regel die Voraussetzung zutrifft, daß die Besitzer im eigenen Interesse eine sachverständige und eingehende Kontrolle ausüben; außerdem können die in die Erde gelegten Kabel weniger leicht zu Eigentumsbeschädigung oder Gefahr Anlaß geben als die Luftleitungen; endlich sind die Hilfsmittel zur sachgemäßen Einrichtung und Verlegung von Kabeln noch vielfacher Abänderung und Entwicklung fähig, so daß es nicht wünschenswert erscheint, sie durch einseitige sehr ins einzelne gehende Bestimmungen festzulegen.

Der letztere Gesichtspunkt gilt auch für elektrische Bahnen, für die daher besondere Vorschriften aufgestellt sind. Der Mehrzahl nach werden sie schon der in ihnen benutzten Spannungen wegen nicht unter die Vorschriften der Abteilung I fallen. Aber auch eine Bahn, die sich der niederen Spannung bedient, sollte ausgenommen bleiben, weil die Führung der Leitungen oft aus technischen Gründen besondere Anordnungen nötig macht, denen in dieser Abteilung der Vorschriften nicht Rechnung getragen werden konnte. So sei z. B. daran erinnert, daß es bei Bahnen oft nicht möglich sein wird, blanke Arbeitsleistungen (gemäß § 23e) 5 m hoch über den Erdboden zu legen; denn wenn zurzeit auch die Bahnen mit Hin- und Rückleitung durch die Schienen verschwunden sind, so werden doch solche mit einer nahe über oder unter dem Niveau gelegenen Arbeitsleitung (dritte Schiene, Schlitzkanal) nicht unmöglich gemacht werden dürfen.

Als ferner außerhalb der Vorschriften stehend sind seit 1904 Fahrzeuge genannt. Hierbei ist besonders an Automobile gedacht, die wegen der erforderlichen Beschränkung des Raumes und des Gewichtes nicht in allen Einzelheiten den Vorschriften

Hochspannung. Geltungsbereich. **11**

irgend einer Leitung und Erde mehr als 250 V beträgt,
bezw. im Falle eines Erdschlusses betragen kann; ausgenommen sind jedoch unterirdische Leitungsnetze und
elektrische Bahnen.[4]) Bei Akkumulatoren ist die Entladespannung maßgebend.[5])

---

genügen können. Auch Anlagen auf Schiffen sind dem Geltungsbereich der Vorschriften entzogen, weil auch sie eigenartigen
Bedingungen unterliegen.

In der ersten Ausgabe der Sicherh.-Vorschr. waren e l e k t r o -
c h e m i s c h e Anlagen ganz ausgeschlossen. Die jetzige Fassung
beschränkt diese Ausnahme in der N. Sp. auf elektrochemische
Betriebsapparate. In der H. Sp. dagegen sind auch elektrochemische Anlagen nach ihrer ganzen Ausdehnung den Vorschriften unterworfen. Die Erfahrung hat nämlich gezeigt, daß es
sehr wohl möglich ist, auch in elektrochemischen Fabriken den
Vorschriften der Abteilung I zu genügen, soweit die Erzeugung
des Stromes und die zur Beleuchtung und Kraftübertragung bestimmten Einrichtungen in Frage kommen. Nur diejenigen Teile,
welche unmittelbar den Zwecken der Elektrochemie dienen,
unterliegen in der Tat vielfach besonderen Bedingungen, welche
von der Eigenart des jeweils verfolgten Zweckes abhängen. Sie
sollen daher von der Einhaltung dieser Vorschriften entbunden
sein. Es muß beim Aufbau und Ausbau der elektrochemischen
Betriebsapparate dem Fachmanne überlassen bleiben, die Anforderungen des Betriebes mit den Grundsätzen der Sicherheit
in Einklang zu bringen. Dabei ist auch hier die Voraussetzung
maßgebend gewesen, daß die Handhabung dieser Betriebsapparate
ausschließlich von geschultem Personal geübt wird. Beispiele
hierher gehöriger Apparate sind die Einrichtungen zur Galvanoplastik und Galvanostegie, zur elektrolytischen Darstellung und
Reinigung von Metallen, zur Erzeugung von Chlor und Alkali,
von Kalziumkarbid usw.

Hochspannungsapparate dagegen, bei deren Handhabung
und Aufbau nicht in erster Linie die Feuersgefahr, sondern die
Lebensgefahr zu berücksichtigen ist, dürfen sich den Vorschriften
nicht entziehen. Sie können ihnen im allgemeinen auch leichter
entsprechen, weil bei ihnen z. B. nicht die großen Kupferquerschnitte vorkommen, wie bei Anlagen für N. Sp. Beispiele für
solche Anlagen sind etwa die für Ozongewinnung, für Salpetersäuredarstellung u. dergl.

Sowohl bei H. Sp. als bei N. Sp. ist nicht nur in elektrochemischen Betrieben, sondern auch in solchen chemischen
Fabriken, die die Elektrizität nur als Hilfskraft benützen,
der zerstörende Einfluß zu beachten, den die verarbeiteten oder erzeugten Stoffe auf die Teile der elektrischen Anlage ausüben können.
Z. B. wird Gummi von Ölen und Fetten, Metall von Fettsäuren,
Marmor von Chlor angegriffen. Die Hilfsmittel, mit denen die
Sicherheitsvorschriften erfüllt werden, müssen daher der Natur
dieser Stoffe und der Art ihres Auftretens angepaßt werden.
Einzelheiten hierüber sind im § 47 festgesetzt.

Der Fall, daß sogenannte Schwachstromanlagen, z. B. solche
für den Betrieb von elektrischen Läutewerken oder Uhren, von
einer Starkstromleitung aus gespeist werden, würde unter die Vorschriften der entsprechenden Abteilung fallen, falls die Einrichtung als ein Teil der Starkstromanlage zu betrachten ist. Alle
Fehlerstellen, die in der Schwachstromanlage vorkommen können,

A. Allgemeines.

§ 1.
Pläne.

Für jede Starkstromanlage soll bei Fertigstellung ein Plan und ein Schaltungsschema hergestellt werden.[1]
Der Plan soll enthalten:
a) Bezeichnung der Räume nach Lage und Verwendung. Besonders hervorzuheben sind feuchte oder durchtränkte Räume und solche, in welchen ätzende oder leicht entzündliche Stoffe oder explosible Gase vorkommen.[2]

b) Lage, Querschnitt und Isolierungsart der Leitungen. Der Querschnitt wird, in Quadratmillimetern ausgedrückt, neben die Leitungslinien gesetzt. Die Isolierungsart wird durch die unten angeführten Buchstaben bezeichnet.
c) Art der Verlegung (Isolierglocken, Rollen, Ringe, Rohre usw.); hierfür sind ebenfalls nachstehend Bezeichnungen angegeben.
d) Lage der Apparate und Sicherungen.
e) Lage und Art der Lampen, Elektromotoren und sonstigen Stromverbraucher.

---

wirken auf die Starkstromanlage zurück und können ebenso bedenkliche Folgen haben, wie wenn sie in der Starkstromanlage selbst lägen, weil stets die Energiequelle der letzteren wirksam ist. ETZ 1902 S. 940 N. 13, 1903 S. 294 N. 30, 1904 S. 1114 N. 114. Eine untere Spannungsgrenze für Starkstromanlagen gibt es nicht, weil auch kleine Spannungen große Stromstärken, somit Feuersgefahr erzeugen können. ETZ 1903 S. 434 N. 50.
[5]) Siehe unter 3.)
§ 1. [1]) Daß ein Plan oder Schaltungsschema nach Art der Vorschrift den Betrieb einer Anlage in jeder Beziehung erleichtert, ist ohne weiteres klar. Er dient als Unterlage bei der Abnahme der fertiggestellten Einrichtung und ist ein wesentliches Hilfsmittel bei der Kontrolle, bei der Aufsuchung von Fehlern, sowie zur Feststellung nachträglich gemachter Abänderungen und Erweiterungen. Eine dauernd gewahrte Übersichtlichkeit der ganzen Anlage erhöht zu gleicher Zeit deren Sicherheit.

A. Allgemeines.

§ 1.
Pläne.

Für jede Starkstromanlage soll bei Fertigstellung ein Plan und ein Schaltungsschema hergestellt werden.

Der Plan soll enthalten:

a) Bezeichnung der Räume nach Lage und Verwendung. Besonders hervorzuheben sind feuchte oder durchtränkte Räume und solche, in welchen ätzende oder leicht entzündliche Stoffe vorkommen.[2]

Für Fernleitungen und Leitungsnetze muß die Lage der Unterstationen, Transformatoren, Hausanschlüsse, Streckenausschalter, Sicherungen und Blitzschutzvorrichtungen angegeben sein.

b) Lage, Querschnitt und Isolierungsart der Leitungen. Der Querschnitt wird, in Quadratmillimetern ausgedrückt, neben die Leitungslinien gesetzt. Die Isolierungsart wird durch die unten angeführten Buchstaben bezeichnet.

c) Art der Verlegung (Isolierglocken, Rollen, Rohre, usw.) und Art des Schutzes; hierfür sind ebenfalls nachstehend Bezeichnungen angegeben.

d) Lage der Apparate und Sicherungen.

e) Lage und Art der Lampen, Elektromotoren und sonstigen Stromverbraucher.

f) Für die Verbrauchsstellen müssen Pläne verwendet sein, auf welche ein großer roter Blitzpfeil eingezeichnet ist und die Spannungen vermerkt sind.

Sind in einem Plan Hoch- und Niederspannungsleitungen eingezeichnet, so sind die Hochspannungsleitungen mindestens am Anfang und Ende durch Blitzpfeil zu kennzeichnen.

g) Sämtliche im Plan eingezeichneten Stangen müssen mit ihren Nummern bezeichnet sein.[3]

Die Pläne werden zweckmäßig v o r der Errichtung der Anlage hergestellt, so daß nach ihnen gearbeitet werden kann. Unbedingt müssen sie nach Fertigstellung der Anlage mit ihr verglichen und genau nach der erfolgten Ausführung ergänzt werden.

[2]) In vielen Fällen empfiehlt es sich, dem Plane ein V e r z e i c h n i s der Räume beizugeben, das in einfacheren Fällen auf den Rand des Planes gesetzt, sonst besonders beigelegt wird. Dieses Verzeichnis enthält die in jedem Raum vorhandene Zahl von Lampen und sonstigen Stromverbrauchern und Apparaten, sowie Bemerkungen über die Beschaffenheit der Räume.

In explosionsgefährlichen Räumen ist Hochspannung nicht zulässig (H. Sp. § 40).

[3]) Vergl. Anhang: Über Herstellung usw. von Holzgestängen unter 3) und die zugehörige Anm. 5.

Das Schaltungsschema soll enthalten[4]):
Querschnitte der Hauptleitungen und Abzweigungen von den Schalttafeln mit Angabe der Belastung in Ampere.

Bei elektrischen Betriebsanlagen ist auch das Schaltungsschema der Stromerzeugungsanlage beizulegen.

Die Vorschriften dieses Paragraphen gelten auch für alle Abänderungen und Erweiterungen.

Der Plan und das Schaltungsschema sind von dem Besitzer der Anlage aufzubewahren.[5])

Für die Pläne sind folgende Bezeichnungen anzuwenden:

$\times$ = Feste Glühlampe.

⚡ = Bewegliche Glühlampe.

⊗5 = Fester Lampenträger mit Lampenzahl (5).

∼⊗3 = Beweglicher Lampenträger mit Lampenzahl (3).

Obige Zeichen gelten für Glühlampen jeder Kerzenstärke, sowie für Fassungen mit und ohne Hahn.

◎6 = Bogenlampe mit Angabe der Stromstärke (6 Ampere).

◎$_D^6$ = Dauerbrandlampe mit Angabe der Stromstärke (6 Ampere).

◯10 = Dynamomaschine bezw. Elektromotor jeder Stromart mit Angabe der höchsten zulässigen Beanspruchung in Kilowatt.

⊣|||||⊢ = Akkumulatoren.

)–6 = Wandfassung, Anschlußdose mit Angabe der Stromstärke (6 Ampere).

⌀₆ ⌀₆ ⌀₆ = Einpoliger bezw. zweipoliger bezw. dreipoliger Ausschalter mit Angabe der höchsten zulässigen Stromstärke (6 Ampere).

⌀ 3 = Umschalter, desgl.

⊢━ = Sicherung (an der Abzweigstelle).

⊠ 10 = Widerstand, Heizapparate und dergl. mit Angabe der höchsten zulässigen Stromstärke (10 Ampere).

∼⊠10 = Desgl., beweglich angeschlossen.

⋀⋀⋀ 7,5 = Transformator mit Angabe der Leistung in Kilowatt (7,5).

⋀⋀⋀ = Drosselspule.

---

[4]) In der Ausführung des Schalteschema haben sich zum Teil a n d e r e Bezeichnungen als die für die Pläne vorgeschriebenen eingebürgert, sie dürfen, soweit nötig, beibehalten werden.

Das Schaltungsschema soll enthalten [4]):
Querschnitte der Hauptleitungen und Abzweigungen von den Schalttafeln mit Angabe der Belastung in Ampere.
Bei elektrischen Betriebsanlagen ist auch das Schaltungsschema der Stromerzeugungsanlage beizulegen.

Die Vorschriften dieses Paragraphen gelten auch für alle Abänderungen und Erweiterungen.
Der Plan und das Schaltungsschema sind von dem Besitzer der Anlage aufzubewahren.[5])
Für die Pläne sind folgende Bezeichnungen anzuwenden:

$\times$ = Feste Glühlampe.

$\times\!\sim\!\sim$ = Bewegliche Glühlampe.

$\otimes$5 = Fester Lampenträger mit Lampenzahl (5).

$\sim\!\otimes$3 = Beweglicher Lampenträger mit Lampenzahl (3).

Obige Zeichen gelten für Glühlampen jeder Kerzenstärke.

$\bigcirc$6 = Bogenlampe mit Angabe der Stromstärke (6 Ampere).

$\bigcirc_D^6$ = Dauerbrandlampe mit Angabe der Stromstärke (6 Ampere).

$\bigcirc$10 = Dynamomaschine bezw. Elektromotor jeder Stromart mit Angabe der höchsten zulässigen Beanspruchung in Kilowatt.

$\dashv\!|\!|\!|\!|\!|\!|\!\vdash$ = Akkumulatoren.

$\succ$ 6 = Wandfassung, Anschlußdose mit Angabe der Stromstärke (6 Ampere).

$\sigma_6\ \sigma_6\ \sigma_6$ = Einpoliger bezw. zweipoliger bezw. dreipoliger Ausschalter mit Angabe der höchsten zulässigen Stromstärke (6 Ampere).

$\cancel{\bigcirc}$ 3 = Umschalter, desgl.

$\longmapsto$ = Sicherung (an der Abzweigstelle).

$\boxtimes$ 10 = Widerstand, Heizapparate und dergl. mit Angabe der höchsten zulässigen Stromstärke (10 Ampere).

$\sim\!\boxtimes$ 10 = Desgl., beweglich angeschlossen.

$\{^M_{WW}$ 7,5 = Transformator mit Angabe der Leistung in Kilowatt (7,5).

$\mathcal{M}$ = Drosselspule.

---

[5]) Die Hinterlegung einer Ausfertigung des Planes beim Elektrizitätswerk entbindet den Besitzer nicht von der Verpflichtung, eine Ausfertigung selbst aufzubewahren. ETZ. 1903 S. 434 N. 44.

Niederspannung. § 1. Pläne.

$\top$ = Blitzschutzvorrichtung.
→‹– = Spannungssicherung.
⊥▨ = Erdung.
↯ = Blitzpfeil.
[₅M] [₂₀M̃] = Zweileiter- bezw. Dreileiter- oder Drehstromzähler mit Angabe des Meßbereichs (5 bezw. 20 Kw.)
▬▬▬ = Zweileiterschalttafel.
▬ ▬ ▬ = Dreileiterschalttafel oder Schalttafel für mehrphasigen Wechselstrom.
.... = Einzelleitung.
━━━━━ = Hin- und Rückleitung.
── · ── · ── = Dreileiter- oder Drehstromleitung.
─·─·─·─ = Fest verlegte Mehrfachleitung jeder Art.
↗ = Nach oben führende Steigleitung.
↙ = Nach unten führende Steigleitung.
◓ = Holzmast.
● = Eisenmast.
BC = Blanker Kupferdraht.
BE = Blanker Eisendraht.
GB = Gummibandleitung.
GA = Gummiaderleitung⁶).
MB = Mehrfach-Gummibandleitung.

MA = Mehrfach-Gummiaderleitung.

PA = Panzerader

FA = Fassungsader.
SB = Gummibandschnur.
SA = Gummiaderschnur.
PL = Pendelschnur.
KB = Blanke Kabel.
KA = Asphaltierte Kabel.
KE = Armierte asphaltierte Kabel.
(g) = Verlegung auf Isolierglocken.
(r) = Verlegung auf Rollen oder Ringen.
(k) = Verlegung auf Klemmen.
(o) = Verlegung in Rohren.
(f) = Schutz durch Eisen.
(l) = Schutz durch isolierte Verkleidung
(n) = Schutznetz.
(e) = Schutz durch Erdung.

---

⁶) Die Beschaffenheit der einzelnen Drahtsorten ist in den „Normalien für Leitungen" erläutert. Siehe den Anhang zu den Sicherh.-Vorschr.

Hochspannung. § 1. Pläne.

T̄ = Blitzschutzvorrichtung.
→•← = Spannungssicherung.
⊥ = Erdung.
⚡ = Blitzpfeil.
[M/5] [M/20] = Zweileiter- bezw. Dreileiter- oder Drehstromzähler mit Angabe des Meßbereichs (5 bezw. 20 Kw.).
══ = Zweileiterschalttafel.
≡ = Dreileiterschalttafel oder Schalttafel für mehrphasigen Wechselstrom.
······· = Einzelleitung.
——— = Hin- und Rückleitung.
——··— = Dreileiter- oder Drehstromleitung.
—·—·— = Fest verlegte Mehrfachleitung jeder Art.
↗ = Nach oben führende Steigleitnng.
↙ = Nach unten führende Steigleitung.
○ = Holzmast.
● = Eisenmast.
BC = Blanker Kupferdraht.
BE = Blanker Eisendraht.

GA = Gummiaderleitung [6]).

SGA 3000 = Spezial-Gummiaderleitung mit Angabe der Betriebsspannung (3000 Volt).
MA = Mehrfach-Gummiaderleitung.
SMA 1500 = Mehrfach Spezial-Gummiaderleitung mit Angabe der Betriebsspannung (1500 Volt).
PA = Panzerader.
SPA 3000 = Spezial-Panzerader mit Angabe der Betriebsspannung (3000 Volt).

SA = Gummiaderschnur.

KB = Blanke Kabel.
KA = Asphaltierte Kabel.
KE = Armierte asphaltierte Kabel.
(g) = Verlegung auf Isolierglocken.
(r) = Verlegung auf Rollen oder Ringen.
(k) = Verlegung auf Klemmen.
(o) = Verlegung in Rohren.
(f) = Schutz durch Eisen.
(l) = Schutz durch isolierte Verkleidung.
(n) = Schutznetz.
(e) = Schutz durch Erdung.

§ 2.
Isolation.[1])

a) Vor Inbetriebsetzung einer Anlage ist durch Isolationsprüfung, womöglich mit der Betriebsspannung, mindestens aber mit 100 V, festzustellen, ob Isolationsfehler vorhanden sind. Das gleiche gilt von jeder Erweiterung der Anlage[2]).

b) Bei diesen Messungen muß nicht nur die Isolation zwischen den Leitungen und der Erde, sondern auch die Isolation je zweier Leitungen verschiedenen Potentiales gegeneinander gemessen werden; im letzteren Falle müssen alle Glühlampen, Bogenlampen, Motoren oder andere Strom verbrauchende Apparate von ihren Leitungen abgetrennt, dagegen alle vorhandenen Beleuchtungskörper angeschlossen, alle Sicherungen eingesetzt und alle Schalter geschlossen sein[3]). Reihenstromkreise dürfen

---

§ 2. [1]) Der Isolationszustand einer Anlage ist keineswegs ein unmittelbares Maß für ihre Feuersicherheit; wohl aber kann man aus der Kenntnis der Isolationsgröße unter sachgemäßer Berücksichtigung aller obwaltenden Verhältnisse auf indirektem Wege ein Urteil über den mehr oder weniger ordnungsgemäßen Zustand der Leitungen und damit zugleich über die Sicherheit der Anlage gewinnen. Es ist nämlich von vornherein klar, daß es nicht möglich ist, die beiden Pole der Leitungen voneinander und gegen die Erde völlig zu isolieren; vielmehr wird auch bei Anwendung der vollkommensten Mittel stets ein gewisser Stromübergang über die isolierenden Befestigungsteile hinweg und durch die Isolierhüllen hindurch stattfinden. Die gesamte übergehende Strommenge hängt nicht nur von der Beschaffenheit der Isolier- und Befestigungsstücke ab, sondern sie wird auch bei gleich guter Beschaffenheit um so erheblicher sein, je größer die Anzahl derjenigen Stellen ist, an welchen ein Stromübergang überhaupt stattfinden kann. Sehr ausgedehnte Leitungsnetze zeigen daher, absolut gemessen, einen großen Stromverlust, ohne deswegen notwendigerweise feuergefährlich oder mangelhaft zu sein. Es müßte daher der Isolationszustand im Verhältnis zum Umfange der Anlage, oder besser im Verhältnis zu der Zahl der Befestigungs-, Anschluß- und Verbrauchsstellen beurteilt werden. Da sich jedoch diese Größen nicht leicht feststellen lassen, auch nicht in einheitlichem Maße meßbar sind, so ist die an den Isolationszustand zu stellende Anforderung unter d) so festgelegt, daß jeder einzelne Zweig, der für sich gemessen werden kann, einen bestimmten Betrag des zahlenmäßig ermittelbaren Isolationswertes aufweisen muß.

[2]) Wenn irgend möglich, soll mit der Betriebsspannung gemessen werden; denn schwache und fehlerhafte Stellen der Isolierschichten, die von der Betriebsspannung durchschlagen werden und so unmittelbaren Kurzschluß herbeiführen können, sind oft bei geringeren Spannungen vollkommen isolierend, so daß sie bei Messung mit der niederen Spannung überhaupt nicht entdeckt werden können. Berücksichtigt man noch, daß im Betriebe auch vorübergehende Spannungserhöhungen auftreten und andrerseits durch Wirkungen der Wärme, Feuchtigkeit und anderer Einflüsse die Güte der Isolierstoffe herabgesetzt werden

§ 2.

Isolation.[1])

a) Vor Inbetriebsetzung einer Anlage ist durch Isolationsprüfung, womöglich mit der Betriebsspannung, mindestens aber mit 100 V, festzustellen, ob Isolationsfehler vorhanden sind. Das gleiche gilt von jeder Erweiterung der Anlage[2]).

b) Bei diesen Messungen muß nicht nur die Isolation zwischen den Leitungen und der Erde, sondern auch die Isolation je zweier Leitungen verschiedenen Potentiales gegeneinander gemessen werden; im letzteren Falle müssen alle Glühlampen, Bogenlampen, Motoren oder andere Strom verbrauchende Apparate von ihren Leitungen abgeschaltet, dagegen alle vorhandenen Beleuchtungskörper angeschlossen, alle Sicherungen eingesetzt und alle Schalter geschlossen sein[3]). Reihenstromkreise dürfen

---

kann, so kommt man zu der Folgerung, daß einwandfreie Urteile nur aus solchen Messungen gezogen werden können, welche mit merklicher Überspannung über die Betriebsspannung ausgeführt sind. Solche Überspannungen sind z. B. in § 3 für die Prüfung von Isolierstoffen vorgeschrieben.

Bei der Messung ausgeführter Anlagen stehen solche Überspannungen in der Regel nicht zur Verfügung; oft ist es nicht einmal möglich, mit einer der Betriebsspannung gleichen Spannung zu messen. Es ist also nur als Notbehelf anzusehen, wenn die Messung mit niedrigerer Spannung zugelassen wird; man darf daher mit der Meßspannung nicht allzuweit heruntergehen und muß sich der damit verbundenen Unsicherheit des Ergebnisses bewußt bleiben. Nur grobe Fehler können so mit einiger Sicherheit entdeckt werden.

Anlagen, welche mit Wechselstrom betrieben werden, können mit Gleichstrom geprüft werden. Die unmittelbare Messung mit Wechselstrom begegnet der Schwierigkeit, daß die Wechselstrommeßgeräte meist zu unempfindlich sind und außerdem die Kapazitätsströme leicht zu Irrungen Anlaß geben. Zur Messung der Isolation kann man sich einer tragbaren Hilfsmaschine oder einer Batterie von kleinen Elementen oder Akkumulatoren bedienen, welche leicht sehr gut von Erde isoliert werden können; man kann auch die Betriebsstromquelle benützen. Über die hierbei anzuwendenden Verfahren siehe Uppenborns Kalender 1905, S. 99—102. Grawinkel und Streckers Hilfsbuch, 6. Aufl., 1900. S. 183. Ferner: Elektrotechnische Zeitschrift 1896, S. 660; 1898, S. 683 und S. 700; 1899, S. 179; 1902, S. 1080; 1904, S. 420. Bei Wechselstrom: ETZ 1897, S. 748; 1899, S. 410. Bei Akkumulatoren: ETZ 1899, S. 360.

[3]) Um auch Fehler in den Lampenfassungen zu finden, empfiehlt es sich, die Glühlampen durch Ausschrauben aus den Fassungen, nicht aber durch Abschalten mittels des Hahns der Fassung abzutrennen. Beleuchtungskörper, Sicherungen und Schalter enthalten besonders oft schlecht isolierte Stellen; namentlich ist bei Messung des Stromüberganges zwischen den beiden Polen des Netzes auf die oft nicht unerhebliche Leitfähigkeit der Unterlagplatten (aus Schiefer u. dgl.) von Anlaßwiderständen und ähnlichen Vorrichtungen Rücksicht zu nehmen. Bei manchen

jedoch nur an einer einzigen Stelle geöffnet werden, die möglichst nahe der Mitte zu wählen ist[4]). Dabei müssen die Isolationswiderstände den Bedingungen des Absatzes (d) genügen.

c) Bei Isolationsmessung durch Gleichstrom gegen Erde soll, wenn möglich, der negative Pol der Stromquelle an die zu messende Leitung gelegt werden, und die Messung soll erst erfolgen, nachdem die Leitung während zwei Minuten der Spannung ausgesetzt war[5]).

d) Der Isolationszustand einer Anlage, mit Ausnahme der Teile unter e) und f), soll derart sein, daß der Stromverlust auf jeder Teilstrecke zwischen zwei Sicherungen oder hinter der letzten Sicherung bei der Betriebsspannung ein Milliampere nicht überschreitet. Der Isolationswert einer derartigen Leitungsstrecke muß hiernach wenigstens betragen: 1000 Ohm multipliziert mit der Voltzahl der Betriebsspannung (z. B. 220000 Ohm für 220 V Betriebsspannung[6]).

Stromverbrauchern sind derartige unbeabsichtigte Stromübergänge zwischen den Polen unvermeidbar und im Betriebe unschädlich (z. B. bei elektrischen Öfen, galvanischen Bädern). Die unter § 2 d aufgestellten zahlenmäßigen Forderungen sollen sich nur auf das Netz und die zu ihm gehörigen Teile, nicht aber auf die Stromverbraucher selbst beziehen. Daher können die letzteren bei der Messung abgetrennt sein. Natürlich empfiehlt es sich, durch eine besondere Messung auch etwaige Fehler in den Stromverbrauchern festzustellen, was entweder im Anschluß an die Prüfung des Netzes oder durch besondere Untersuchung geschehen kann.

[4]) Es ist die elektrisch gemessene Mitte gemeint. Liegt jedoch ein Pol an Erde, so ist die Verbindung mit diesem Pol zu öffnen.

[5]) Die Messung ist womöglich so auszuführen, daß die zu messende Leitung den positiven Strom aus der Erde empfängt, also Kathode ist, weil an den fehlerhaften Stellen elektrolytische Wirkungen eintreten können. Würde die Leitung Anode sein, so liegt die Möglichkeit vor, daß sich durch die Stromwirkung schlecht leitende Salze bilden, welche den Übergangswiderstand erhöhen und den Fehler vermindern. Der negative Strom dagegen zerstört derartige Zersetzungsprodukte und deckt den Fehler auf. Um diese Wirkungen voll zur Geltung zu bringen, sowie um den Ladungserscheinungen Rechnung zu tragen, ist eine bestimmte Dauer des Prüfungsstromes vorgeschrieben. Sie war früher auf e i n e Minute festgesetzt, ist aber nach neueren Erfahrungen auf z w e i Minuten erhöht worden. Zeigt der Erdschlußstrom nach dieser Zeit noch erhebliche Schwankungen in seiner Stärke, so ist schon hieraus, abgesehen von dem Betrage des entweichenden Stromes, auf das Vorhandensein eines Fehlers zu schließen.

[6]) Wie unter 1) erwähnt, würde es rationell sein, den Iso-

jedoch nur an einer einzigen Stelle geöffnet werden, die möglichst nahe der Mitte zu wählen ist[4]). Dabei müssen die Isolationswiderstände den Bedingungen des Absatzes d) genügen.

c) Bei Isolationsmessung durch Gleichstrom gegen Erde soll, wenn möglich, der negative Pol der Stromquelle an die zu messende Leitung gelegt werden, und die Messung soll erst erfolgen, nachdem die Leitung während zwei Minuten der Spannung ausgesetzt war[5]).

d) Der Isolationszustand einer Anlage, mit Ausnahme der Teile unter e) und f), soll derart sein, daß jede Teilstrecke zwischen zwei Sicherungen oder hinter der letzten Sicherung bei

250— 300 Volt mindestens 250 000 Ohm
300— 400 -   -   280 000 -
400— 500 -   -   330 000 -
500— 600 -   -   375 000 -
600— 700 -   -   410 000 -
700— 800 -   -   440 000 -
800— 900 -   -   460 000 -
900—1000 -   -   480 000 -

hat. Von 1000 Volt an soll der Widerstand mindestens 500 Ohm für das Volt betragen[7]).

---

lationswiderstand im Verhältnis zur Zahl der Befestigungs-, Anschluß- und Verbrauchsstellen zu beurteilen. In diesem Sinne wurde in der früheren Fassung der Vorschriften ein von der Zahl der angeschlossenen Glühlampen abhängiger Isolationswiderstand gefordert. Da man aber dabei für jede Bogenlampe und jeden Elektromotor die willkürliche Zahl von 10 Glühlampen einsetzen mußte, so gab auch dies Verfahren unter Umständen ein falsches Bild. Außerdem hatte die alte Formel den Nachteil, daß sie dieselbe Isolationsgröße verlangte, gleichgültig, mit welcher Spannung die Anlage betrieben war. So lange man es mit der früher weit überwiegenden einheitlichen Spannung von etwa 100 Volt zu tun hatte, gab dies auch brauchbare Ergebnisse.

Bei der jetzt häufigeren Verwendung höherer Spannungen muß dagegen gefordert werden, daß ihnen auch ein besserer Isolationszustand entspricht; denn eine höhere Spannung vermehrt nicht nur die Durchschlagsgefahr und die Lebensgefahr, sondern es ist auch die über einen bestimmten Isolationswiderstand abfließende Stromstärke proportional mit der Spannung größer. Diese entweichende Stromstärke ist aber in mehrfacher Hinsicht für die Bedenklichkeit des Fehlers maßgebend. Einmal bedeutet sie einen unmittelbaren Wertverlust und zum andern ist die schädliche Wirkung des entweichenden Stromes oft eine elektrolytische, die den metallischen Leiter mittels der ihn umgebenden Feuchtigkeit nach Maßgabe der Stromstärke zerstört; die gebildeten Metallsalze erhöhen die Leitfähigkeit der Feuchtigkeit und vergrößern so den Fehler, bis schließlich völliger Kurzschluß oder Entzündung eintritt. Daher ist die geforderte Isolationsgröße jetzt durch das zulässige Maß des Stromverlustes ausgedrückt, wodurch ohne weiteres die wünschenswerte Abhängigkeit von der Betriebsspannung erhalten ist.

Tatsächlich werden ja auch in den gebräuchlichen Isolationsmessern zunächst Stromstärken gemessen, wenn auch die Ziffer-

e) Diejenigen Teile von Anlagen, welche in feuchten Räumen, z. B. in Brauereien, Färbereien, Gerbereien usw. installiert sind, brauchen der Vorschrift des Absatzes d) nicht zu genügen, sollen aber mit möglichster Sorgfalt isoliert sein. Wo eine größere Anlage feuchte Teile enthält, müssen dieselben bei der Messung nach b) und c) abgeschaltet sein, und die trockenen Teile müssen der Vorschrift unter d) genügen. Vergl. auch § 41[8]).

blätter den Widerstand in Ohm angeben. Benutzt man Instrumente der letzteren Art, so ist die abgelesene Zahl mit Hilfe der bekannten Betriebsspannung leicht auf die gesuchte Größe in Milliampere umzurechnen.

Ist die Meßspannung von der Betriebsspannung verschieden, so errechnet man den bei der Betriebsspannung stattfindenden Stromverlust aus dem gemessenen nach dem Ohmschen Gesetz, indem man einen von der Spannung unabhängigen Isolationswiderstand voraussetzt. Tatsächlich wird diese Unabhängigkeit, namentlich bei großer Verschiedenheit zwischen Meß- und Betriebsspannung nicht vorhanden sein. Indessen muß dieser Fehler in den Kauf genommen werden. Bei Wechselstrombetrieb wird in der Regel mit Gleichstrom gemessen, weil die Wechselstrommeßgeräte meist zu unempfindlich sind und außerdem der unmittelbar an ihnen beobachtete Strom sich aus dem wirklichen Stromverlust und den Ladungsströmen zusammensetzt. Auch hier wird meistens die Meßspannung eine andere sein als die Betriebsspannung, so daß die erwähnte Umrechnung nötig ist.

Kommen verschiedene Betriebsspannungen in Betracht, so ist mit derjenigen zu rechnen, die für den gesuchten Stromverlust maßgebend ist. So wird z. B. bei einem Dreileiternetz mit geerdetem Mittelleiter der Stromverlust zwischen einem der Außenleiter und Erde aus der Betriebsspannung des einen Zweiges abzuleiten sein, dagegen wird für die Ermittlung der Isolation beider Pole gegeneinander in solchen Teilen, die mit der Summe beider Teilspannungen betrieben werden, auch diese Summenspannung der Rechnung oder der unmittelbaren Messung zugrunde gelegt.

Um aus dem gemessenen Isolationswiderstand oder aus dem ermittelten Stromverlust ein Urteil über die Beschaffenheit der Anlage zu gewinnen, muß man beachten, daß das Maß der Gefahr sehr verschieden ist, je nachdem der Stromverlust sich auf eine größere Strecke gleichmäßig verteilt oder sich auf eine oder einige Stellen konzentriert. Hat z. B. eine Anlage von 10 000 Lampen einen Isolationswiderstand von 100 Ohm zwischen beiden Polen, so daß bei 100 Volt Betriebsspannung im ganzen ein Stromverlust von 1 Ampere stattfindet, so wäre dies unbedenklich, wenn sich der Verlust etwa auf alle 10 000 Lampenfassungen gleichmäßig verteilen würde, da er alsdann für jede 0,1 Milliampere beträgt. Würde aber der Stromverlust von 1 Ampere in einer einzigen Lampenfassung stattfinden, so würde diese in gefährlicher Weise erhitzt werden und unmittelbare Feuersgefahr vorhanden sein.

Daher ist die Messung nicht nur an der Gesamtanlage auszuführen, sondern auch an ihren einzelnen Teilen. Die in den Vorschriften gewählte Fassung für den zulässigen Stromverlust leitet unmittelbar auf diese Art der Messung hin, weil bei größeren Anlagen der Gesamtverlust in der Regel größer sein wird, als nach der Vorschrift erlaubt ist. Man muß daher die Unterteilung so lange fortsetzen, bis für jeden einzelnen Teil die Vorschrift

c) Diejenigen Teile von Anlagen, welche in feuchten Räumen, z. B. in Brauereien, Färbereien Gerbereien usw. installiert sind, brauchen der Vorschrift des Absatzes d) nicht zu genügen, sollen aber mit möglichster Sorgfalt isoliert sein. Wo eine größere Anlage feuchte Teile enthält, müssen dieselben bei der Messung nach b) und c) abgeschaltet sein, und die trockenen Teile müssen der Vorschrift unter d) genügen. Vergl. auch § 41[8]).

erfüllt erscheint; derjenige Zweig, welcher schließlich sich als ungenügend herausstellt, wird so als Sitz eines Fehlers erkannt, den man aufzusuchen und abzustellen hat. Natürlich ist es nicht zulässig, eine ungenügend isolierte Anlage dadurch mit den Forderungen in Übereinstimmung zu bringen, daß man die ungenügende Strecke durch eingefügte Sicherungen in Teile zerlegt, wenn diese Sicherungen nicht durch den Betrieb oder die für ihre Anordnung gültigen Vorschriften gefordert werden. Der Ausdruck „Teilstrecke zwischen zwei Sicherungen" soll vielmehr den kleinsten selbständigen Betriebsstromkreis bezeichnen. ETZ 1904 S. 362 N. 86, S. 1116 N. 129.

[7]) Für Hochspannungsanlagen erschien die für Niederspannung festgesetzte Forderung bei den höheren Werten der Betriebsspannungen zu streng. Da sich ein einfacher Ausdruck für die Isolationsgrößen, die der Erfahrung gemäß genügend und regelmäßig erreichbar sind, nicht finden ließ, so wurde eine Abstufung festgesetzt, die sich an die Niederspannungswerte anschließt, bei höheren Spannungen aber nur die Hälfte desjenigen Isolationswertes verlangt, wie er durch Fortsetzung der dort benutzten Formel sich ergeben würde. Da unterirdische Leitungsnetze von den Vorschriften ausgenommen sind und Freileitungen den Forderungen unter f) unterliegen, so gelten die Bestimmungen im wesentlichen nur für solche Teile von Hochspannungsanlagen, die sich in Häusern befinden, namentlich werden sie auf Anlagen mit Gebrauchsspannungen zwischen 250 und 1000 Volt Anwendung finden.

[8]) Die unter d) geforderten Isolationsgrößen sind so festgesetzt, daß sie auch unter ungünstigen Verhältnissen eingehalten werden können, wenn alle in den Vorschriften angeführten Maßnahmen beachtet, ausschließlich gute, den Verhältnissen angepaßte Materialien verwendet und die Arbeiten mit Sorgfalt ausgeführt werden.*)

Die Erreichung dieser Isolationsgrößen muß daher, vor allem bei Neuanlagen, unter allen Umständen angestrebt werden. Es ist indessen nicht undenkbar, daß ausnahmsweise ungünstige äußere Einflüsse oder die Wirkungen des besonders gearteten Betriebes, wie sie z. B. in manchen chemischen Fabriken, manchmal auch in Färbereien, Brauereien usw. auftreten, dies Ziel nicht erreichen oder nicht dauernd aufrecht erhalten lassen. Alsdann kann von der Einhaltung der verlangten Isolationsgrößen Abstand genommen werden, wenn durch die Bauart der Räume und die Art der Verlegungsmaterialien und der Verlegung selbst dafür gesorgt ist, daß die vorhandenen Isolationsfehler zu Feuersgefahr keinen Anlaß bieten können. (§ 41).

So ehe Einrichtungen sind jedoch stets als Ausnahmen zu betrachten und dauernd mit besonderer Sorgfalt zu beaufsichtigen. Es empfiehlt sich namentlich, wie überhaupt, so besonders in diesem Falle, Isolationsmessungen der einzelnen Unterabtei-

---

*) vergl. ETZ 1902 S. 693.

f) Der Isolationswiderstand von Freileitungen muß bei feuchtem Wetter mindestens 20 000 Ohm für das Kilometer einfacher Drahtlänge betragen[9]).

§ 3.
Definitionen.[1])

a) Vakat.

---

lungen vorzunehmen, um wenigstens gröbere Fehler aufdecken und abstellen zu können, und um sich davon zu überzeugen, inwieweit der Isolationsfehler über die ganze Anlage gleichmäßig verteilt ist. Solche Messungen sollten in regelmäßigen Zwischenräumen, etwa alle Monate, wiederholt werden. Auch ist es gut, wenn derartige Teile einer größeren Anlage zu allen Zeiten, wo dies tunlich erscheint, von dem übrigen Netze durch Offnen der Ausschalter abgetrennt werden, damit einerseits unnötiger Stromverlust vermieden, anderseits die zersetzende Wirkung des Erdstroms eingeschränkt wird.

Bei Anlagen unter gebräuchlichen Verhältnissen ist eine dauernde Kontrolle des Isolationszustandes, wie sie z. B. durch Anordnung eines der bekannten Erdschlußzeiger am Hauptschaltbrett erreicht werden kann, zu empfehlen. Vorgeschrieben ist sie indessen nur bei Hochspannungsanlagen. Vgl. unter 11.

[9]) Der Isolationswiderstand von Freileitungen hängt, abgesehen von Baumzweigen und anderen Fremdkörpern, die mit den blanken Drähten in Berührung kommen können, hauptsächlich vom dem unversehrten Zustand der Isolierglocken und besonders von der Reinheit ihrer Oberfläche ab. In rußiger Luft überziehen sich die Porzellanglocken nach und nach mit einer leitfähigen Schicht; die Rußschicht selbst hält wiederum Wasserhäutchen und Nebelbläschen leichter fest, als blankes Porzellan. Starker Regen bessert daher oft den Isolationszustand, indem er die schmutzige Schicht abwäscht. Die „einfache Drahtlänge" steht im Gegensatz zur Streckenlänge. Bei einer ringförmigen Reihenschaltung würde die Drahtlänge der Streckenlänge gleich sein. Bei einer gestreckten Zweileiteranlage ist der Regel nach die Drahtlänge gleich der doppelten Streckenlänge.

[10]) Für Hochspannung ist, ähnlich wie in d), die zu fordernde Isolationsgröße in der Weise festgesetzt, daß sie sich an die Vorschriften für Niederspannung anschließt, jedoch bei sehr hohen

Hochspannung. § 3. Definitionen. 25

f) Der Isolationswiderstand von Freileitungen muß bei feuchtem Wetter mindestens 80 Ohm für das Volt und Kilometer einfacher Drahtlänge betragen[9], braucht aber $1^1/_2$ Millionen Ohm nicht zu überschreiten[10]).

g) In Stromerzeugungsanlagen sind Vorrichtungen vorzusehen, durch welche der Isolationszustand auch während des Betriebes kontrolliert werden kann[11])

§ 3
Definitionen.[1])

a) I s o l i e r s t o f f e. Als isolierend gelten fasrige oder poröse Isolierstoffe, die mit geeigneter Isoliermasse getränkt sind, ferner feste Isolierstoffe, die nicht hygroskopisch sind. Diese Stoffe sollen in solcher Stärke verwendet werden, daß sie bei den im Betriebe vorkommenden Temperaturen

bis zu 5000 V	das Doppelte der Betriebsspannung,
von 5000—10 000 V	eine Überspannung von 5000 V,
über 10 000 V	das $1^1/_2$ fache der Betriebsspannung

eine halbe Stunde lang aushalten, ohne durchschlagen zu werden. (Ausnahme siehe § 11 c²).

Spannungswerten nicht in das Gebiet des Unerfüllbaren geraten soll. Die verlangten Isolationsgrößen werden übrigens bei mittleren Verhältnissen in der Regel nicht nur erreicht, sondern weit überschritten. Vgl. z. B. ETZ 1902 S. 1039. Die 55 km lange Leitung St. Maurice—Lausanne zeigte, mit 20 000 Volt gemessen, einen Stromübergang zwischen beiden Liniendrähten von 0,003 A oder den Isolationswiderstand 6,75 Megohm, später nach leichtem Regen 16,6 Megohm. Letzteres ist das 500fache des hier geforderten Betrages.

[11]) Zur dauernden Beobachtung des Isolationszustandes können statische Voltmeter dienen, die mit einem Pol an Erde, mit dem andern an die Leitung gelegt werden. Hat man je ein solches Instrument an jedem Pol, so wird bei einer Verminderung der Isolation in der dem einen Pol entsprechenden Leitung das zugehörige Instrument kleineren, das am andern oder an den andern Polen liegende Instrument größeren Ausschlag geben.

Die Isolationsgröße wird nie völlig gleichbleibend sein, sie hängt z. B. von der Witterung ab. Welche Bedeutung die jeweiligen Angaben solcher Instrumente für den Zustand der Anlage haben, läßt sich daher nur auf Grund längerer Beobachtungen beurteilen. Es ist daher nötig, in regelmäßigen Zeiträumen zu beobachten und über die Resultate Buch zu führen, damit das Interesse des Wärters stets wachgehalten wird. Die Buchführung bietet ferner den Vorteil, bei eingetretenen Unglücksfällen feststellen zu können, in welchem Zustande sich die Anlage befunden hat.

Die Festsetzung der Zeiträume, in welchen der Isolationszustand zu notieren ist, sowie die Festsetzung anderer regelmäßiger Beobachtungen über den Zustand der Anlagen ist Sache der ,,Betriebsvorschriften". Vgl. die besonders erschienenen ,,Sicherheitsvorschriften für den Betrieb elektrischer Starkstromanlagen".

b) **Erdung**. Einen Gegenstand im Sinne dieser Vorschriften erden, heißt ihn mit der Erde derart leitend verbinden, daß er eine für unisoliert stehende Personen gefährliche Spannung nicht annehmen kann[6]).

c) **Feuersichere Gegenstände**. Als feuersicher gilt ein Gegenstand, der nicht entzündet werden kann oder nach Entzündung nicht von selbst weiterbrennt.

d) **Freileitungen**. Als Freileitungen gelten alle oberirdischen Leitungen außerhalb von Gebäuden, die weder metallische Umhüllung, noch Schutzverkleidung

---

§ 3. [1]) Mit der im § 3 gegebenen Umschreibung einzelner Bezeichnungen sollen nicht wissenschaftliche Definitionen der erläuterten Begriffe gegeben sein, sondern nur Festsetzungen, welche lediglich für den Wortlaut der Vorschriften Geltung haben, um so in diesen selbst eine kürzere Ausdrucksweise zu ermöglichen.

[2]) Die Brauchbarkeit der Isolierstoffe für Hochspannung ist nicht durch den ziffermäßigen Isolationswiderstand allein bedingt; neben diesem ist namentlich die Widerstandsfähigkeit gegen Durchschlag und die Abwesenheit von Oberflächenleitung maßgebend.

Die angegebenen Prüfungen gelten im allgemeinen für Stoffe, die zum Aufbau von Apparaten u. dgl. dienen. Schärfere Prüfungen sind für die Isolierhüllen von Drähten und Kabeln in den Normalien vorgeschrieben. Siehe hierüber die „Normalien für Leitungen" im Anhang.

[3]) Imprägniertes Holz würde bei Luftzutritt sehr brennbar sein, unter Öl fällt dieses Bedenken weg. Es wird in der Regel mit Leinöl oder Paraffin imprägniert. Auch imprägniertes Holz ist in feuchter Luft kein zuverlässiger Isolator für hohe Spannung, da die Imprägniermasse, wie es scheint, durch die Luftfeuchtigkeit verdrängt wird. Sein Verhalten hängt sehr von der Holzsorte und der Behandlung ab. Nur ausnahmsweise darf es daher als Isolator für hohe Spannung dienen, wenn man nämlich die genannten Nachteile mit Rücksicht auf die günstigen Festigkeitseigenschaften des Holzes in den Kauf nimmt und sich gegen ihre schädlichen Folgen anderweitig schützt. Vorteilhaft dagegen dient Holz auch bei Hochspannung oft als zweite Isolationsstufe. (Vergl. § 10a unter 3.)

Vulkanfiber ist nur in trockenem Zustand ein guter Isolator, nimmt aber aus der Luft begierig Wasser auf, ist daher für Niederspannung nur bedingt, für Hochspannung unter keinen Umständen als Isolierstoff brauchbar. ETZ 1905 S. 1878.

[4]) Schieferplatten werden in Paraffin gesotten oder mit gutem Lack angestrichen. Bei Schiefer und Marmor ist wegen der leitenden Adern und der Verschiedenartigkeit der einzelnen Sorten Vorsicht geboten; besonders in feuchten Räumen. Neben der

Hochspannung. § 3. Definitionen. 27

Material wie Holz und Fiber darf nur unter Öl[3]) und nur mit geeigneter Isoliermasse imprägniert als Isoliermaterial angewendet werden. Steinplatten sollen keine leitenden Adern enthalten, und ihre nichtpolierten Flächen sind durch einen geeigneten Anstrich gegen Feuchtigkeit zu schützen[4]). (Ausnahme s. § 10 a der Hoch-Spannung.)

Das Isoliermaterial muß derart gestaltet und bemessen sein, daß ein merklicher Stromübergang über die Oberfläche (Oberflächenleitung) unter normalen Umständen nicht eintreten kann[5]).

b) Erdung. Einen Gegenstand im Sinne dieser Vorschriften erden, heißt ihn mit der Erde derart leitend verbinden, daß er eine für unisoliert stehende Personen gefährliche Spannung nicht annehmen kann[6]).

c) Feuersichere Gegenstände. Als feuersicher gilt ein Gegenstand, der nicht entzündet werden kann oder nach Entzündung nicht von selbst weiterbrennt.

d) Freileitungen. Als Freileitungen gelten alle oberirdischen Leitungen außerhalb von Gebäuden, die weder metallische Umhüllung, noch Schutzverkleidung

---

Rückseite sind unter Umständen namentlich auch die Durchbohrungen von Marmor- und Schiefertafeln sorgfältig anzustreichen oder zu imprägnieren. Auch die einzelnen Glassorten sind in ihrem Verhalten sehr verschieden, sie sollen daher nicht ohne vorherige Probe benützt werden.

Als bester Isolierstoff gilt Glimmer, außerdem haben sich verschiedene Kunstprodukte, wie Porzellan, Mikanit, je nach Umständen auch Hartgummi und andere bewährt. Hartgummi wird durch Luft und Licht, sowie durch das bei Hochspannung oft auftretende Ozon in seiner Isolierkraft stark beeinträchtigt.

[5]) Die an der Oberfläche übergehenden Funken haben die Fähigkeit, weit größere Strecken zu durchsetzen, als wenn sie in der freien Luft überspringen müßten. Der Übergang wird wesentlich erleichtert durch die auf den Oberflächen etwa gebildeten feinen Wassertröpfchen oder Wasserhäutchen oder Staubschichten. Man muß daher einerseits den Weg, den der Funke über solche Oberfläche nehmen müßte, möglichst lang machen, anderseits darnach trachten, daß durch die Wahl des Materials und durch seine Formgebung die Bildung von Wasserschichten oder Staubschichten möglichst erschwert wird. Isolierstoffe, welche die Wärme gut leiten und kleine Wärmekapazität haben, sind ungünstiger, weil sie bei raschen Temperaturerniedrigungen sich leicht mit einer Wasserhaut bedecken. Horizontale Flächen erleichtern die Ansammlung von Staub. Man versieht daher solche Isolierstücke passend mit Wulsten, Kragen u. dgl. Die Gestalt der bekannten Isolierglocken ist für alle hier in Betracht kommenden Zwecke vorbildlich.

[6]) Von der Erdung wird im Bereiche der Niederspannungs-Vorschriften der Hauptsache nach bei Gelegenheit des an Erde gelegten Mittelleiters von Dreileiteranlagen § 22 und § 32 Gebrauch gemacht. Als Schutzmittel wird die Erdung in § 44 dieser Abteilung sowie mehrfach im Gebiet der Hochspannung teils unbedingt gefordert, teils als Ersatz für andere Sicherungsarten zugelassen. Sowohl dort als hier ist mit Nachdruck darauf hinzuweisen, daß die Erdung im Sinne der Vorschriften eine wesentlich andere Bedeutung hat, als in der Technik der Blitzableiter

haben. Schutznetze, Schutzleisten[7]) und Schutzdrähte gelten nicht als Verkleidung.

e) **Elektrische Betriebsräume**. Als elektrische Betriebsräume gelten Räume, welche wesentlich zum Betrieb elektrischer Maschinen oder Apparate dienen und in der Regel nur instruiertem Personal zugänglich sind[8]).

f) **Betriebsstätten**. Im Gegensatze zu den elektrischen Betriebsräumen werden als Betriebsstätten alle diejenigen Räume bezeichnet, in welchen andere als elektrische Betriebsarbeiten normalerweise vorgenommen werden[9]).

g) **Feuergefährliche Betriebsstätten und Lagerräume**. Als feuergefährliche Betriebsstätten und Lagerräume gelten Räume, in welchen leicht entzündliche Gegenstände erzeugt oder angehäuft werden[10]).

h) **Explosionsgefährliche Betriebsstätten und Lagerräume**. Als explosionsgefährlich gelten Räume, in denen explosible Stoffe aufgespeichert werden, oder in denen sich betriebsmäßig explosible Gemische von Gasen, Staub oder Fasern bilden oder anhäufen können[11]).

---

oder der Schwachströme, aus welcher das Wort „Erdung" übernommen ist.

Mißverständnisse und schwere Schädigungen werden nur dann vermieden werden, wenn man sich darüber klar ist, daß nicht jede beliebige Verbindung mit der Erde als ein vertrauenswürdiges Sicherungsmittel angesehen werden kann. Eine solche Auffassung, vor der nicht eindringlich genug gewarnt werden kann, würde zu schablonenhafter Ausführung und damit zu großen Gefahren Anlaß geben. Eine Erdung, die die Bedingungen der Vorschriften erfüllt, daß nämlich der geerdete Gegenstand eine für unisoliert stehende Personen gefährliche Spannung nicht annehmen kann, erfordert eine sorgfältige Berücksichtigung der in jedem Einzelfall vorliegenden Verhältnisse, sie ist oft nur mit sehr großen Schwierigkeiten in befriedigender Weise ausführbar; manchmal sogar unmöglich. Unvollkommene Ausführungen werden in vielen Fällen nicht genügen, um die auftretenden Spannungsdifferenzen auf ein ungefährliches Maß herabzudrücken. Vgl. § 22.

[7]) Als Schutzleisten sind hier die isolierenden Streifen bezeichnet, wie sie z. B. auf den Fahrdrähten elektrischer Bahnen befestigt sind, um herabfallende Telephondrähte von den Fahrdrähten abzuhalten.

[8]) Die elektrischen Betriebsräume können Teile eines andern Raumes, z. B. einer Fabrikhalle sein, wenn der Zutritt zu ihnen durch Schranken, Gitter oder dgl. der Vorschrift gemäß beschränkt ist. Auch Akkumulatorenräume gelten als elektrische Betriebsräume. Um einen Raum als „elektrischen Betriebsraum" bezeichnen und in ihm von den hierfür zugestandenen Erleichterungen Gebrauch machen zu dürfen, ist es nicht notwendig, daß er ausschließlich elektrische Maschinen enthält. Es kann z. B. auch der von der elektrischen Maschine angetriebene Ventilator, eine Pumpe oder dergl. dort stehen. ETZ. 1904 S. 362, N. 5. Auch können in dem Raum neben elektrischen Erzeugermaschinen noch deren Antriebsmaschinen sowie

haben. Schutznetze, Schutzleisten[7]) und Schutzdrähte gelten nicht als Verkleidung.

e) **Elektrische Betriebsräume**. Als elektrische Betriebsräume gelten Räume, welche wesentlich zum Betrieb elektrischer Maschinen oder Apparate dienen und in der Regel nur instruiertem Personal zugänglich sind[8]).

f) **Betriebsstätten**. Im Gegensatze zu den elektrischen Betriebsräumen werden als Betriebsstätten alle diejenigen Räume bezeichnet, in welchen andere als elektrische Betriebsarbeiten normalerweise vorgenommen werden[9]).

g) **Feuergefährliche Betriebsstätten und Lagerräume**. Als feuergefährliche Betriebsstätten und Lagerräume gelten Räume, in welchen leicht entzündliche Gegenstände erzeugt oder angehäuft werden[10]).

h) **Explosionsgefährliche Betriebsstätten und Lagerräume**. Als explosionsgefährlich gelten Räume, in denen explosible Stoffe aufgespeichert werden, oder in denen sich betriebsmäßig explosible Gemische von Gasen, Staub oder Fasern bilden oder anhäufen können[11]).

---

andere Treibmaschinen stehen; neben elektrischen Motoren kann er andere Motoren enthalten. Dagegen muß streng gefordert werden, daß ein derartiger Raum in der Regel nur instruirtem Personal zugänglich ist und daß er den Charakter eines reinen Kraftwerkes hat, in welches nicht etwa Rohstoffe offen hineingeschafft und Fertigprodukte offen herausgeschafft werden. Auf welcher Art ein solcher Raum von seiner Umgebung getrennt sein muß, hängt von der Art der Umgebung ab. Wo betriebsmäßig Staub oder Fasern auftreten (in gewissen Teilen von Mühlen, Spinnereien, Schreinereien ohne wirksame Staubentfernung), wird man dichte Wände fordern, während unter andern Umständen Schranken genügen können.

[9]) Betriebsstätten sind demnach in erster Linie alle die Räume, welche gewöhnlich als Werkstätten bezeichnet werden. Ihre besondere Bedeutung für die Beschaffenheit und Behandlung der elektrischen Anlagen liegt hauptsächlich in dem Umstande, daß in ihnen vielfache Hantierungen schwerer oder sperriger Gegenstände vorkommen, so daß die Gefahr der Beschädigung für Leitungen, Apparate und Stromverbraucher größer ist als in Wohnräumen; während anderseits nicht vorausgesetzt werden kann, daß die elektrische Einrichtung mit derselben Sachkenntnis und Aufmerksamkeit behandelt werde, wie in elektrischen Betriebsräumen.

[10]) Beispiele sind etwa Schreinerwerkstätten, Sägewerke, Baumwollspinnereien u. dgl.

[11]) Hierher gehören gewisse Teile von Getreidemühlen, Lagerräume für Spirituosen usw. Die Explosionsfähigkeit von Mehl, Kohlenstaub und ähnlichen Stoffen ist neuerdings wieder durch Versuche festgestellt worden. Ein Raum, der mit einer Gasleitung ausgestattet ist, wird dadurch noch nicht zu einem explosionsgefährlichen; wenn hier auch die Bildung explosibler Gemische durch Austritt des Gases nicht völlig ausgeschlossen ist, so kann sie doch nur durch grobe Fahrlässigkeit oder

30 Niederspannung. § 4. Schalt- u. Verteilungstafeln.

B. Beschaffenheit des zu verwendenden Materials.[1]

Alles zu verwendende Material muß, soweit nicht im folgenden Ausnahmen gemacht sind, den Normalien des Verbandes entsprechen*)[2]).

§ 4.
Schalt- und Verteilungstafeln.

a) Für den Aufbau von Schalt- und Verteilungstafeln darf im allgemeinen Holz nicht verwendet werden; nur für Verteilungstafeln bis 0,5 qm ist es als Konstruktions-, nicht aber als Isolationsmaterial zulässig; zur Umrahmung darf es überall benutzt werden[3]). Schalter

unsachgemäße Beschaffenheit der Gasleitung eintreten, wird also niemals „betriebsmäßig" vorkommen. Es sei indessen darauf hingewiesen, daß namentlich die Räume, in denen Gasuhren aufgestellt sind, eine besondere Beachtung verdienen. Wenn sie auch im Sinne dieser Vorschriften nicht als explosible Räume gelten, so ist doch einige Vorsicht in ihrer Behandlung und bei ihrer Ausrüstung mit elektrischen Einrichtungen geboten.

Als weitere besonders benannte Räume vergleiche: feuchte Räume im § 41, Räume mit ätzenden Dünsten im § 42, durchtränkte Räume § 43, Schaufenster, Warenhäuser § 44.

§ 4. [1]) Wie in der Einleitung bemerkt, gliedert sich der sachliche Inhalt der Vorschriften sowohl in der Abteilung für Niederspannung als in der für Hochspannung so in zwei Teile, daß im ersten von der Beschaffenheit der Installationsmittel, im zweiten von der Art und Weise ihrer Verwendung gehandelt wird.

Erheben sich daher bei der Prüfung einer Anlage Zweifel über die Übereinstimmung einer Einrichtung mit den Vorschriften, so hat man sich zunächst klar zu machen, ob sich das Bedenken gegen die Beschaffenheit des Gegenstandes oder gegen die Art seiner Verwendung richtet. Je nachdem sind die zutreffenden Bestimmungen unter dem Teil B oder dem Teil C zu suchen.

[2]) Neben den Eigenschaften, die in den §§ 4 bis 21 von den einzelnen Installationsmitteln verlangt werden, damit den Anforderungen der Sicherheit Genüge getan ist, sind vom Verbande deutscher Elektrotechniker noch andere Bestimmungen über die Beschaffenheit elektrotechnischer Geräte und Hilfsmittel vereinbart worden. Diese dienen nicht ausschließlich den Zwecken der Sicherheit. Zum Teil sollen sie zur Vereinfachung der Fabrikation beitragen, wie die Normalien für einheitliche Lampenfüße und Fassungen; andere sollen nach das Lieferungsgeschäft erleichtern, wie die Kupfernormalien. Mittel-

---

*) Die hier in Betracht kommenden Normalien sind:
1. Normen über einheitliche Kontaktgrößen und Schrauben.
2. Kupfernormalien.
3. Normalien und Kaliberlehren für Lampenfüße und Fassungen mit Edisongewinde.
4. Normalien für Glühlampenfüße und Fassungen mit Bajonettkontakt.
5. Normalien für Steckkontakte.
6. Vorschriften für die Konstruktion und Prüfung von Installationsmaterial
7. Normalien für elektrische Maschinen und Transformatoren.
8 Normalien für Leitungen.

Die unter 2, 6 und 8 genannten sind im Anhange dieser „Erläuterungen" aufgeführt.

Hochspannung. § 4. Schalt- u. Verteilungstafeln. 31

B. Beschaffenheit des zu verwendenden Materials.[1)]

Alles zu verwendende Material muß, soweit nicht im folgenden ausdrücklich Ausnahmen gemacht sind, den Normalien des Verbandes entsprechen*)[2)].

§ 4.
Schalt- und Verteilungstafeln.

a) Schalt- und Verteilungstafeln müssen aus feuersicherem Material bestehen. Holz ist nur als Umrahmung zulässig[4)]. Schalter und alle Apparate, in denen betriebsmäßig Stromunterbrechung stattfindet, müssen derart angeordnet sein, daß etwa im Betriebe der elek-

---

bar tragen aber auch diese Vereinbarungen zur Sicherheit der Anlagen bei. Einige der Normalien stehen in unmittelbarem Zusammenhang mit der Sicherheit, sind aber aus den eigentlichen Sicherheitsvorschriften ausgeschieden worden, weil sie im wesentlichen bei der Fabrikation von Installationsmitteln in Anwendung kommen. Der Installateur wird nicht bei der Errichtung der Anlagen selbst die Einhaltung dieser Normalien prüfen können, sondern sich schon vorher, beim Bezug der Ausrüstungsstücke, dem Fabrikanten gegenüber zu sichern haben, daß ihm nur solches Material geliefert wird, das den Normalien entspricht.

Die gesamten Normalien sind vom Verbande deutscher Elektrotechniker gesondert herausgegeben. Die Normalien für Leitungen sind im Anhang zu den Sicherheitsvorschriften in diesem Buche aufgeführt und erläutert; die Vorschriften für die Konstruktion und Prüfung von Installationsmaterial sind ohne Erläuterungen im Anhange aufgeführt.

[3)] Dieser Satz lautete in den bis zum 31. Dezember 1903 gültigen Vorschriften folgendermaßen:

a) Für den Aufbau von Schalt- und Verteilungstafeln ist Holz nur als Konstruktionsmaterial, nicht aber als isolierende Unterlage zulässig.

Wenn schon diese Fassung die Verwendung des Holzes stark einschränkt, so ist die neue Fassung darin noch weiter gegangen.

Die Verwendung von leicht brennbarem Material, wie weiches Holz, Linoleum oder dgl., bei Schalttafeln hat schon vielfach zu schweren Brandfällen geführt: es ist daher feuerfester Stoff, wie Marmor, leitungsfreier Schiefer, künstlicher Stein u. dgl., vorzuziehen. Die Benutzung solcher Stoffe hat in den letzten Jahren außerordentlich zugenommen und man hat sich daran gewöhnt, selbst beim Aufbau sehr großer Schalttafeln das Holz nur noch als Bestandteil des Tragegerüstes anzuwenden. Die

---

*) Die hier in Betracht kommenden Normalien sind:
1. Normen über einheitliche Kontaktgrößen und Schrauben.
2. Kupfernormalien.
3. Normalien und Kaliberlehren für Lampenfüße und Fassungen mit Edisongewinde.
4. Normalien für Glühlampenfüße und Fassungen mit Bajonettkontakt.
5. Normalien für Steckkontakte.
6. Vorschriften für die Konstruktion und Prüfung von Installationsmaterial.
7. Normalien für elektrische Maschinen und Transformatoren.
8. Normalien für Leitungen.

Die unter 2, 6 und 8 genannten sind im Anhange dieser „Erläuterungen" aufgeführt.

32 Niederspannung. § 4. Schalt- u. Verteilungstafeln.

und alle Apparate, in denen betriebsmäßig Stromunterbrechung stattfindet, müssen derart angeordnet sein, daß etwa im Betriebe der elektrischen Einrichtungen auftretende Feuererscheinungen nicht zündend auf die Nachbarschaft wirken und keine Kurz- oder Erdschlüsse herbeiführen können[5]).

b) Bei Schalttafeln, die betriebsmäßig auf der Rückseite zugänglich sind, darf die Entfernung zwischen ungeschützten, stromführenden Teilen der Schalttafel und der gegenüberliegenden Wand nicht weniger als 1 m betragen[6]). Sind an der letzteren ungeschützte stromführende Teile in erreichbarer Höhe vorhanden, so muß die horizontale Entfernung bis zu denselben 2 m betragen und der Zwischenraum durch Geländer geteilt sein[7]).

---

immer noch vorkommenden Brände von Schalttafeln haben im Jahre 1903 zu einer abermaligen Verschärfung der Vorschriften geführt, derart, daß von 1904 an das Holz auch als Konstruktionsteil nur bei Tafeln von nicht mehr als 0,5 qm Größe zulässig ist.

Man wird daher bei größeren Tafeln auch das Gerüst aus Eisen bauen müssen; bei kleineren ist dies ebenfalls zu empfehlen, wie man sich auch daran gewöhnen wird, nach und nach auch bei ihnen auf die Holztafel zu verzichten. Sollten dennoch aus besonderen Gründen diese kleineren Tafeln aus Holz hergestellt werden, wie dies z. B. bei improvisierten Schaltungen in Versuchsräumen nicht immer zu vermeiden ist, so empfiehlt es sich, sie aus harten, schwer entflammbaren Holzsorten parkettartig zusammenzusetzen; doch ist in diesem Falle jeder stromführende Teil, also z. B. jede einzelne Sammelschiene, durch eine Unterlage von Porzellan, Asbest, Schiefer oder dgl. von dem Holze zu trennen. Auch Durchgangsöffnungen für Drähte sind mit Porzellantüllen zu versehen.

Es ist wohl vielfach behauptet worden, daß gutes hartes Holz in trockenem Zustande ein vorzüglicher Isolator sei. Hiergegen ist zu bemerken, daß eine scharfe Grenze zwischen hartem und weichem, leicht entflammbarem Holze nicht existiert. Ferner daß eine Holztafel, auch wenn sie aus sachgemäß gewähltem Material besteht und in trockenem Zustande aufgestellt wird, durch ungünstige Verhältnisse an einzelnen Stellen unbemerkt Feuchtigkeit aufnehmen kann, so daß ihr Isolationsvermögen verschwindet. Es sei ferner daran erinnert, daß gerade an Schaltbrettern Erwärmungen nicht durch Überlastung der Leitungen, sondern durch mangelhaften Kontakt besonders häufig sind, welch letztere Erscheinung sich unter Umständen, z. B. infolge fortgesetzter Erschütterungen (in Maschinenräumen), allmählich und unbemerkt einstellt. Auch die durch den normalen Betrieb bedingte abwechselnde Erwärmung und Abkühlung der Schmelzsicherungen bewirkt eine allmähliche Lockerung der Kontaktschrauben. Hierzu kommt noch, daß die Holztafeln sich leicht werfen oder reißen, um so mehr, je größer sie sind. Dabei sind schon Porzellanbestandteile der Apparate zerstört, auch Zähler und andere Meßgeräte in Unordnung gebracht worden. Die großen Stromstärken, welche an Schaltbrettleitungen herrschen, machen es erklärlich, daß auch scheinbar geringfügige Fehler schwerwiegende Folgen nach sich ziehen.

[4]) Zu den unter 1) gegen das Holz geltend gemachten Bedenken tritt bei Hochspannung noch das weitere Moment hinzu,

Hochspannung. § 4. Schalt- u. Verteilungstafeln. 33

trischen Einrichtungen auftretende Feuererscheinungen nicht zündend auf die Nachbarschaft wirken und keine Kurz- oder Erdschlüsse herbeiführen können[3]).

b) Schalttafeln müssen entweder mit einem isolierenden Bedienungsgang umgeben sein, und, soweit sie für nicht instruiertes Personal zugänglich sind, müssen sämtliche Teile, die unter Spannung gegen Erde stehen, auf der Bedienungsseite durch Gehäuse vor Berührung geschützt sein. Die gleiche Vorschrift gilt auch für die Rückseite der Schalttafeln, sofern dieselbe überhaupt begehbar ist.[8])

daß bei Spannungen von mehreren Tausend Volt auch trockenes Holz sich wie ein Leiter verhält und direkt entflammt werden kann. Hier ist es also als wirklicher Bestandteil der Tafeln grundsätzlich ausgeschlossen. Die Zulassung zur Umrahmung ist nur aus Rücksichten auf Schönheitsgründe geschehen und es ist dabei vorausgesetzt, daß die Umrahmung von den stromführenden Teilen weit entfernt bleibt.

[5]) Vor allem ist auf die an Ausschaltern und Sicherungen etwa auftretenden Lichtbogen Rücksicht zu nehmen. Diese können benachbarte Brennstoffe, Holztafeln, Drahthüllen entzünden oder auf benachbarte Metallteile überschlagen. Die Mächtigkeit der hier möglichen Feuererscheinungen wird häufig unterschätzt. Man muß nicht nur die betriebsmäßigen Energiemengen, sondern auch diejenigen in Rechnung ziehen, die bei Kurzschluß u. dgl. ins Spiel treten können. Sie hängen in erster Linie vom Umfang der Gesamtanlage ab.

Über den Bau der Apparate selbst siehe §§ 10—14.

[6]) Es ist darnach zu streben, daß alle Schalttafeln, sofern sie nicht nach Absatz e) dieses Paragraphen vollständig von der Vorderseite aus beherrscht werden können, auf der Rückseite zugänglich gemacht werden. Die Zugänglichkeit und damit die Einhaltung der erwähnten Abstände muß unbedingt gefordert werden, wenn die Rückseite Sicherungen trägt oder wenn dort lösbare Verbindungen oder Schalter angebracht sind, die während des Betriebes gehandhabt werden müssen.

[7]) Die größere Entfernung und das Geländer ist in diesem Falle nötig, weil es vorkommen kann, daß der Bedienungsmann beim Arbeiten auf der einen Seite einen elektrischen Schlag erleidet und dann gegen die stromführenden Teile fällt, denen er den Rücken zukehrt.

[8]) § 4 b Hochspannung enthält Maßnahmen, um die am Schaltbrett beschäftigten Personen zu schützen. Eine unmittelbare Berührung stromführender Teile, besonders die gleichzeitige Berührung zweier entgegengesetzter Pole wird in fast allen Fällen die schwersten Beschädigungen zur Folge haben. Daher sind solche Teile der zufälligen Berührung zu entziehen, indem man sie mit Schutzhüllen umgibt oder völlig einbaut, oder sie in solcher Höhe anordnet, daß sie nicht ohne besondere Mittel zugänglich sind.

Sind stromführende Teile vorhanden, die aus Betriebsrücksichten zugänglich sein müssen, so sind sie jedenfalls der z u - f ä l l i g e n Berührung zu entziehen und vor ungeschultem Personal abzuschließen, sei es durch Schutzhüllen oder sei es durch

c) Die Kreuzung stromführender Teile an Schalt- und Verteilungstafeln ist möglichst zu vermeiden. Ist dies nicht erreichbar, so sind die stromführenden Teile durch Isolierung voneinander zu trennen, oder derart in ge-

Geländer, welches Unbefugte ausschließt und die Befugten aufmerksam macht.

Am schwersten zu vermeiden sind die Gefahren, welche aus der Berührung solcher Teile entstehen, die normalerweise nicht stromführend sind, wohl aber leicht höhere Spannung annehmen können, indem sie durch Influenz von seiten der stromführenden Teile oder durch überkriechende Ströme oder durch überschlagende Funken geladen werden.

Zur Überwindung dieser Gefahren sind zwei grundsätzlich verschiedene Wege möglich und in den beiden ersten Absätzen des § 4 b nebeneinander vorgesehen. Der eine Weg besteht darin, daß man die Personen von Erde isoliert, so daß der menschliche Körper bei der Berührung mit einem geladenen Metallteil nur einen Ladungsstrom aufnehmen kann; dieser wird nie dieselbe Stärke erreichen, wie wenn der menschliche Körper dem Strom einen Weg zur Erde darbietet. Da die schädlichen Wirkungen elektrischer Schläge auf den Organismus nach den bisherigen Erfahrungen von der dabei den Körper durchfließenden Stromstärke abhängen, so kann auf diese Weise eine sehr erhebliche Herabsetzung der Gefahr erzielt werden. Wie erwähnt, wirkt dieser Schutz ausschließlich nur in den Fällen, wo die Berührung mit nur einem Pol der Leitung in Frage steht. Der zweite Weg ist der, daß man die nicht stromführenden, der Berührung zugänglichen Teile erdet, so daß eine Ladung, die unbeabsichtigterweise auf sie übergeht, einen guten metallischen Weg zur Erde findet, mithin dieser Strom auch dann, wenn eine Person mit solchen Teilen in Berührung steht, den metallischen Weg zur

Hochspannung. § 4. Schalt- u. Verteilungstafeln. 35

Oder es müssen sämtliche stromführenden Teile, z. B. auch diejenige der Meßinstrumente, Sicherungen und Schalter, sofern sie nicht geerdet sind, der Berührung unzugänglich angeordnet sein; die zugänglichen nichtstromführenden Metallteile dieser Apparate und des Gerüstes müssen geerdet sein, soweit der Fußboden in der Nähe des Gerüstes leitet, mit diesem leitend verbunden sein.

Soweit in Gleichstromanlagen die Betriebsspannung 750 V nicht überschreitet und die Bedienung nur durch instruiertes Personal erfolgt, kann von dieser Vorschrift abgesehen werden.[6])

Bei Schalttafeln, die betriebsmäßig auf der Rückseite zugänglich sind, darf die Entfernung zwischen ungeschützten stromführenden Teilen der Schalttafel und der gegenüberliegenden Wand nicht weniger als 1 m betragen[6]). Sind auf der letzteren ungeschützte stromführende Teile in erreichbarer Höhe vorhanden, so muß die horizontale Entfernung bis zu denselben 2 m betragen und der Zwischenraum durch Geländer geteilt sein. In dem so geschaffenen Gange dürfen bis zur Höhe von 2 m vom Fußboden weder stromführende Teile noch sonstige die freie Bewegung störende Gegenstände vorhanden sein[7]).

c) Die Kreuzung stromführender Teile an Schalt- und Verteilungstafeln ist möglichst zu vermeiden. Ist dies nicht erreichbar, so sind die stromführenden Teile durch Isolierung voneinander zu trennen, oder derart in ge-

---

Erde vorzieht und nur ein verschwindender Teil dieses Stromes den menschlichen Organismus durchfließt.

Beide Verfahren arbeiten also darauf hin, den Strom, der etwa den menschlichen Körper durchfließen könnte, möglichst klein zu machen. Das erste Verfahren schaltet eine Isolierschicht in den Stromweg ein, das zweite Verfahren ordnet einen gut leitenden Nebenschluß an. Das erste Verfahren gewährt auch bei unmittelbarer Berührung des einen Pols der Leitung eine wesentliche Abschwächung der Gefahr; das zweite Verfahren kann nur die Berührung mit den Konstruktionsteilen, die betriebsmäßig nicht an der Stromführung teilnehmen, gefahrlos machen.

Bei Anwendung eines isolierenden Bedienungsganges ist naturgemäß vollständige und dauernde Isolation anzustreben, wozu je nach den örtlichen Verhältnissen (Feuchtigkeit, Höhe der Spannung) mehr oder weniger umständliche Hilfsmittel dienen. Sie darf nicht dadurch illusorisch gemacht werden, daß der auf dem Isolierstand Befindliche mit einem Teil seines Körpers (Hand, Fuß usw.) mit Erde oder mit unisolierten Metallteilen, die mit Erde in Verbindung stehen, in Berührung kommen kann. Es würde z. B. bedenklich sein, wenn ein Arbeiter beim Straucheln oder Zurücktreten oder durch andere willkürliche oder unwillkürliche Bewegungen gegen eine Mauer geraten könnte, besonders wenn diese vielleicht in der Höhe des Kopfes oder auch im Handbereich eiserne Teile (Gasrohre, Turbinenteile) trägt. Der isolierte Bedienungsgang bietet den Vorzug, daß auch die einseitige Berührung eines unmittelbar stromführenden Teiles unter günstigen Umständen schadlos verlaufen kann; denn nicht

nügendem Abstand voneinander zu befestigen, daß Berührung ausgeschlossen ist[10]).

d) Die Polarität bzw. Phase von Leitungsschienen, die hinter der Schalttafel liegen, ist durch farbigen Anstrich kenntlich zu machen[11]).

e) An Verteilungstafeln, welche nicht von der Rückseite aus zugänglich sind, müssen die Leitungen nach Befestigung der Tafel angeschlossen und die Anschlüsse jederzeit von vorn kontrolliert und gelöst werden können[12]).

f) Die Sicherungen auf den Verteilungstafeln sind mit Bezeichnungen zu versehen, aus denen hervorgeht,

---

nur die Stromstärke, die der Betriebsspannung gegen Erde entspricht, wird durch das eingeschaltete Isoliermittel herabgemindert, sondern es wird auch die auf den Menschen wirkende Spannung kleiner sein als die Betriebsspannung gegen Erde, weil die einzelnen Isolierstrecken nach Art von Kondensatoren wirken, auf welche sich die ganze Spannung verteilt. Bei Berührung mit einem Pol wird also die Person auf dem Isolierstand einer kleineren Spannungsdifferenz ausgesetzt, als eine auf Erde stehende. Doch ist zu beachten, daß ein Mensch beim Betreten eines Isolierstandes, der eine Ladung angenommen hat, einen Schlag erleiden kann, wenn er mit einem Fuß noch auf der Erde steht oder ein nicht isoliertes Geländer oder dgl. berührt. Um dies zu vermeiden, müssen bei sehr hohen Spannungen Übergangsstufen vorgesehen sein.

In vielen Fällen ist das Prinzip des Isolierstandes nicht durchführbar; z. B. wenn große Feuchtigkeit herrscht, die eine dauernde Aufrechterhaltung der Isolation unmöglich macht.

Das Prinzip der Erdung des Bedienungsganges, der Schutzgehäuse und dgl. bringt es mit sich, daß die volle Betriebsspannung gegen Erde zwischen den arbeitenden Teilen, z. B. den Spulen der Meßgeräte und den Gehäusen, wirksam ist. Bei Gewittern oder durch andere Ursachen bedingten Überspannungen wird die Gefahr des Überschlagens auf die Gehäuse durch die Erdung noch erhöht. Hierbei wird durch die geerdeten Metallteile Kurzschluß entstehen können.

Die isolierende Trennschicht zwischen den arbeitenden Teilen der Apparate und ihren Gehäusen ist daher besonders sorgfältig auszuführen.

Das Prinzip der Erdung unterliegt ferner der Schwierigkeit, daß unter Umständen sehr große Querschnitte erforderlich sind, um die beim Übertritt der Hochspannung entstehenden Ströme so abzuführen, daß gefährliche Spannungen gegen Erde nicht mehr auftreten können.

Man muß hier darnach streben, daß alle Spannungsdifferenzen, die im Bereich einer Person an den der Berührung zugänglichen Teilen möglich sind, tunlichst herabgemindert werden. Zu diesem Zweck werden alle geerdeten Teile unter sich gut leitend verbunden und es wird auch der Fußboden, soweit er vollständig oder unvollständig leitend ist, mit dieser Erdleitung in leitenden Zusammenhang zu bringen sein. Ist ein sehr gut leitender Zusammenhang aller gleichzeitig berührbaren Teile und des Fußbodens hergestellt, so ist es weniger wichtig, auf welche Weise dieses ganze leitende System mit der Erde verbunden ist. Daher können oft ausgedehnte Eisenteile, z. B. Maschinenfundamente, Eisengehäuse von Turbinen, Dampfmaschinen oder dgl., unter

Hochspannung. § 4. Schalt- u. Verteilungstafeln. 37

nügendem Abstand voneinander zu befestigen, daß Berührung ausgeschlossen ist[10]).

d) Die Polarität bzw. Phase von Leitungsschienen, die hinter der Schalttafel liegen, ist durch farbigen Anstrich kenntlich zu machen[11]).

e) An Verteilungstafeln, welche nicht von der Rückseite aus zugänglich sind, müssen die Leitungen nach Befestigung der Tafel angeschlossen und die Anschlüsse jederzeit von vorn kontrolliert und gelöst werden können[12]).

f) Die Sicherungen auf den Verteilungstafeln sind mit Bezeichnungen zu versehen, aus denen hervorgeht,

---

den genannten Bedingungen als Erde angesehen und behandelt werden.

Wenn man daran festhält, daß die Erdung einen gut leitenden Nebenschluß für den durch den menschlichen Körper gehenden Stromweg schaffen, der Isolierstand einen Widerstand in diesen Stromweg einschalten und damit die Gesamtspannung durch die Kondensatorwirkung der Isolierschichten in kleinere Teilspannungen zerlegen soll, so ergibt sich leicht, daß auch beide Mittel vereint angewendet werden können, indem z. B. neben der Erdung der Metallteile noch Gummimatten, Gummischuhe, Gummihandschuhe benützt werden. Vgl. ferner § 3 Seite 27, § 22, § 25 c.

[9]) In Übereinstimmung mit der Vorschrift über Schalter (§ 11 c) ist für Gleichstrom bis 750 V eine Ausnahme zugelassen, sofern nur instruiertes Personal in Frage kommt.

[10]) Als solche Isolierung können z. B. übergeschobene Isolierrohre dienen, wenn sie der vorkommenden Spannung gewachsen sind. Die gegenseitige Berührung der stromführenden Teile muß auch bei den im Betriebe vorkommenden Erschütterungen des Gebäudes, der Schalttafel oder der Leitungen ausgeschlossen sein. Hohe Stromstärken bewirken manchmal gegenseitige Anziehung oder Abstoßung und dadurch erzeugte Schwingungen der Leitungsschienen, wodurch Berührung oder Überspringen von Funken zustande kommen kann, wenn nicht für sichere Befestigung und Steifheit der Schienen gesorgt ist. Auch die von der Stromwärme bewirkten Durchbiegungen sind zu berücksichtigen.

[11]) Vielfach wird der negative Pol durch rote Farbe (entsprechend den Angaben des gebräuchlichen Polreagenzpapieres) kenntlich gemacht. Außerdem empfiehlt es sich, die Zeichen +, 0, — anzuschreiben. ETZ 1905 S. 279 N. 151.

Der Anstrich braucht nicht notwendig die Leitungen in ihrer ganzen Ausdehnung zu bedecken; es genügt, wenn die Polarität deutlich und ohne langes Suchen erkennbar ist.

Wo Hochspannungs- und Niederspannungsleitungen benachbart sind, müssen auch diese Unterschiede kenntlich gemacht werden. Die Schalttafeln für Hoch- und Niederspannung sind am besten völlig getrennt anzuordnen; wird eine gemeinsame Schalttafel benützt, so ist durch getrennte Anordnung der Apparate und deutliche Bezeichnung die Hochspannung kenntlich zu machen.

[12]) Auch bei Verteilungstafeln darf Holz im Bereiche der Hochspannung nur zur Umrahmung, für Niederspannung nur in den Grenzen des § 4 a verwendet werden.

Der Absatz e) verbietet keineswegs die Verwendung durchzu welchen Räumen bzw. Gruppen von Stromverbrauchern sie gehören[13]).

g) Im übrigen wird bezüglich der Ausrüstung der Schalt- und Verteilungstafeln auf die §§ 10 bis 14 verwiesen.

Leitungsmaterial.
§ 5.
Beschaffenheit und Belastung des Leitungskupfers.

a) Leitungskupfer muß den Normalien des Verbandes Deutscher Elektrotechniker entsprechen[1]). Ausnahmen hiervon sind bei Drähten zulässig, die für Freileitungen bestimmt sind[2]).

b) Isolierte Kupferleitungen und nicht unterirdisch verlegte Kabel dürfen höchstens mit den in nachstehender Tabelle verzeichneten Stromstärken dauernd belastet werden[3]).

Querschnitt in Quadratmillimetern	Betriebsstromstärke in Ampere	Querschnitt in Quadratmillimetern	Betriebsstromstärke in Ampere
0,75	4	95	165
1	6	120	200
1,5	10	150	235
2,5	15	185	275
4	20	240	330
6	30	310	400
10	40	400	500
16	60	500	600
25	80	625	700
35	90	800	850
50	100	1000	1000
70	130		

bohrter Tafeln, welche die Schienen oder einzelne Strecken der Schienen auf ihrer Rückseite tragen, auch können die leitenden Teile der Schaltung unter sich auf der Rückseite verbunden sein, wenn diese Verbindungen nicht während des Betriebes bedient werden müssen. Es müssen nur die Klemmen für die zuführenden und die abführenden Leitungen frei zugänglich sein und die ganze Anordnung der Bedingung entsprechen, daß die Tafel selbst leicht abgenommen und dann auch auf der Rückseite besichtigt werden kann. ETZ 1903 S. 434 N. 47.

[13]) Es sind nur kurze Bezeichnungen, etwa durch Nummern oder einzelne Buchstaben, nötig, die zweckmässig durch ein neben der Tafel angebrachtes Verzeichnis erläutert werden. Einzelne Firmen liefern Sicherungen, Schalter u. dgl., die mit Glastäfelchen versehen sind, unter welche die Aufschriften eingeschoben werden können.

§ 5. [1]) Die Kupfernormalien siehe im Anhang. Sie haben in erster Linie den Zweck, die Festsetzung aller einzelnen Bedingungen bei jeder Lieferung zu vermeiden.

Wie aus § 5 Abs. d) hervorgeht, ist die Verwendung von anderem Leitungsmaterial als Kupfer keineswegs verboten. In der Tat wird Messing vielfach an Schalttafeln, Eisen und Bronze, sowie neuerdings Aluminium in Form von Drähten als Leitungs-

Hochspannung. § 5. Leitungskupfer. 39

zu welchen Räumen bzw. Gruppen von Stromverbrauchern sie gehören[11]).

g) Im übrigen wird bezüglich der Ausrüstung der Schalt- und Verteilungstafeln auf die §§ 10 bis 14 verwiesen.

Leitungsmaterial.

§ 5.
Beschaffenheit und Belastung des Leitungskupfers.

a) Leitungskupfer muß den Normalien des Verbandes Deutscher Elektrotechniker entsprechen.[1]) Ausnahmen hiervon sind bei Drähten zulässig, die für Freileitungen bestimmt sind[2]).

b) Isolierte Kupferleitungen und nicht unterirdisch verlegte Kabel dürfen höchstens mit den in nachstehender Tabelle verzeichneten Stromstärken dauernd belastet werden[3]).

Querschnitt in Quadratmillimetern	Betriebsstromstärke in Ampere	Querschnitt in Quadratmillimetern	Betriebsstromstärke in Ampere
0,75	4	95	165
1	6	120	200
1,5	10	150	235
2,5	15	185	275
4	20	240	330
6	30	310	400
10	40	400	500
16	60	500	600
25	80	625	700
35	90	800	850
50	100	1000	1000
70	130		

material verwendet. Wo aber ein Leitungsmaterial als Kupfer bezeichnet, oder solches in den Voranschlägen usw. ausbedungen ist, muß dieses dem obigen Paragraphen entsprechen, da andernfalls die im § 5 enthaltenen Angaben über zulässige Belastung keinen Sinn hätten und eine Kontrolle der Bestimmungen des § 5 undurchführbar wäre.

[2]) Für Freileitungen wird manchmal, besonders bei elektrischen Bahnen, sogenanntes Hartkupfer verwendet, dessen elektrische Eigenschaften den Normalien des Verbandes Deutscher Elektrotechniker nicht genügen.

[3]) Über die Erwärmung unterirdisch verlegter Kabel siehe ETZ 1903 S. 599 u. 913. Die für die einzelnen Drahtstärken zulässigen Stromstärken sind nach der jetzt gültigen Tabelle bei Drähten bis zu 50 qmm etwas höher angesetzt, als dies früher der Fall war. Daß bei solchen Belastungen die Drähte keine bedenkliche Übertemperatur annehmen, ist durch besondere Versuche erwiesen, welche von der Firma Siemens & Halske und den Berliner Elektrizitätswerken zu diesem Zwecke angestellt worden sind. Man bemerkt, daß die auf ein Quadratmillimeter treffende Strombelastung für die schwachen Drähte (von 1—2,5 qmm) höher ist (6 A) und für die dickeren Drähte allmählich kleiner wird, so daß bei 50 qmm je 2 A auf 1 qmm treffen, bei 1000 qmm

Blanke Kupferleitungen bis zu 50 qmm unterliegen gleichfalls den Vorschriften der vorstehenden Tabelle; blanke Kupferleitungen über 50 und unter 1000 qmm Querschnitt können mit 2 Ampere für das Quadratmillimeter belastet werden[4]). Auf Freileitungen finden die vorstehenden Zahlenbestimmungen keine Anwendung[5]).

Bei intermittierendem Betriebe ist eine Erhöhung der Belastung über die Tabellenwerte zulässig, sofern dadurch keine größere Erwärmung als bei der der Tabelle entsprechenden Dauerbelastung entsteht[6]).

c) Der geringste zulässige Querschnitt für isolierte Kupferleitungen ist 1 qmm, an und in Beleuchtungskörpern ³/₄ qmm. Der geringste zulässige Querschnitt von offen verlegten blanken Kupferleitungen in Gebäuden ist 4 qmm, bei Freileitungen 6 qmm[7]).

d) Bei Verwendung von Leitern aus anderen Metallen müssen die Querschnitte so gewählt werden, daß sowohl Festigkeit wie Erwärmung durch den Strom den im vorigen für Kupfer gegebenen Querschnitten entspricht[8]).

---

je 1 A Dies hängt damit zusammen, daß bei kleinen Querschnitten die ausstrahlende Oberfläche gegenüber dem Querschnitt verhältnismäßig groß ist, namentlich, wenn sie noch durch die Isolierhülle vermehrt ist; bei größeren Drahtstärken wird dies Verhältnis, wenn man runde Drähte voraussetzt, immer kleiner.

Die einzelnen Abstufungen der Tabelle sind im Anschluß an die gebräuchlichen und in den Normalien über einheitliche Kontaktgrößen und Schrauben gleichfalls benannten Drahtsorten ausgewählt. Die Verwendung anderer Drahtsorten soll damit nicht ausgeschlossen sein. Für sie ist bestimmt sich die Belastung durch Interpolation aus der Tabelle. Über Temperaturerhöhung und Entflammbarkeit von Gummibandschnüren siehe ETZ 1904 S. 213.

[4]) Für blanke Kupferleitungen zwischen 50 und 1000 qmm ist die zulässige Stromdichte mit 2 A für den Quadratmillimeter größer als für isolierte Drähte, weil hier nicht die Gefahr vorliegt, daß die Isolierung weich werden könnte. Bei größeren Querschnitten wird ohnehin meistens eine vom Kreis wesentlich abweichende Querschnittsform (Leitungsschiene) benützt, welche größere ausstrahlende Oberflächen schafft; sehr häufig tritt außerdem noch eine Teilung der Schienen in Lamellen ein.

[5]) Bei Freileitungen ist von der Festsetzung einer Belastungsgrenze abgesehen worden, da sie zur Feuersgefahr nicht wohl Anlaß geben können, daher gelegentlich stärker beansprucht werden dürfen, als der Tabelle entspricht. Will man sicher gehen, so richtet man sich jedoch auch hier auf ähnliche Drahtstärken ein. Aus demselben Grunde sind auch unterirdisch verlegte Kabel ausgenommen. Für sie wird in der Regel der Fabrikant die zulässige Stromstärke angeben und dafür Gewähr übernehmen.

[6]) Dieser Absatz ist zur Vermeidung von Mißverständnissen im Jahre 1903 in die Niederspannungsvorschriften eingefügt worden. Sein Inhalt hatte auch vorher Geltung, da die Tabelle für D a u e r belastung git. Demnach können vorübergehend auch stärkere Ströme durch die Leitungen gehen; dies wird beim Anlassen von Motoren vorkommen. Ein Strombelastung wird

Blanke Kupferleitungen bis zu 50 qmm unterliegen gleichfalls den Vorschriften der vorstehenden Tabelle; blanke Kupferleitungen über 50 und unter 1000 qmm Querschnitt können mit 2 Ampere für das Quadratmillimeter belastet werden[4]). Auf Freileitungen finden die vorstehenden Zahlenbestimmungen keine Anwendung[5]).

Bei intermittierendem Betriebe ist eine Erhöhung der Belastung über die Tabellenwerte zulässig, sofern dadurch keine größere Erwärmung als bei der der Tabelle entsprechenden Dauerbelastung entsteht[6]).

c) Der geringste zulässige Querschnitt für isolierte Kupferleitungen ist 1 qmm, an und in Beleuchtungskörpern $^3/_4$ qmm. Der geringste zulässige Querschnitt von offen verlegten blanken Kupferleitungen in Gebäuden ist 4 qmm, bei Freileitungen 10 qmm[7]).

d) Bei Verwendung von Leitern aus anderen Metallen müssen die Querschnitte so gewählt werden, daß sowohl Festigkeit wie Erwärmung durch den Strom den im vorigen für Kupfer gegebenen Querschnitten entspricht[8]).

---

dann als Dauerbelastung anzusehen sein, wenn sie solange anhält, daß in der Erwärmung der sogenannte stationäre Zustand eintreten kann. Die bei intermittierendem Betriebe zulässige Stromstärke ist übrigens nicht nur durch die hier festgesetzte Erwärmung begrenzt, sondern auch durch die Sicherung der Leitung, die nach der zulässigen Dauerbelastung bemessen ist (§ 32 d) und ihrerseits das $1^1/_4$ fache der Betriebsstromstärke dauernd tragen muß (§ 14 a), dagegen bei der doppelten Normalstromstärke in längstens 2 Minuten abschmelzen muß*).

Die richtige Bemessung des Leitungsquerschnittes und der Sicherungen für aussetzende Belastungen, wie sie bei Aufzugsmotoren oder auch bei Hintereinanderschaltung von drei oder mehr Bogenlampen vorkommen, ist nicht durch eine allgemein gültige Regel zu ordnen; denn wollte man auch die Zuleitung nach dem Anlaßstrom bemessen, so dürfte doch die Sicherung nicht derart sein, daß sie diesen Strom dauernd zuläßt, weil der Motor oder die Lampe sich festbremsen und dann durch Überhitzen zerstört werden könnten. Die Schwierigkeit kann behoben werden, wenn es gelingt, „träge" Sicherungen zu bauen, die zwar eine Überlastung länger als 2 Minuten aushalten, aber in einer bestimmt bemessenen Zeit abschmelzen, wenn die Überlastung andauert. ETZ 1903 S. 1049 N. 67, vergl. auch § 32 d.

[7]) Da man von jedem selbständig geführten Draht auch eine gewisse mechanische Festigkeit verlangen muß, so ist für isolierte Kupferdrähte 1 qmm, für blanke in Gebäuden 4 qmm und für Freileitungen 6 qmm (bzw. bei Hochspg. 10 qmm) als untere Grenze festgesetzt, entsprechend der verschieden großen Gefahr, welcher die Leitungen ausgesetzt sind. ETZ 1903 S. 1049 N. 70.

Gegenüber der ersten Ausgabe der Sich.-Vorschr., welche auch offen verlegte blanke Drähte von 1 qmm zuließ, liegt hier eine Verschärfung vor. Hierfür war u. a. auch der Umstand maßgebend, daß sehr dünne blanke Drähte dem Auge nicht ge-

---

*) Eine ausführliche Darlegung des Temperaturganges bei aussetzenden Betrieben gibt Oelschläger ETZ 1900 S. 1058—1063. Vergl. auch ETZ 1902 S. 941 N. 20.

§ 6.
Leitungen.

a) Im nächstfolgenden werden behandelt: Drahtleitungen, Schnurleitungen und Kabel.

b) Drahtmaterialien für Maschinen und Apparate unterliegen den Bestimmungen dieser Vorschriften nicht[1]).

§ 7.
Drahtleitungen[2]).

a) Blanke Leitungen. Hierher gehören blanker Kupferdraht, verzinnter Kupferdraht, verbleiter Kupferdraht, verzinkter oder verzinnter Eisendraht, Aluminiumdraht, Draht von Siliziumbronze usw.

Für andere als Kupferdrähte vgl. § 5 d.

nügend auffallen, daher leichter beschädigt werden, als isolierte Drähte von gleichem Leitungsquerschnitt. Für Beleuchtungskörper sind isolierte Drähte von 1 mm Durchmesser oder $^3/_4$ qmm Querschnitt zugelassen, da hier oft die Notwendigkeit vorliegt, die Leitung durch enge Öffnungen und Rohre hindurchzuführen. Mechanische Beanspruchung wird den an und in Beleuchtungskörpern verwendeten Drähten nicht zugemutet, desgleichen sind blanke Drähte geringeren Querschnitts zulässig, wenn sie nicht offen verlegt sind, also in Rohren, jedoch nur als geerdete Leitungen.

Die Minimalquerschnitte gelten für Kupferdrähte. Bei anderen Metallen tritt § 5 d in Geltung. Siehe hierüber unter 8.

Betr. der Beleuchtungskörper vgl. auch § 21.

[3]) Die Verwendung anderen Materials an Stelle des Kupfers der im § 5 angegebenen Leitfähigkeit sollte im Interesse der Übersichtlichkeit tunlichst vermieden werden. Manchmal ist sie indessen geboten. So hat die Erfahrung dazu geführt, in sehr feuchten Räumen, wie z. B. Brauereikellern, oder in solchen, welche ätzende Dünste enthalten (Stallungen, chemische Fabriken), das Kupfer durch verzinkten Eisendraht zu ersetzen. Dieser erhält passend einen Anstrich von guter Ölfarbe oder von Emaillack. Manchmal ist es von Vorteil, den Vorschaltewiderstand einer Bogenlampe in der Weise in die Leitung zu verlegen, daß man letztere aus Eisendraht herstellt. Zur Überwindung sehr großer Spannweiten von Freileitungen wurde gelegentlich Siliziumbronzedraht benutzt. Man sollte es jedoch zur Regel machen, derartiges Material nur ausnahmsweise und dann stets offen, niemals in Form von übersponnenen oder sonst verdeckten Drähten zu verlegen.

Bei Bestimmung des Querschnittes, welcher bei anderen Metallen als Kupfer für jede einzelne Stromstärke nötig ist, muß beachtet werden, daß dieser nicht in demselben Verhältnis größer sein muß, als das Leitvermögen kleiner ist als das des Kupfers. Vielmehr wird bei kleineren Stromstärken durch eine proportionale Vermehrung des Querschnittes auch die ausstrahlende Oberfläche so stark zunehmen, daß eine verhältnismäßig größere Belastung erlaubt ist. Man muß daher je nach dem gewählten Leitungsmaterial von Fall zu Fall entscheiden.

Hierfür ist die folgende Überlegung maßgebend:

Ganz allgemein wird stets die durch den Strom (J) erzeugte Wärmemenge, welche sich aus dem spezifischen Widerstand (s) und dem Querschnitt (r² π) berechnet, der an der Oberfläche nach außen abgegebenen gleich sein müssen. Letztere ist dem

§ 6.
Leitungen.

a) Im nächstfolgenden werden behandelt: Drahtleitungen, Schnurleitungen und Kabel.

b) Drahtmaterialien für Maschinen und Apparate unterliegen den Bestimmungen dieser Vorschriften nicht[1]).

§ 7.
Drahtleitungen[2]).

a) Blanke Leitungen. Hierher gehören blanker Kupferdraht, verzinnter Kupferdraht, verbleiter Kupferdraht, verzinkter oder verzinnter Eisendraht, Aluminiumdraht, Draht von Siliziumbronze usw.

Für andere als Kupferdrähte vgl. § 5 d.

Temperaturüberschuß (u), der äußeren Wärmeleitfähigkeit (h) und der Oberfläche ($2r\pi$) proportional, so daß $u \cdot h \cdot 2r\pi =$ konst. $J^2 \, s/r^2 \pi$

oder $u \cdot h =$ konst $J^2 \, s/r^3$.

Sollen also Stromstärke, Erwärmung und Oberflächenbeschaffenheit gleich bleiben, so müssen bei verschiedenen Stoffen die dritten Potenzen der zu wählenden Halbmesser sich wie die spezifischen Widerstände der benützten Metalle verhalten. Ändert sich z. B. der spezifische Widerstand im Verhältnis von 17 (Kupfer) zu 102 (Eisen), also um das 6 fache, so braucht der Durchmesser nur um das 1,8 fache größer genommen zu werden. Im übrigen ist die Beschaffenheit der Oberfläche des Drahtes und seiner Umgebung (bewegte oder ruhende Luft) von sehr erheblichem Einfluß.

Bei Bestimmung des zulässigen kleinsten Querschnittes für andere Metalle als Kupfer ist neben der Erwärmung auch deren Festigkeit zu beachten. Es müssen diejenigen Zugfestigkeiten gewährleistet sein, die den Kupferquerschnitten des § 5 c) entsprechen. Vgl. auch § 23 d. Dabei kann als Zugfestigkeit des bei Freileitungen gebräuchlichen Hartkupfers 40 kg für 1 qmm zu Grunde gelegt werden, während für Weichkupfer die Festigkeit zu 21—26 kg und die zulässige Beanspruchung zu 4 kg für 1 qmm angenommen wird.*)

Für Aluminiumdrähte sind Festigkeitszahlen in der ETZ 1901 S. 635 angegeben. Vgl. auch Zeitschrift für Elektrochemie 1902 S. 572—574 sowie Uppenborns Kalender 1905 S. 153.

§ 6 u. 7. [1]) Der Aufbau von Maschinen und Apparaten unterliegt Bedingungen, die zu verschiedenartig sind, als daß ihnen mit den vorliegenden Vorschriften Rechnung getragen werden könnte. Die Grundsätze für die Beurteilung von Maschinen sind in den „Normalien für elektrische Maschinen und Transformatoren" niedergelegt. Aus ihnen können auch Anhaltspunkte für die verwendbaren Drahtsorten entnommen werden.

[2]) Dieser § enthält nur eine Aufzählung der zulässigen Leitungssorten, während die Festsetzung ihrer Beschaffenheit in den „Normalien für Leitungen" enthalten ist. Im Bereiche der Hochspannung war es nötig, einzelne Sorten, wie die Gummibandleitungen, völlig auszuschließen; für andere sind Abstufungen der Spannungsgebiete festgesetzt, innerhalb deren sie unter bestimmten Bedingungen zulässig sind.

Die Anforderungen, welche an die Beschaffenheit der ein-

---

*) Herzog u. Feldmann, ETZ 1894 S. 438; Rasch, ETZ 1897. S. 396.

b) Gummibanddrähte[3])
c) Gummiaderdrähte

d) Mehrfachdrahtleitungen

siehe Normalien für Leitungen.

e) Fassungsadern

f) Gepanzerte Drahtleitungen[4]) bestehen aus je einem oder mehreren nach c) isolierten Drähten, die mit einer gemeinsamen Hülle und darüber mit einer dichten Metallumklöppelung versehen sind. Gepanzerte Leitungen dürfen nicht direkt in die Erde verlegt werden, sind aber im übrigen den armierten Bleikabeln gleichgestellt.

g) Drahtleitungen anderer Art dürfen nur verwendet werden, wenn sie der in den Normalien für Gummiaderdrähte beschriebenen Wasserprobe, eventuell unter sinngemäßer Modifikation der Bedingungen, genügen.[5])

---

zelnen Drahtsorten gestellt werden müssen, waren früher in den Vorschriften selbst festgesetzt. Nunmehr sind diese Festsetzungen unter der Bezeichnung „Normalien" besonders zusammengestellt. Für diese Anordnung war der folgende Umstand maßgebend. Unter dem Namen Gummibanddrähte und Gummibandlitzen sind in den letzten Jahren zunehmende Mengen von immer geringwertigeren Drahtsorten auf den Markt gekommen, ihrer Verwendung konnten sich die Installateure aus Rücksichten der Konkurrenz nicht immer entziehen, schließlich gab es auch kein sicheres Kennzeichen, um die guten von den schlechten Drähten zu unterscheiden. Um diesem Übel zu steuern, mußten Vereinbarungen getroffen werden, die sich auf die Herstellungsweise der Drähte oder vielmehr ihrer Isolierhüllen selbst erstrecken, was nur unter Beihilfe der deutschen Fabrikanten isolierter Drähte möglich war. Da somit die Normalien nicht von der Sicherheitskommission des Verbandes Deutscher Elektrotechniker allein aufgestellt sind und unter Umständen unabhängig von den Sicherheitsvorschriften geändert werden können, mußten sie auch äußerlich und örtlich getrennt werden.

Hochspannung. § 7. Drahtleitungen. 45

b) Gummibandleitung ist unzulässig[3]).

c) Gummiaderleitung (Draht oder Seil) ist zur festen Verlegung geeignet für Gebrauchsspannungen bis zu 1000V und zum Anschluß beweglicher Apparate bis 500 V (siehe Normalien für Leitungen).

d) Spezial-Gummiaderleitung (Draht oder Seil) gilt als isolierte Leitung, wenn sie beweglich verlegt ist, bis 1500 V, bei fester Verlegung bis 5000 V und, wenn mit einer luftdicht schließenden Metallumhüllung versehen, bis 12 000 V (siehe Normalien für Leitungen).

Sie darf fest verlegt auch ohne Metallumhüllung über 5000 V verwendet werden, ist aber dann wie blanke Leitung zu behandeln.

e) Mehrfachleitung (Draht oder Seil) muß bis 1000 V wenigstens aus Gummiaderleitungen, von 1000—1500 V aus Spezial-Gummiaderleitungen bestehen und die in h) erwähnte Schutzhülle kann gemeinsam sein.

f) Fassungsader ist nicht zulässig.

g) Drahtleitungen anderer Art, welche als isolierte Leitungen gelten sollen, müssen eine luftbeständige Isolierung haben und nach 24-stündigem Liegen im Wasser die doppelte Betriebsspannung, mindestens aber 3000 V, gegen das Wasser eine Stunde lang aushalten.[5])

h) Transportable Einzel- und Mehrfachleitungen sind zulässig bis zu Gebrauchsspannungen von 1500 V, wenn sie den Bedingungen der Normalien für Leitungen genügen; sie müssen aber dann noch eine gegen mechanische Verletzung schützende Hülle (z. B. Drahtumhüllung, Metallschlauch, Leder) besitzen.

Bei Gebrauchsspannungen von mehr als 1500 V sind transportable Leitungen nicht gestattet.

Diese Normalien sind am Schlusse der Sicherheitsvorschriften zusammengestellt und erläutert.

[3]) Unter den isolierten Drähten war in den früheren Vorschriften auch die sogenannte „umhüllte" Leitung als zulässig aufgeführt, welche jetzt nicht mehr als „isolierte" Leitung zugelassen ist. Diese, wie auch andere Drahtsorten, deren Umhüllung nur aus Faserstoff besteht, der mit geeigneten Massen getränkt ist, unterliegen dem Bedenken, daß die Beschaffenheit der Hülle nicht in zuverlässiger Weise definiert werden kann und eine Prüfung des fertigen Produktes ebenfalls nicht zu einem endgültigen Urteil führt, weil auch nach längerem Verweilen im Wasserbad ein unveränderlicher Endzustand nicht erreicht wird. Siehe auch unter [5]).

[4]) Gepanzerte Drahtleitungen, sowie gepanzerte Schnurleitungen (§ 8 d) sind unter anderem namentlich zum Anschluß beweglicher Beleuchtungskörper in Schaufenstern usw. empfohlen. Vgl. § 44 b), 1.

An Stelle von gepanzerten Leitungen können unter Umständen auch gleichwertig isolierte Drähte benutzt werden, die in

§ 8.
Schnüre (biegsame Leitungen)[1]).

a) Gummibandschnüre
b) Gummiaderschnüre } siehe Normalien für Leitungen
c) Pendelschnüre

d) Gepanzerte Schnurleitungen bestehen aus 2 oder mehreren nach 8 b) isolierten Schnüren, die mit einer gemeinsamen Hülle und darüber mit einer dichten Metallumklöppelung versehen sind[2]). Gepanzerte Schnurleitungen dürfen nicht direkt in die Erde verlegt werden, sind aber im übrigen den armierten Bleikabeln gleichgestellt.

§ 9.
Kabel[3]).

a) Blanke Bleikabel (Bezeichnung KB) bestehen aus einer oder mehreren Kupferseelen, starken Isolierschichten und einem wasserdichten einfachen oder mehrfachen Bleimantel. Sie sind nur zu verwenden, wenn sie gegen mechanische und gegen chemische Beschädigungen geschützt sind[4]).

b) Asphaltierte Bleikabel (Bezeichnung KA) wie die vorigen, aber mit asphaltiertem Faserstoff umwickelt; sie müssen gegen mechanische Beschädigungen geschützt sein[5]).

Metallschläuche eingezogen sind. In feuchten Räumen sind indessen gepanzerte Leitungen den armierten Kabeln nicht gleichwertig, weil die Panzerung durch Rosten leidet. ETZ 1904 S. 1116 N. 34.

[5]) Faserumhüllungen wie die der sogen. Haketaldrähte (vergl. unter [3]) genügen im allgemeinen der Wasserprobe nicht, weil sie keinen Endzustand annehmen. Für sie ist nach einem Vorschlag der Draht- u. Kabelkommission des V. d. E. Folgendes gültig: „Chemisch geschützte Leitungen", d. h. solche, welche mit einer gegen chemische Einflüsse wirksamen Schutzhülle bekleidet sind, (Haketaldrähte u. dergl.) sind wie „blanke Leitungen zu behandeln". ETZ 1903 S. 434 N. 48.

§§ 8, 9. [1]) Unter Schnüren sind im allgemeinen Doppelleitungen verstanden. (Vgl. Normalien 3. Fußnote.) Man verwendet sie zur festen Verlegung sowie zum Anschluß beweglicher Beleuchtungskörper und Apparate. Zum letzteren Zweck sind nur die unter 8 b) genannten zulässig (§ 38 d). Außerdem bilden Schnüre in der Regel den wesentlichen Bestandteil der Schnurpendel (§ 21), doch können solche auch mit Fassungsader (§ 7 e und Normalien 5) hergestellt sein.

[2]) Vgl. § 44, b), 1.

[3]) Auch für die Kabel sind in den Normalien bestimmte Abmessungen festgelegt, die hinaus auf die Zahl der Drähte, ihre Dicke, die Dicke der Isolierhülle und des Bleimantels gefordert werden. Damit sind zugleich bestimmte Abstufungen des Kupferquerschnittes angegeben, um so darauf hinzuwirken, daß nach

§ 8.
Schnüre (biegsame Leitungen)[1].

a) Gummibandschnüre sind nicht zulässig.

b) Gummiaderschnüre können bis zu Gebrauchsspannungen von 1000 V fest verlegt und zum Anschluß beweglicher Apparate bis 500 V benutzt werden.

c) Pendelschnüre sind nicht zulässig.

d) Transportable Einzel- und Mehrfachschnurleitungen sind zulässig bis zu Gebrauchsspannungen von 1000 V wenn sie der in § 7 g) angegebenen Wasserprobe genügen. Sie müssen aber dann noch eine gegen mechanische Verletzungen schützende Hülle (z. B. Drahtumhüllung, Metallschlauch, Leder) besitzen.

Bei Gebrauchsspannungen von mehr als 1000 V sind transportable Schnurleitungen nicht gestattet.

§ 9.
Kabel[3].

a) B l a n k e B l e i k a b e l (Bezeichnung KB) bestehen aus einer oder mehreren Kupferseelen, starken Isolierschichten und einem wasserdichten einfachen oder mehrfachen Bleimantel. Sie sind nur zu verwenden, wenn sie gegen mechanische und gegen chemische Beschädigungen geschützt sind[4].

b) A s p h a l t i e r t e B l e i k a b e l (Bezeichnung KA) wie die vorigen, aber mit ashpaltiertem Faserstoff umwickelt; sie müssen gegen mechanische Beschädigungen geschützt sein[5].

Möglichkeit nur diese Abstufungen benutzt werden, was zu einer wertvollen Vereinfachung der Fabrikation führen kann. Natürlich sind andere Abstufungen nicht verboten. Ihre Eigenschaften ergeben sich durch Vergleich mit den ihnen nahe stehenden Sorten der Normalien.

[4]) Obwohl die Verwendung der einzelnen Kabelsorten in den §§ 23—31 sowie §§ 36—44 besonders behandelt wird, ist hier vorsorglich auf den Schutz gegen mechanische und chemische Beschädigungen aufmerksam gemacht.

Chemischen Angriffen ist blankes Blei in weit höherem Maße ausgesetzt, als gemeinhin angenommen wird. Kalk und andere Alkalien greifen Blei stark an. Die blanken Bleikabel dürfen daher nicht unmittelbar auf den Verputz des Mauerwerkes, noch weniger in den Verputz verlegt werden. Besteht die Oberfläche des Mauerwerkes oder eines zur Verlegung von Kabeln bestimmten Kanals aur reinem Gips, so ist die oben erwähnte Gefahr nicht vorhanden, weil die Schwefelsäure des Gipses mit der Oberflächenschicht des Bleies unlösliche Verbindungen bildet, die die tieferen Schichten vor weiteren Angriffen schützen.

Auch vor manchen organischen Stoffen ist Blei sorgfältig zu schützen. Besonders gefährlich sind Essigsäure, organische Fettsäuren, sowie faulende organische Stoffe, welche mit dem Blei lösliche Verbindungen bilden, so daß es zerfressen wird. Wo daher im Erdboden oder an Wänden derartige Stoffe vorkommen können, darf blankes Bleikabel nicht verwendet werden.

c) **Armierte asphaltierte Bleikabel** (Bezeichnung KE) wie die vorigen und mit Eisenband oder -draht armiert.

d) Bei eisenarmierten Kabeln für Ein- oder Mehrphasenstrom müssen sämtliche zu einem Stromkreis gehörigen Leitungen in demselben Kabel enthalten sein. Entsprechendes gilt für Panzerleitungen[6]).

Apparate.
§ 10.
Allgemeines.

a) Die äußeren stromführenden Teile[1]) sämtlicher Apparate (Ausnahme siehe § 12[2]) müssen auf feuersicheren und, soweit sie nicht betriebsmäßig geerdet sind, auf in dem Verwendungsraum isolierenden Unterlagen montiert sein[3]).

---

[5]) Der Asphaltüberzug soll das Blei gegen die unter 4) erwähnten chemischen Angriffe schützen. Es wird sich jedoch empfehlen, auch bei der Verlegung dieser Kabelsorte vorsichtig zu sein und solche Stellen des Erdbodens oder der Wände, wo die dort genannten Stoffe vorkommen können, zu vermeiden oder armierte Kabel zu verwenden.

[6]) Dies geschieht mit Rücksicht auf die magnetischen und induktorischen Wirkungen des Stromes. Handelt es sich um sehr hohe Spannungen (§ 9 d Hochspannung), so werden Kabel mit zwei oder mehr Adern infolge ihres großen Durchmessers unhandlich. Man kann dann Einfachkabel verwenden und die Bleimäntel der zu einem Stromkreis gehörigen Kabel an mehreren Stellen leitend verbinden oder auch einen besonderen Leiter, der mit diesen Mänteln verbunden ist, mit verlegen.

§ 10. [1]) Wie an den Schalttafeln (§ 4), so ist auch bei den einzelnen Apparaten, insbesondere bei solchen, die gehandhabt werden (Schalter) oder zur Stromunterbrechung dienen (Sicherungen), danach zu streben, daß alles ferngehalten werde, was brennbar ist. Diese Forderung ist indessen nicht allgemein durchführbar, da z. B. die beweglichen Spulen von Zählern zu schwer werden, wenn die Spulenkörper aus feuersicheren Stoffen hergestellt sind; andere Teile, wie die Träger von Kommutatoren für Motorzähler, können bei Anfertigung aus Porzellan nicht genügend genau bearbeitet werden; in einigen Fällen ist ferner zu bedenken, daß das Quantum brennbaren Stoffes, welches auf die Unterlagen trifft, unbedeutend bleibt gegenüber der noch brennbareren isolierenden Baumwoll- oder Gummihülle des Drahtes selbst. Man hat daher die Forderung der unverbrennlichen Unterlagen auf die „äußeren" Teile beschränkt, welche der Beschädigung in höherem Maße ausgesetzt sind, daher auch leichter zu unbeabsichtigter Erwärmung Anlaß geben.

[2]) Die Ausnahme trifft die Benützung von Hartgummi

Hochspannung. § 10. Apparate.   49

c) **Armierte asphaltierte Bleikabel**
(Bezeichnung KE) wie die vorigen und mit Eisenband
oder -draht armiert.

d) Bei eisenarmierten Kabeln für Ein- oder Mehrphasenstrom müssen sämtliche zu einem Stromkreis gehörige Leitungen in einem Kabel enthalten sein, sofern nicht dafür gesorgt ist, daß keine bedenkliche Erwärmung des Eisenmantels eintritt. Entsprechendes gilt für Panzerleitungen[0]).

Apparate.

§ 10.

Allgemeines.

a) Die äußeren stromführenden Teile[1]) sämtlicher Apparate (Ausnahme siehe § 12[2]) müssen auf feuersicheren und, soweit sie nicht betriebsmäßig geerdet sind, auf in dem Verwendungsraum isolierenden Unterlagen montiert sein[3]).

In Kontrollern für Krähne usw. bis 750 V außerhalb von Räumen mit ätzenden Dünsten, sowie außerhalb von Bergwerksbetrieben unter Tage ist imprägniertes Holz für solche Teile zulässig, an denen betriebsmäßig keine Funken auftreten.

---

für Steckkontakte, welche nach § 12 c) der Nsp. bzw. § 12 f) der Hchsp. in trockenen Räumen bis zu 500 V. zulässig ist.

[3]) Bei den meisten gegenwärtig in Gebrauch befindlichen Apparaten, wie Ausschaltern, Sicherungen u. dgl., ist das früher viel benutzte Holz durch Porzellan oder Schiefer oder ähnliche Stoffe ersetzt, welche der Feuchtigkeit widerstehen und gleichzeitig unverbrennlich und schlechte Wärmeleiter sind. Auch unter diesen Stoffen bestehen noch Abstufungen hinsichtlich ihrer Güte. Es ist daher nur vorgeschrieben, daß sie unter denjenigen Verhältnissen eine gute Isolation gewährleisten, unter denen sie zur Verwendung gelangen. Eine Unterlage aus bestimmtem Stoff kann daher noch zulässig sein, wenn der Apparat, in dem sie angewendet ist, in einem trockenen Raume angebracht ist, während sie beanstandet werden muß, wenn sie an einem für feuchte Räume bestimmten Apparat vorkommt.

Holz wird daher in der Mehrzahl der Fälle als unmittelbare Unterlage der stromleitenden Teile unzulässig sein;*) vielmehr ist da, wo etwa vorübergehend benutzte Schaltbretter oder Kästen aus Holz diese Teile aufnehmen sollen, eine Zwischenlage aus feuerfesten, von der Feuchtigkeit nicht beeinflußten Stoffen einzufügen. Insbesondere ist weiches Holz streng zu vermeiden. Indessen sei bemerkt, daß für einzelne Sonderzwecke die günstigen Eigenschaften, die hartes Holz inbezug auf Festigkeit, Leichtigkeit und bequeme Bearbeitung bietet, von den feuerbeständigen Stoffen, wie Porzellan usw., noch nicht erreicht werden. Wenn derartige Sonderzwecke vorliegen, so kann gut ausgewähltes, besonders präpariertes und dadurch gegen Formänderungen in der Feuchtigkeit geschütztes Holz verwendet werden, wenn durch besondere Vorsichtsmaßregeln, wie etwa magnetische Funkenlöschung und Einbau in feuersichere Hüllen (Eisenkästen)

---

*) ETZ 1905 S. 702 N. 168.

Weber, Erläuterungen. 8. Ausg.   4

b) Apparate sind derart zu bemessen, daß sie durch den stärksten normal vorkommenden Betriebsstrom keine für den Betrieb oder die Umgebung bedenkliche Temperatur annehmen können[4]).

c) Die Verbindung der Leitungen mit den Apparaten ist durch Schrauben oder gleichwertige Mittel auszuführen[5]).

Schnüre oder Drahtseile bis zu 6 qmm und Einzeldrähte bis zu 25 qmm Kupferquerschnitt können mit angebogenen Ösen an die Apparate befestigt werden. Drahtseile über 6 qmm, sowie Drähte über 25 qmm Kupferquerschnitt müssen mit Kabelschuhen oder gleichwertigen Verbindungsmitteln versehen sein. Schnüre und Drahtseile von weniger als 6 qmm Querschnitt müssen, wenn sie nicht gleichfalls Kabelschuhe oder gleichwertige Verbindungsmittel erhalten, an den Enden verlötet sein; zum Löten darf die offene Flamme nicht verwendet werden[6]).

d) Apparate müssen so konstruiert sein, daß der für die anzuschließenden Drähte vorgeschriebene Abstand von der Wand auch an den Einführungsstellen gewahrt werden kann[7]).

---

seine Entzündung erschwert und die Weiterverbreitung eines etwa doch stattfindenden Ankohlens unmöglich gemacht ist. Dieser Fall liegt vor bei den in Form von „Kontrollern" ähnlich den Bahnkontrollern ausgeführten Schaltwalzen für Motore, wie sie an Krähnen, Fördermaschinen usw. besonders als Reversiermotore verwendet werden, sofern diese Apparate nicht unmittelbar mit Widerständen zusammengebaut sind. Bei diesen ist für die Schaltwalzen selbst imprägniertes Holz als Bau- und Isoliermaterial zulässig. Die Anwendung imprägnierten Holzes als Bau- und Isoliermaterial ist ferner in allen denjenigen Fällen gemäß § 3 a Abs. 2 der H. Sp. erlaubt, in denen es durch eine Ölfüllung von der Berührung mit Luft betriebssicher abgeschlossen ist. Die Imprägnierung des Holzes ist in allen diesen Fällen, wo keine Funken auftreten, eine isolierende. Erlaubt ist auch die Benutzung von Holz neben einem guten Isolierstoff (wie Porzellan), um die Beanspruchung, die der letztere durch die hohe Spannung erfährt, herabzumindern, oder um die Durchschlagstrecke zu vergrößern, die Kapazität des Kondensators zu verkleinern, den die beiden voneinander zu isolierenden Metallkörper bilden. Hievon wird beim Aufbau von Hochspannungsapparaten Gebrauch gemacht.

Für die Isolierfähigkeit der Unterlage ist auch deren Gestaltung maßgebend (Isolierglocken in feuchten Räumen); Befestigungsschrauben, die eine isolierende Unterlage durchsetzen, können deren Wirkung wesentlich beeinträchtigen oder aufheben. Vgl. ETZ 1902 S. 939.

[4]) Es ist sehr schwierig, allgemein anzugeben, welche Übertemperaturen (Erwärmung über die Umgebungstemperatur) als zulässig und welche als bedenklich zu bezeichnen sind. Viele Vorrichtungen müssen ihrem Zweck und Wesen nach hohe Temperaturen in einzelnen wirksamen Teilen aufweisen, wie z. B. Heizapparate, Widerstände, Schmelzsicherungen, Hitzdrahtmeßgeräte. Abgesehen von Heiz- und Kochvorrichtungen wird man eine Erwärmung als unbedenklich bezeichnen können, wenn die äußere Umhüllung der Vorrichtung beliebig lange mit

Hochspannung. § 10. Apparate. 51

b) Apparate sind derart zu bemessen, daß sie durch
den stärksten normal vorkommenden Betriebsstrom
keine für den Betrieb oder die Umgebung bedenkliche
Temperatur annehmen können[4]).

c) Die Verbindung der Leitungen mit den Apparaten
ist durch Schrauben oder gleichwertige Mittel auszuführen[5]).
Schnüre oder Drahtseile bis zu 6 qmm und Einzeldrähte bis zu 25 qmm Kupferquerschnitt können mit
angebogenen Ösen an die Apparate befestigt werden.
Drahtseile über 6 qmm, sowie Drähte über 25 qmm Kupferquerschnitt müssen mit Kabelschuhen oder gleichwertigen
Verbindungsmitteln versehen sein. Schnüre und Drahtseile von weniger als 6 qmm Querschnitt müssen, wenn
sie nicht gleichfalls Kabelschuhe oder gleichwertige Verbindungsmittel erhalten, an den Enden verlötet sein; zum
Löten darf die offene Flamme nicht verwendet werden[6]).

d) Apparate müssen so konstruiert sein, daß auch
die Einführungsstellen einer Prüfung nach § 3 a genügen[5]).

---

der Hand berührt werden kann. Man wird sich jedoch nicht
immer mit diesem Kennzeichen begnügen dürfen, sondern es
muß sachverständig geprüft werden, wann, wo und wie weit
eine beobachtete Erwärmung eine betriebsmäßige und unbedenkliche ist, oder aber, ob sie unrichtige Abmessungen oder ordnungswidrigen Zustand des Apparates anzeigt. Zu beachten ist, daß
Schraubverbindungen häufig durch die Erschütterungen des Betriebes locker und infolge des so erhöhten Widerstandes warm
werden, ebenso wird sich häufig unreine Oberfläche der Kontaktstellen durch Erwärmung verraten. Derartige Fehler pflegen
sich im Lauf des Betriebes zu vergrößern und können bedenkliche Folgen haben.

Bei Wechselstromapparaten können schädliche Erwärmungen
durch Wirbelströme eintreten, wenn die Anordnung und die Ausmaße nicht mit Rücksicht auf sie gewählt sind.

Vergleiche auch die Bestimmungen unter § 11 b).

[5]) Hiernach ist es verboten, Drähte nur um die Anschlußstücke umzuwickeln oder etwa zwischen die isolierenden Unterlagplatten und die Anschlußstücke einzuklemmen.

Drähte mit fest verlegten Apparaten zu verlöten, ist im allgemeinen nicht verboten. Es wird sich jedoch in der Regel nicht
empfehlen, weil unter Umständen eine Lösung der Verbindung
zwecks Revision der Anlage nötig wird.

Auch bei der Benutzung von Schrauben können noch Fehler
gemacht werden. Bei Klemmschrauben, die eine Bohrung zur
Aufnahme des Drahtes haben, soll diese Bohrung durch den Draht
möglichst voll ausgefüllt sein; es ist darauf zu achten, daß die
Befestigungsschraube den Draht nicht abdrücke.

[6]) Damit bei Schnüren und Drahtseilen alle einzelnen dünnen
Drähte der litzenartigen Seele gleichmäßig an der Stromleitung
beteiligt werden, ist es nötig, die Enden zu verlöten. Dadurch
wird auch verhindert, daß etwa durch einzelne abstehende Drahtenden Kurzschluß entsteht. Das Verlöten darf jedoch nicht mit
der Lötlampe geschehen, weil hierbei die feinen Drähte sehr
leicht verbrennen, so daß sie später brechen und entweder durch

4*

52 Niederspannung. § 11. Aus- u. Umschalter.

e) Alle Apparate müssen derart konstruiert und angebracht sein, daß eine Verletzung von Personen durch Splitter, Funken und geschmolzenes Material ausgeschlossen ist[9]).

§ 11.
Ausschalter und Umschalter.

a) Alle Schalter, welche außerhalb elektrischer Betriebsräume verwendet werden sollen, müssen Momentschalter sein, die so konstruiert sind, daß beim Öffnen unter normalen Betriebsstrom kein dauernder Lichtbogen entstehen kann[1]).

---

die in dem verkleinerten Querschnitt erzeugte Stromwärme, oder durch Funken und Lichtbogen an der Bruchstelle Unheil stiften.

Um dies Verbrennen zu vermeiden, ist das Eintauchen in geschmolzenes Lötzinn üblich. Sowohl bei diesem Verfahren als bei dem Gebrauch des Lötkolbens muß darauf geachtet werden, daß nicht eine zu große Menge Lötmetall aufgebracht wird; diese macht die Litze auf eine gewisse Strecke völlig steif und sie bricht alsdann beim Gebrauche an der Stelle, wo die Verlötung aufhört. Das überflüssige Lot muß, bevor es erhärtet, abgewischt werden. Als Flußmittel dient säurefreies Lötwasser oder Kolophonium.

Im Handel sind neuerdings lötfertige Kontakte (Kabelschuhe, Anschlußstücke u. dgl.), die mit Lötmetall gefüllt sind und nach geeigneter Anwärmung das Ende der Litze aufnehmen. (H. Hirsch.)

In dem Bestreben, das Löten zu erleichtern, darf nicht vergessen werden, daß Lötmetalle mit allzu niedrigem Schmelzpunkt - durch die betriebsmäßige Erwärmung der Leitungen weich werden können, so daß die Lötstelle unterbrochen wird.

[7]) Häufig begegnet man dem Fehler, daß zwar die Leitungen dort, wo sie frei verlaufen, sorgfältig von der Wand abgehalten sind, ebenso wie die Apparate auf den nötigen isolierenden Unterlagen sitzen, daß aber die Bauart der Apparate es nötig macht, die Leitungen an der Einführungsstelle dicht an die Wand heran oder sogar mit ihr in Berührung zu bringen. Da die Leitungen dort meist mehr oder weniger von ihrer Isolierhülle entblößt sind, so entsteht auf diese Weise Gelegenheit zur Ausbildung eines Erdschlusses. Ein solcher kann sich auch ausbilden, wenn die Apparate Stoffe entalten, die, wie weiches Holz, Feuchtigkeit anziehen. Diese Gefahr muß durch die Bauart der Apparate oder durch Zwischenfügen von Isolierrohr oder dergl. ausgeschlossen werden. ETZ 1904 S. 363 N. 89, N. 93.

[8]) Um etwaige Zweifel darüber auszuschließen, ob das geerdete Metallgehäuse des Apparates z. B. eines Transformators selbst wieder als „Wand" zu betrachten sei, ist der Wortlaut hier anders gewählt, als in der N. Sp. Die Prüfung nach § 3 a geschieht vor der Ausgabe der Apparate im Probierfeld der Fabrik und zwar mit eingeführten Zuleitungen unter Berücksichtigung der Gebrauchslage des Apparates.

[9]) Die Bestimmung unter e) bezieht sich auf normales Arbeiten der Apparate, sie ist vor allem bei der Konstruktion der Schmelzsicherungen zu beachten. Je höher die Spannung, desto leichter

e) Alle Apparate müssen derart konstruiert und angebracht sein, daß eine Verletzung von Personen durch Splitter, Funken und geschmolzenes Material ausgeschlossen ist[9]).

§ 11.
Ausschalter und Umschalter.

a) Alle Schalter, welche zur Stromunterbrechung dienen, müssen so konstruiert sein, daß beim vollen Öffnen unter normalem Betriebsstrom kein Lichtbogen bestehen bleibt[1]).

Außerdem ist bei allen Schaltern darauf zu achten, daß die Kapazität des Ausschalters in geöffneter Stellung nicht zu gefährlichen Ladungsströmen Veranlassung gibt[2]).

---

bleibt beim Abschmelzen ein Lichtbogen bestehen, desto größer sind auch die hierbei innerhalb der Sicherung frei werdenden Energiemengen. Sie können die Gehäuse der Sicherung zertrümmern und deren Teile umherschleudern. Demnach sind hier unter Umständen besondere Schutzgitter, Schutzgläser oder dgl. vorzusehen. Allgemeine Regeln lassen sich nicht geben, weil der Aufbau der Sicherungen zurzeit noch sehr verschieden ist. Doch hat sich gezeigt, daß Sicherungen, deren Schmelzteile in enge, starke, aber nicht völlig abgeschlossene Röhren so eingebaut sind, daß der beim Abschmelzen entstehende Luftstrom den Lichtbogen auslöscht, sehr sicher funktionieren. Solche Röhren bestehen besser aus Papier oder starkem Porzellan, als aus Glas. Bei Benützung von Hüllen oder Abschlußwänden aus Glas oder andern spröden Stoffen ist besonders darauf zu achten, daß deren umhergeschleuderte Splitter niemanden verletzen können.

§ 11. [1]) Die Momentschalter, bei denen das Stehenbleiben in halbgeöffneter Stellung durch Federkraft unmöglich gemacht ist, sollen ein sicheres Abreißen des Lichtbogens gewährleisten und namentlich auch verhindern, daß von Unberufenen absichtlich oder durch Ungeschicklichkeit eine solche halboffene Stellung herbeigeführt wird. Sie sind daher in Hausanlagen die Regel. Allgemein können sie nicht vorgeschrieben werden, denn bei Hochspannung reichen die meist gebräuchlichen Formen der Momentschalter nicht aus, hier sowie in Niederspannungsanlagen, wo auf sachgemäße Bedienung zu rechnen ist, sind oft andere Mittel zur Löschung des Lichtbogens erfolgreicher; z. B. Hörnerschalter (ETZ 1902 S. 652). Schalter für sehr starke Ströme können meistens nicht als Momentschalter gebaut werden, weil sie, abgesehen von dem Verlust der Einfachheit, wegen ihrer Masse allzuheftige Rückschläge auf das Schaltbrett verursachen würden. In Betriebsräumen kommen Schalter vor, die nicht zum Ausschalten unter Strom, sondern nur zum Einschalten bestimmt sind, diese brauchen daher auf den Lichtbogen keine Rücksicht zu nehmen. Andere Schalter in Betriebsräumen werden als Kohlenschalter ausgebildet und sollen einen Lichtbogen absichtlich hervorrufen, um die schädlichen Wirkungen der Selbstinduktion, die infolge rascher Unterbrechung auftreten können, zu vermeiden.

Schlagweite, Stärke und Dauer des Lichtbogens hängen von der Spannung, der Stromstärke und der Selbstinduktion des Stromkreises ab. Die möglicherweise ins Spiel tretenden Kräfte

54   Niederspannung. § 11. Aus- u. Umschalter.

b) Metallkontakte[3]) sind so zu bemessen, daß bei normalem Betriebsstrom keine ungehörige Erwärmung eintritt. Die Erwärmung gilt als ungehörig
   1. bei Dosenausschaltern, wenn die Übertemperatur der Dose 10° C überschreitet.
   2. bei Hebelausschaltern, wenn die Übertemperatur der Kontakte 50° C überschreitet.

c) Schalter außerhalb elektrischer Betriebsräume müssen entweder unter Verschluß angebracht sein oder Gehäuse haben. Gehäuse, soweit sie der Berührung zugänglich und nicht geerdet sind, und Griffe müssen aus nichtleitendem Material bestehen oder mit einer haltbaren Isolierschicht überzogen sein. Für Griffe und Kuppelungsstangen ist Holz zulässig.[1])

---

sind sorgfältig zu erwägen und die Bauart des Schalters darnach einzurichten*). Vgl. Abs. d).

Wie schon aus der Überschrift des § 11 ersichtlich, bezieht sich die Forderung der Momentschaltung nicht auf Regulierschalter, wie sie an Widerständen, regelbaren Glühlampen usw. vorkommen. Hier ist beim Ausschalten des letzten Kontaktes meistens der Strom bereits derart geschwächt, daß Funken nicht zu fürchten sind. Dagegen gelten die übrigen Vorschriften für Aus- und Umschalter sinngemäß auch für zusammengesetzte Schaltvorrichtungen, wie Anlasser, Zeitschalter u. dergl.

[2]) Behufs Teilung der Funkenstrecke hat man eine bestimmte Sorte von Hochspannungsschaltern in der Weise eingerichtet daß eine größere Zahl von Kontaktstücken mit kleinen dazwischen gesetzten Luftstrecken reihenweise hintereinander gesetzt wurden. Es ist hierbei vorgekommen, daß die Schalter als Kondensatoren wirkten und in geöffneter Stellung Ladungsströme führten. Man muß daher bei solcher Bauart beachten, daß die einander zugekehrten Metallflächen nicht zu groß, die einzelnen Luftstrecken nicht zu klein gewählt werden. Auch bei Ölschaltern sind ähnliche Erscheinungen beobachtet worden. Hier können Zersetzungsprodukte des Öls leitende Strecken bilden, die, besonders bei hohen Spannungen, einen Stromübergang am geöffneten Schalter ermöglichen; dies muß durch geeignete Bauart verhindert werden.

[3]) Früher war vorgeschrieben, daß an Schaltern ausschließlich Schleifkontakte vorkommen dürfen. Die Erfahrung hat jedoch gezeigt, daß, namentlich für hohe Stromstärken, Preßkontakte vielfach vorteilhafter sind und daß auch solche betriebssicher gebaut werden können.

[4]) Metallgehäuse und Metallgriffe ohne isolierende Bekleidung sind bei den immer mehr in Anwendung kommenden höheren Spannungen sehr gefährlich, weil im Innern der Schalter leicht Stromübergänge auf solche Gehäuse oder Schalter, sei es durch Oberflächenleitung, Körperleitung, Funken oder Lichtbogen,

---

* Über Bau von Schaltern vgl. Z. f. Elektrot. (Wien) 1902 S. 510.

Hochspannung. § 11. Aus- u. Umschalter.

b) Metallkontakte⁴) sind so zu bemessen, daß bei normalem Betriebsstrom keine ungehörige Erwärmung eintritt. Die Erwärmung gilt als ungehörig, wenn die Übertemperatur der Kontakte mehr als 50° C beträgt.

c) Schalter außerhalb elektrischer Betriebsräume müssen entweder unter Verschluß angebracht sein oder Gehäuse haben. Gehäuse, soweit sie der Berührung zugänglich und nicht geerdet sind, und Griffe müssen aus nichtleitendem Material bestehen oder mit einer haltbaren Isolierschicht überzogen sein.⁴) Schalter, die für elektrische Betriebsräume bestimmt sind, müssen so gebaut oder angebracht sein, daß bei der Bedienung mittels der Handgriffe eine Berührung spannungführender Teile ausgeschlossen ist.⁵) Für Griffe und Kuppelungsstangen ist Holz zulässig, wenn es mit Isoliermasse imprägniert ist. Bei Spannungen über 1000 V

---

vorkommen können, die dann dem Bedienenden gefährlich werden. Es stehen jetzt so viele Arten von haltbaren Isolierstoffen zur Verfügung, daß die gestellte Forderung auch dort leicht erfüllt werden kann, wo es auf mechanische Festigkeit ankommt. Kann das Gehäuse nicht völlig aus Isolierstoff gebaut werden, wie z. B. bei wasserdichten Schaltern, deren Gehäuse vielfach aus Gußeisen besteht, so ist es außen mit einer Isolierschicht zu umkleiden, oder wenigstens durch eine isolierende Ausfütterung so von den stromführenden Teilen zu trennen, daß Stromübergang oder Funkenübergang auf das Metallgehäuse ausgeschlossen ist. Die Auskleidung im Innern schützt aber den, der das Metallgehäuse berührt, nicht so gut gegen die Wirkungen statischer Induktion, wie eine äußere Umhüllung; sie genügt jedoch der Vorschrift. Vergl. die §§ 1 u. 39 der Vorschr. für Konstruktion und Prüfung von Installationsmaterial, ferner ETZ 1903 S. 1048 N. 63, 1904 S. 363 N. 94 b, S. 1114 N. 113, 1905 S. 474 N. 154.

Bei Hausinstallationen, die künstlerisch ausgestattet sein sollen, tritt gelegentlich das Bedürfnis hervor, Griffe aus Bronzeguß oder dgl. zu verwenden. Man kann hier dem Sinne der Vorschrift Rechnung tragen, indem ein isolierendes Stück zwischen diesem Griff und der arbeitenden Schaltwelle eingeschoben wird. ETZ 1903 S. 298 N. 36. Doch sind derartige Bauformen bei höheren Spannungen zu vermeiden und von der regelmäßigen Fabrikation auszuschließen, weil die Gefahr besteht, daß das Isolierstück in seinen Abmessungen zu klein gehalten wird oder durch die Befestigungsmittel (Stifte, Schrauben) metallische Überleitung hergestellt wird.

Wo Holz nicht zu vermeiden ist, soll es hartes, nicht entflammbares sein und gegen eindringende oder auf der Oberfläche haftende Feuchtigkeit durch haltbare Politur geschützt werden.

⁵) Bei Hochspannung sind alle Schalter besonders sorgfältig zu bauen; denn die Bedienung der Schalter bietet am leichtesten und häufigsten Veranlassung, mit der Hand in die Nähe blanker und spannungführender Teile zu geraten. Schalter älterer Ar waren vielfach unzureichend bemessen, so daß die Hand beim

d) Die normale Betriebsstromstärke und Spannung, für die ein Schalter gebaut ist, sind auf dem festen Teil zu vermerken.[7])

e) Wegen der zulässigen Größenstufen siehe die Vorschriften für die Konstruktion und Prüfung von Installationsmaterial.

Ausgenommen von den Bestimmungen unter c) und d) sind die Ausschalter in elektrischen Betriebsräumen, sowie diejenigen, welche im Freien in unzugänglicher Lage angebracht sind, vgl. § 23[5]).

§ 12.
Steck-Kontakte und dgl.

a) Stecker und verwandte Vorrichtungen[1]) zum Anschluß beweglicher Leitungen müssen so konstruiert sein, daß sie nicht in Kontakte für höhere Stromstärken passen[2]).

Erfassen des Griffes fast unvermeidlich mit den Metallteilen in Berührung kam. Derartige Mängel der Bauart oder der Anbringung sind verboten, und es ist auf ihre Vermeidung besonders in elektrischen Betriebsräumen zu achten, wo Gehäuse nicht gefordert werden.

[6]) Auch das Einfügen isolierender Zwischenstücke ist für sich allein nicht völlig sicher, weil über diese hinweg gefährliche Ladungen durch Feuchtigkeitsschichten u. dgl. an die Handgriffe gelangen können. Auch ist die Dicke der Isolierschicht nicht immer kontrollierbar. So können scheinbar starke Porzellanhülsen Risse enthalten, welche von Funken durchsetzt werden. Daher ist die Zwischenfügung einer geerdeten Stelle vorgeschrieben, welche derartige Ladungen unschädlich macht.

[7]) Die Stromstärke ist bei geschlossenem Schalter für die Erwärmung der Kontakte maßgebend; die Spannung bedingt die Länge des beim Öffnen entstehenden Lichtbogens und die gleichzeitig herrschende Stromstärke ist für die Wirkung des Lichtbogens maßgebend. Wie unter 1) erwähnt, kommen in Betriebsräumen Schalter vor, die nicht zum Ausschalten des Betriebsstromes bestimmt sind, daher ist die Stromstärke anzugeben, bei der solche Schalter noch gefahrlos geöffnet werden können. Beim Einbau der Schalter ist auf die Betriebsbedingungen und auf die Verhältnisse zu achten, die nach der Art der Anlage bei Handhabung der Schalter auftreten können; die Auswahl der Bauart und Größe der Schalter muß darnach geschehen. Der feste Teil, der die Angaben über Strom und Spannung trägt, darf nicht der verwechselbare Deckel sein, sondern die Unterlage, auf welcher die feststehenden Kontakte befestigt sind. Die Angaben sollen auch bei montiertem Schalter erkennbar sein. ETZ 1904, S. 424 N. 100 d.

Früher war auch vorgeschrieben, daß die Schalter auf dem Gehäuse ein Zeichen tragen müssen, welches erkennen läßt, ob

Hochspannung. § 12. Steck-Kontakte. 57

müssen die Griffe so eingerichtet sein, daß sich zwischen
der bedienenden Person und den spannungführenden
Teilen eine isolierende Strecke, in diesem Falle kein
Holz, und eine geerdete Stelle befindet.[6])

d) Die normale Betriebsstromstärke und Spannung,
für die ein Schalter gebaut ist, sowie die maximale Stromstärke, bei der er unter der Betriebsspannung ausgeschaltet werden kann, sind auf dem festen Teil zu vermerken.[7])

§ 12.
Steck-Kontakte und dgl.

a) Stecker und verwandte Vorrichtungen[1]) zum Anschluß transportabler Leitungen müssen so konstruiert
sein, daß sie nicht in Kontakte für höhere Stromstärken passen[2]).

---

der Strom geschlossen oder geöffnet ist. Dies wurde fallen gelassen, weil es sich bei den Schaltern mit toter Linksdrehung
nicht durchführen läßt; auch bei Druckknopfschaltern ist eine
solche Bezeichnung nicht möglich.

[6]) In elektrischen Betriebsräumen ist es oft nötig, die wirksamen Teile der Schalter unter steter Aufsicht zu haben, daher
sind dort Gehäuse nicht immer am Platze. Im Freien finden
sich an Hochspannungsanlagen Ausschalter, die nach Art des
Hörnerblitzableiters gebaut sind. Diese müssen dem Lichtbogen Platz bieten, um nach oben zu steigen und in der bekannten
Weise zu verlöschen. Ein Gehäuse würde die richtige Wirkungsweise beeinträchtigen. Andere Ausschalter im Freien, die mit
Gehäuse versehen sind, müssen gegen grobe Eingriffe (Steinwürfe) gesichert sein, was nur durch Metallgehäuse erreichbar
ist. Sie werden mittels besonderer isolierter Stangen bedient.

§ 12. [1]) Als verwandte Vorrichtungen sind Hängekontakte zu
nennen, ferner Anschlußkontakte, die nach Art der Edisonfassungen eingeschraubt werden, kurz alle Vorrichtungen, die
dazu dienen, eine bewegliche Leitung mit einer festen oder zwei
bewegliche miteinander rasch zu verkuppeln und zu entkuppeln.
Dagegen sind unter den hier behandelten Steckern nicht zu verstehen die Metallstöpsel, die, wie bei den bekannten Widerstandskästen der Laboratorien, zwischen zwei festen Metallschienen
eine leitende Verbindung herstellen.

[2]) Es hat keine Schwierigkeit, Steckkontakte in derselben
Weise unverwechselbar zu gestalten, wie dies bei Sicherungen
und Lampenfassungen geschehen ist. Lampen- und Sicherungseinsätze, die für höhere Stromstärken bestimmt sind, dürfen
nicht in Kontakte für niedere Stromstärken passen. Bei den
Steckern ist es umgekehrt; würde nämlich ein für höhere Stromstärken bestimmter Apparat, wie etwa ein Heizkörper, ein Plätteisen an eine feste Leitung für niedere Stromstärke angeschlossen,
so würde sofort die an der festen Leitung angebrachte Sicherung

58 Niederspannung. § 12. Steck-Kontakte.

Die normale Betriebsstromstärke und -spannung sind auf dem festen Teil und auf dem Stecker sichtbar zu vermerken[3]).

b) Kontaktvorrichtungen zum Anschluß transportabler Leitungen müssen, wenn sie Sicherungen enthalten, konstruktionsmäßig allpolig gesichert sein; siehe § 32 b[4]).

---

wirksam werden; es kann also keine Gefahr entstehen; dagegen wäre ein transportabler Apparat für kleinere Stromstärken ungesichert, wenn er an eine feste Leitung für höhere Stromstärke angeschlossen wird, weil die am festen Teil sitzende Sicherung für die höhere Stromstärke bestimmt ist, also die schwache bewegliche Leitung und ihren Stromverbraucher nicht vor Überlastung schützt. Die „Normalien" benennen die Abstufungen 6, 10, 15, 20, 30, 40, 60 A. Benützt man andere Stufen, so sind auch diese gegenseitig unverwechselbar einzurichten. ETZ 1903, S. 1048 N. 61.

[3]) Als fester Teil ist hier derjenige zu verstehen, der in der Regel an der Wand befestigt wird; hat er einen Deckel, so kann die Bezeichnung auf dem Deckel angebracht sein. Vgl. ETZ 1903, S. 86 N. 29.

Die Abstufungen der Steckkontakte für die einzelnen Stromstärken werden sich zweckmäßig an die für Sicherungen festgelegten anschließen.

Als Abstufungen für die verschiedenen Spannungen gelten nach den Normalien für Konstruktion usw. von Installationsmaterial: 125, 250, und 500 Volt.

[4]) Obwohl die fest verlegten Teile der Leitungen an ihren Abzweigpunkten nach § 32 mit Sicherungen versehen sein müssen, wird für die beweglichen Anschlüsse nochmals eine besondere Sicherung verlangt. Die transportablen Stromverbraucher und die biegsamen Leitungsschnüre, mit denen sie angeschlossen werden, sind stärkerer Abnutzung ausgesetzt als feste Apparate und fest verlegte Leitungen; außerdem werden sie vielfach in der Nähe leicht entzündlicher Gegenstände, auf Schreibtischen, an Betten usw. benutzt. Daher sind für sie besondere Schutzmaßregeln angezeigt, und sie dürfen nicht von der Erleichterung der gruppenweisen Sicherung nach § 32 c) Gebrauch machen. Dabei muß jedoch die Sicherung nicht notwendig in der Steckdose selbst angeordnet sein, sie kann neben ihr an der Wand sitzen (vgl. 5); sie kann auch dort sitzen, wo die feste zur Steckdose führende Leitung von der Hauptleitung abzweigt, wenn diese Leitung nur zur Steckdose führt und keine anderen Verbrauchsstellen speist. ETZ 1903, S. 1048 N. 63.

Für die besondere Sicherung der Steckdosen spricht noch der folgende schwer wiegende Grund. Es kann vorkommen und ist nach § 32 nicht ausgeschlossen, daß eine Hausanlage die Sicherungen nur in einem Pole der Leitung enthält, wenn z. B. der andere Pol bis in den Abzweige als geerdeter Leiter ausgeführt und kenntlich ist. In diesem Falle muß besonders darauf geachtet werden, daß nicht etwa die zu dem beweglichen Stromverbraucher gehörige Sicherung in den falschen Pol gesetzt wird. Dies wird aber am Steckkontakt unvermeidlich sein, sobald die Sicherung im beweglichen Teile sitzt. Will man nun hier nicht ganz besonders ausgestaltete Steckkontakte verwenden, die auch in. bezug auf die beiden Pole unverwechselbar sind, so

Die normale Betriebsstromstärke und -spannung sind auf dem festen Teil und auf dem Stecker sichtbar zu vermerken[3]).

b) Kontaktvorrichtungen zum Anschluß transportabler Leitungen müssen, wenn sie Sicherungen enthalten, konstruktionsmäßig allpolig gesichert sein[4]); bei Spannungen von mehr als 500 Volt müssen die Sicherungen außerhalb der Kontaktvorrichtungen angeordnet werden; siehe § 32 b[5]).

muß entweder die Sicherung in jeden der beiden Pole eingeschaltet werden, oder man muß sie grundsätzlich auf die Seite des festen Teils der Sicherung legen, wie dies auch im § 32 b) Abs. 2 bestimmt ist.

Es ist eine Frage gewesen, ob bei Steckkontakten die Sicherungen in dem festen oder in dem abnehmbaren Teil des Kontaktes angebracht werden sollen. Nach § 32 b) ist die erstere Anordnung vorgeschrieben. Indessen hat jede der beiden Anordnungen bestimmte Vorteile für sich, die aber mit Nachteilen anderer Art untrennbar verbunden sind. Die Anordnung der Sicherung im beweglichen Teil des Kontaktes bietet den Vorteil, daß das Auswechseln der Sicherung nach völliger Abtrennung des Stöpsels von der Dose, also am abgeschalteten und von jeder Spannung freien Teil, ohne jede Gefahr und bequem erfolgen kann. Ein weiterer Vorzug dieser Anordnung ist der, daß die Sicherung im Stöpsel stets zu der am Stöpsel befestigten Schnur und zu dem von ihr gespeisten Stromverbraucher paßt, während bei einer am festen Teil des Kontaktes angeordneten Sicherung es vorkommen kann, daß ein Stromverbraucher von größerem Strombedarf an die Sicherung für die kleine Stromstärke, also an eine zu schwache Sicherung gelegt wird, was mindestens zu einem unbequemen Durchschmelzen der Sicherung führt. Das Umgekehrte, daß eine schwache Leitung an eine zu starke Sicherung gelegt wird, daher ungenügend gesichert wäre, ist durch § 12 a) ausgeschlossen. Diesen Vorzügen steht eine gewisse Gefährlichkeit gegenüber. Wenn nämlich die Sicherung in dem beweglichen Teil sitzt, den man mit der Hand ein- und ausschaltet, so kann es vorkommen, daß gerade im Augenblick des Einschaltens die Sicherung durchschmilzt, was bei größeren Stromstärken und Spannungen nicht immer ohne Knall, oder, wenn ungünstige Beschaffenheit des Materials oder ein zufälliger Materialfehler in Frage kommen, vielleicht auch unter Zertrümmerung des Kontaktstöpsels vor sich geht, und entweder ein unangenehmes Erschrecken, vielleicht auch eine Körperverletzung, Verbrennung oder dgl., nach sich zieht. Die bewegliche Sicherung wird leicht beschädigt oder in Unordnung gebracht, zumal sie weniger Raum bietet und nicht so kräftig gebaut wird, wie eine fest montierte.

Sitzt dagegen die Sicherung am festen Teil, wie vorgeschrieben, so bietet diese Anordnung den Vorteil, daß die zur Anschlußdose führenden Leitungen auch gegen diejenigen Kurzschlüsse gesichert sind, die am offenen, festen Teil des Kontaktes vorkommen können. Solche sind z. B. durch mutwilliges Spielen mit Hilfe von Scheren, Zirkelspitzen, Haarnadeln u. dgl. vorgekommen.

Sind Steckdosen für Anlagen bestimmt, deren eine Leitung bis zu den Stromverbrauchern als geerdete Leitung ausgeführt ist, so ist eine Sicherung nur in der nicht geerdeten Leitung nötig, da es aber bei Dosen, welche die Sicherungen im Innern tragen, meistens nicht kontrollierbar ist, ob sie am richtigen Pol angeschlossen ist, so ist es besser, wenn Steckdosen nur mit allpoligen Sicherungen oder ganz ohne eingebaute Sicherung

60 Niederspannung. § 13. Widerstände u. Heizapparate.

c) Bei Steckern, welche für trockene Räume bestimmt sind, darf Hartgummi als Isoliermaterial verwendet werden[6]).

§ 13.
Widerstände und Heizapparate.

a) Die stromführenden Teile von Widerständen und Heizapparaten sind auf feuersicherer gut isolierender Unterlage zu montieren[1]) und, soweit sie nicht für elek-

hergestellt werden. Im letzteren Falle wird die Sicherung selbständig neben der Dose montiert und ihr richtiger Anschluß kann jederzeit nachgeprüft werden.

[5]) Die Sicherungen für höhere Spannungen als 500 Volt verlangen eine besonders sorgfältige Ausführung mit Rücksicht auf Funkenlöschung und Vermeidung von Explosionen u. dgl. gemäß § 10 e). Sie können daher nicht in die Steckdose selbst eingebaut werden.

[6]) Da Hartgummi nicht als feuerfester Stoff gilt, so bedeutet die Bestimmung § 12 c) der Niederspannung und § 12 f) der Hochspannung eine Ausnahme vom § 10a). ETZ 1905 S. 474 N. 155.

Weitere Einzelheiten über die Konstruktion von Steckkontakten und ihre experimentelle Prüfung sind in den Normalien für Konstruktion und Prüfung von Installationsmaterial enthalten. Über mangelhaft gebaute Stecker vgl. ETZ 1904 S. 147.

In vielen Fällen empfiehlt es sich, die Steckdosen mit Ausschaltern so zu verbinden, daß das Abtrennen der Leitung nur dann erfolgen kann, wenn der Strom durch den Schalter unterbrochen ist. Derartige Verriegelungen sind z. B. in der ETZ 1902 S. 181 beschrieben. Vgl. auch 9).

[7]) Als Grundform solcher Hüllen ist ein zylindrischer Mantel zu denken, der die Kontaktstifte soweit überragt, daß sie vor zufälliger Berührung mit der Hand oder dgl. oder mit Werkstücken geschützt sind.

[8]) Bis zu 1500 Volt sind Steckkontakte namentlich auch zum Anschluß beweglicher Motoren, insbesondere in Werkstätten oder landwirtschaftlichen Betrieben nicht zu entbehren.

[9]) Bei höheren Spannungen werden es meistens bewegliche Motoren sein, die mittels Stecker angeschlossen und abgetrennt werden. Hierbei wird in der Regel der Betrieb es von selbst mit sich bringen, daß zuerst der Motor abgestellt und dann erst die Leitung am Stecker abgetrennt wird. Liegen die Betriebsverhältnisse derart, daß auf die Einhaltung dieses Vorgehens nicht

Hochspannung. § 13. Widerstände u. Heizapparate. 61

c) Steckkontakte müssen innerhalb widerstandsfähiger nicht -stromführender Hüllen liegen und so angeordnet sein, daß zufällige Berührung stromführender Teile verhindert wird[7]).

d) Steckkontakte zum Anschluß beweglicher Leitungen sind nur bis zu Spannungen von 1500 Volt zulässig[8]).

e) Wenn die Kontaktvorrichtung nicht so beschaffen oder angebracht ist, daß sie entsprechend den Betriebsbedürfnissen ohne Funkengefahr bedient werden kann[9]), so müssen bezüglich der in § 33 erwähnten Ausschalter Vorkehrungen getroffen sein, welche das Einstecken und Ausziehen des Steckers unmöglich machen, solange die Ausschalter geschlossen sind[10]).

f) Bei Steckern, welche für trockene Räume mit Spannungen bis zu 500 Volt bestimmt sind, darf Hartgummi als Isoliermaterial verwendet werden[6]).

§ 13.
Widerstände und Heizapparate.

a) Die stromführenden Teile von Widerständen und Heizapparaten sind auf feuersicherer gut isolierender Unterlage zu montieren[1]) und, soweit sie nicht für elek-

---

mit Sicherheit gerechnet werden kann, so ist eine zwangläufige Verriegelung des Steckers durch den Ausschalter anzuordnen.

[10]) Der besondere Ausschalter ist im § 33 d) der Hochspannung vorgeschrieben, um die Steckdose, auch wenn sie außer Gebrauch ist und zufällig oder absichtlich berührt wird, gefahrlos zu machen. Er erleichtert außerdem das Auswechseln der Sicherungen an der Dose.

§ 13. [1]) Von einer Festlegung der höchsten Temperatur, welche ein Widerstand erreichen darf, ist in den Vorschriften abgesehen worden, weil ein im normalen Betrieb nur mäßig beanspruchter Widerstand unter Umständen, die sich nicht immer mit Sicherheit vermeiden lassen, auf kurze Zeit verhältnismäßig starke Erhitzungen erleidet. So kann z. B. der Vorschaltwiderstand einer Bogenlampe infolge des Festschmorens der Lichtkohlen vorübergehend nahezu zur Rotglut erhitzt werden, und es ist praktisch untunlich, die Widerstände so zu bemessen, daß sie auch in solchen Fällen nur mäßige Temperaturen annehmen. Vielmehr muß dafür gesorgt werden, daß derartige vorübergehende Erhitzungen gefahrlos verlaufen, indem man brennbare Materialien fernhält. Dabei ist nicht nur eine unmittelbare Berührung mit entzündlichen Stoffen zu verhindern, sondern namentlich auch darauf zu achten, daß die von den erhitzten Drähten aufsteigenden Luftströme nicht unmittelbar an brennbare Stoffe gelangen können.

[2]) Bei der Umkleidung mit Schutzhüllen ist Bedacht zu nehmen, daß diese nicht zur Ansammlung von Staub, Fasern u. dgl. Veranlassung geben. Dies ist auch in solchen Räumen zu beachten, welche nicht betriebsmäßig staubhaltig sind, da erfahrungsgemäß gewisse Mengen von Staub an allen Orten, die nicht regelmäßig gereinigt werden, fast unvermeidlich sind. Man richte also die Rahmen und Gehäuse der Widerstände so ein, daß größere horizontale Flächen im Innern vermieden werden. Namentlich ist die Bodenplatte des Schutzgehäuses durchbrochen

62 Niederspannung. § 14. Schmelz-Sicherungen.

trische Betriebsräume bestimmt sind, mit einer Schutzhülle aus feuersicherem Material zu verkleiden[2]).

b) Widerstände sind so zu bemessen, daß sie im normalen Betriebe keine für den Betrieb oder die Umgebung bedenkliche Temperatur annehmen[4]).

§ 14.
Schmelz-Sicherungen.

a) Die Abschmelzstromstärke einer Sicherung soll das Doppelte ihrer Normalstromstärke sein. Sicherungen bis einschließlich 50 A Normalstromstärke müssen mindestens den $1^1/_4$ fachen Normalstrom dauernd tragen können; vom kalten Zustande aus plötzlich mit der doppelten Normalstromstärke belastet, müssen sie in längstens 2 Minuten abschmelzen[1]).

b) Die Sicherungen müssen einzeln bei der Betriebsspannung sicher funktionieren, solche, die für Strom bis zu 30 A bestimmt sind, auch bei der um $10^0/_0$ erhöhten Betriebsspannung[2]). Zur Sicherheit der Funktion gehört,

---

zu gestalten, wodurch auch die Abkühlung wesentlich gefördert wird.

Die Schutzhüllen sollen nicht nur brennbares Material fernhalten, sondern auch, wie die Gehäuse, die im § 11 c) für Schalter vorgeschrieben sind, die zufällige Berührung durch Personen verhüten. Daher müssen die Schutzhüllen einerseits die Widerstandsspiralen selbst umgeben, andrerseits aber auch die Kontaktknöpfe und die stromführenden Teile der Schaltkurbeln abdecken.*) Ein Bügel wird in den meisten Fällen für den letzteren Zweck genügen. Bei Zigarrenanzündern und ähnlichen Vorrichtungen, deren Benützung das Berühren der stromführenden Teile z. B. mit der Zigarre erfordert, ist doch die z u f ä l l i g e Berührung auszuschließen; hierzu kann etwa eine überragende Manschette, oder ein Zylinder mit seitlicher Öffnung dienen. ETZ 1903 S. 363 N. 94 a.

[3]) Bei Widerständen ist die Gefahr, daß ein unbeabsichtigter Stromübergang nach dem Gehäuse eintritt, besonders groß, weil die Drahtspiralen leicht durch zu starke Beanspruchung durchgebogen werden, so daß sie mit dem Gehäuse in Berührung kommen. Daher ist bei Hochspannung, wo ein solcher Stromübergang auf das Gehäuse den Menschen gefährlich werden kann, die Erdung nötig. Bei Wasserwiderständen wird das die Flüssigkeit enthaltende Metallgefäß geerdet. Werden größere Wasserbassins benützt, so sind diese meist ohnedies in die Erde versetzt, so daß besondere Leitungen nicht mehr erforderlich sind. Für Heizapparate ist aus denselben Gründen die Spannungsgrenze von 750 Volt vorgeschrieben (§ 13 c).

[4]) Brennscheren, Plätteisen, Bratpfannen, Lötkolben, Zigarrenanzünder u. dgl. können nicht unter gewissen hohen Temperaturen bleiben, wenn sie brauchbar sein sollen.

Bei derartigen Gegenständen ist der Schutz gegen Gefahr in der richtigen Umkleidung und in der richtigen Montierung

---

*) Vgl. ETZ 1904 S. 363 N. 94.

Hochspannung. § 14. Schmelz-Sicherungen. 63

trische Betriebsräume bestimmt sind, mit einer Schutzhülle aus feuersicherem Material zu verkleiden[2]). Soweit diese Schutzhülle aus Metall besteht, muß sie geerdet werden[3]).

b) Widerstände sind so zu bemessen, daß sie im normalen Betriebe keine für den Betrieb oder die Umgebung bedenkliche Temperatur annehmen[4]).

c) Heizapparate für mehr als 750 Volt sind nicht zulässig[5]).

§ 14.
Schmelz-Sicherungen.

a) Die Abschmelzstromstärke einer Sicherung soll das Doppelte ihrer Normalstromstärke sein. Sicherungen bis einschließlich 50 A Normalstromstärke müssen mindestens den $1^1/_4$ fachen Normalstrom dauernd tragen können; vom kalten Zustande aus plötzlich mit der doppelten Normalstromstärke belastet, müssen sie in längstens 2 Minuten abschmelzen[1]).

b) Die Sicherungen müssen einzeln, auch bei der um $10^0/_0$ erhöhten Betriebsspannung sicher funktionieren[2]) Zur Sicherheit der Funktion gehört, daß sie abschmelzen, ohne einen dauernden Lichtbogen zu erzeugen, und daß

---

zu suchen. Es kann hier aber durch die Konstruktion und Anordnung der Apparate allein niemals alle Gefahr ausgeschlossen werden; vielmehr bedarf es auch sachgemäßer Handhabung. Immerhin ist zu betonen, daß bei den meisten der genannten Hilfsmittel die elektrische Heizung einen höheren Grad von Sicherheit erreichen läßt, als die anderen bekannten Heizmittel; daher hat man z. B. in Theatergarderoben elektrische Brennscheren vorgeschrieben an Stelle der früher benützten, die mit Spiritus geheizt waren.

[5]) Die Grenze von 750 Volt ist mit Rücksicht auf elektrische Bahnen festgesetzt. Im allgemeinen sind höhere Spannungen in Heizapparaten nach Möglichkeit zu vermeiden (vgl. 3).

§ 14. [1]) Der zweite Satz des Absatzes a) bildet nur nicht eine Erläuterung des Begriffes „Abschmelzstromstärke", sondern er stellt noch einige besondere Anforderungen auf, die von den Sicherungen bis 50 A verlangt werden; für stärkere Sicherungen gilt nur, daß sie bei der doppelten Normalstromstärke abschmelzen sollen, während die übrigen Forderungen hier nicht verlangt werden, und zwar erstens nicht, weil es nicht sicher ist, ob man bei großen Sicherungen der Forderung genügen kann, zweitens weil es Fälle gibt, wo ein etwas langsameres Abschmelzen erwünscht ist. Es gibt z. B. Motoren, die beim Anlassen manchmal mehr als das Doppelte ihres Normalstromes aufnehmen; es muß hier die Sicherung so eingerichtet werden, daß sie während des Anlaufes aushält.

Für die in überaus großen Mengen verwendeten Sicherungen bis zu 50 A war die Festlegung der geforderten Bedingungen nötig und bedeutet einen erheblichen Fortschritt. Vorher konnten die von verschiedenen Fabriken gelieferten ,mit derselben Stromstärke bezeichneten Sicherungen dennoch ein sehr verschiedenes Verhalten zeigen. Die hier gegebenen Grundlagen lassen die so wünschenswerte Gleichmäßigkeit in der Herstellung leichter erreichen. Die Zahlen, welche die Dauerstromstärke, die Abschmelzzeit usw. festlegen, sind auf Grund ausgedehnter Ver-

daß sie abschmelzen, ohne einen dauernden Lichtbogen zu erzeugen, und daß die etwaigen Explosionserscheinungen ungefährlich verlaufen. (Vergleiche die Vorschriften für die Konstruktion und Prüfung von Installationsmaterial)[3]).

c) Bei Sicherungen dürfen weiche plastische Metalle und Legierungen nicht unmittelbar den Kontakt vermitteln, sondern die Schmelzdrähte oder Schmelzstreifen müssen in Kontaktstücke aus Kupfer oder gleichgeeignetem Metall eingelötet sein[4]).

d) Sicherungen von 6 bis 30 A müssen in dem Sinne unverwechselbar sein, daß die fahrlässige oder irrtümliche Verwendung von Einsätzen für zu hohe Stromstärke ausgeschlossen ist[5]).

suchsreihen vereinbart worden und so gewählt, daß sie für die Mehrzahl der jetzt im Handel vorkommenden Sicherungen zutreffen. Es mag bemerkt werden, daß für das Verhalten der Sicherungen nicht allein Material und Dicke des Schmelzstreifens maßgebend sind, sondern auch seine Länge, ferner die Größe, Gestalt und Beschaffenheit der Polstücke und die den Schmelzstreifen umgebenden Stoffe in Betracht kommen. Der Einfluß der Umgebungstemperatur ist unerheblich, wenn sie nicht ganz ungewöhnliche Grade aufweist.

[2]) Die Beschränkung auf 30 A ist nur deswegen aufgenommen, weil man bei stärkeren Sicherungen die Forderungen noch nicht zuverlässig erfüllen kann. Wünschenswert sind dieselben Eigenschaften auch für jene.

[3]) Die Erfahrung lehrt, daß ein Lichtbogen, welcher sich nach der Unterbrechung des Schmelzstreifens zwischen den Anschlußklemmen der Sicherung bildet, durch seine beträchtliche Wärmeentwickelung unter Umständen das Erglühen der ganzen Sicherungsvorrichtung, oder ein explosionsartiges Zerspringen des Sicherungsgehäuses hervorrufen kann. Letzteres tritt namentlich bei großen Stromstärken, also bei unmittelbarem Kurzschluß, leicht ein. Man sucht den Lichtbogen entweder durch entsprechend große Entfernung zwischen den Anschlußklötzen oder durch eine zwischen sie eingeführte isolierende Scheidewand zu vermeiden, welch letztere von dem Schmelzstreifen entweder in enger Öffnung durchsetzt oder im Bogen überbrückt wird.

Übersteigt die Gebrauchsspannung 100 Volt, so ist auf eine rasche und gefahrlose Löschung des Lichtbogens besondere Rücksicht zu nehmen. Neuere Ausführungsformen von Sicherungen tragen diesen Verhältnissen Rechnung, ohne der Sicherungspatrone eine zu große Abmessung zu geben, indem die Schmelzstreifen im Zickzack geführt und in isolierendes feuersicheres Material so eingebettet sind, daß die Energie des Lichtbogens möglichst über mehrere begrenzte Stellen verteilt wird und die entwickelten Metalldämpfe einen leichten Ausweg finden, ohne einen Stromweg nach den Anschlußstücken des Schmelzstreifens zu bilden, wobei gleichzeitig das der Erhitzung unterliegende Luftquantum möglichst vermindert wird. Zum Einbetten der Schmelzdrähte wird Zement, Talk oder Gips verwendet. Das früher fast ausschließlich als Schmelzmetall benutzte Blei ist vielfach und mit gutem Erfolg durch höher schmelzende, weniger oxydierbare Stoffe wie Kupfer oder Silber ersetzt worden.*)

*) Vgl. ETZ 1899 S. 463, 571, 591; ferner 1904 S. 587—592.

Hochspannung. § 14. Schmelz-Sicherungen. 65

die etwaigen Explosionserscheinungen ungefährlich verlaufen. (Vergleiche hierzu die Vorschriften für die Konstruktion und Prüfung von Installationsmaterial)[3]).

c) Bei Sicherungen dürfen weiche plastische Metalle und Legierungen nicht unmittelbar den Kontakt vermitteln, sondern die Schmelzdrähte oder Schmelzstreifen müssen in Kontaktstücke aus Kupfer oder gleichgeeignetem Metall eingelötet sein[4]).

d) Nichtausschaltbare Sicherungen müssen derart konstruiert oder angeordnet sein, daß sie auch unter Spannung mittels geeigneter Werkzeuge gefahrlos ausgewechselt werden können[5]).

Bei Hochspannung sind oft noch weitere Maßnahmen zur Löschung des Lichtbogens erforderlich; z. B. Eintauchen in Öl, besondere Funkenlöscher, die den Lichtbogen nach Art der Hörnerblitzableiter oder durch Federwirkung abreißen. Siehe ETZ 1904, S. 471—474.

Die Prüfung der Sicherungen geschieht bei „Kurzschluß" Die dabei auftretenden Erscheinungen hängen davon ab, wie groß die ganze bei Kurzschluß ins Spiel tretende Energiemenge ist. Dafür ist in erster Linie die Größe der vorhandenen Energiequelle, dann der zwischen ihr und dem Kurzschluß liegende Leitungswiderstand maßgebend; endlich kommt auch die Selbstinduktion des ganzen Systems in Frage. Anhaltspunkte für die Prüfung sind in den „Vorschriften für Konstruktion usw. von Installationsmaterial" (siehe Anhang) im § 30 für Stöpselsicherungen gegeben.*) Streifensicherungen, für welche bestimmte Konstruktionsnormalien nicht aufgestellt sind, sind zulässig, wenn sie sinngemäß dieselben Forderungen erfüllen, die von Stöpselsicherungen verlangt werden. ETZ 1904, S. 425 N. 103.

[4]) Würden die Streifen oder Drähte aus Blei, Zinn oder ähnlichem weichen Metall unmittelbar unter die Köpfe der Klemmschrauben oder zwischen die Kontaktfedern gepreßt, so ist zu fürchten, daß der Stromübergang dadurch unzuverlässig wird, daß sich das Metall dort oxydiert; der von der Oxydschicht herrührende zusätzliche Widerstand wird schon bei normaler Stromstärke eine zu hohe Erwärmung hervorrufen, so daß die richtige Abschmelzstromstärke nicht eingehalten werden kann; außerdem können die weichen Metalle beim Einschrauben oder Einpressen Formveränderungen erleiden, die ebenfalls den Widerstand ändern und das richtige Arbeiten der Sicherung beeinträchtigen. Unter den Legierungen, die als Schmelzstreifen benutzt werden, finden sich einige, die genügend hart sind, um ohne besondere Kontaktstücke verwendet zu werden. Dagegen sind noch vielfach Streifensicherungen im Handel, die aus Stanniolstreifen bestehen, welche auf Preßspan aufgezogen sind, und den Bestimmungen des § 14 c) nicht genügen.

[5]) Vielfach wird von ungeschultem oder unzuverlässigem Bedienungspersonal der Fehler gemacht, daß eine abgeschmolzene Sicherung durch eine stärkere ersetzt wird, um der unbequemen Störung, die das Abschmelzen und Einsetzen der Schmelzstreifen bedingt, aus dem Wege zu gehen. Es wird dies unsachgemäße Vorgehen besonders dann beliebt, wenn infolge eines Erdschlusses oder ähnlichen Fehlers eine bestimmte Sicherung wiederholt aus-

*) Vgl. ferner Oelschläger, ETZ 1904 S. 762.

Weber, Erläuterungen. 8. Ausg.

e) Die Normalstromstärke und die Maximalspannung sind auf dem Einsatz der Sicherung zu verzeichnen[7]).

Isolier- und Befestigungskörper.

§ 15.

Holzleisten sind verboten[1]). Krampen sind nur zur Befestigung von betriebsmäßig geerdeten Leitungen

---

gebrannt ist. Daß dieses Verfahren im höchsten Grade gefährlich ist, ergibt sich durch einfache Überlegungen. Es ist daher das Bedienungspersonal nachdrücklich dahin zu belehren, daß jedes Ausbrennen einer Sicherung einen vorhandenen Fehler anzeigt, welcher alsbald aufgesucht und entfernt werden muß. Um aber nach Möglichkeit das gekennzeichnete Vorgehen zu verhindern, ist vorgeschrieben, daß die Sicherungen derart konstruiert sein müssen, daß ein stärkerer Schmelzstreifen als derjenige, für welchen der Sockel eingerichtet ist, nicht eingesetzt werden kann. Dies wird z. B. bei Stöpselsicherungen mit Edisongewinde nach der neuen Bauart der Allgem. Elektriz.-Gesellschaft dadurch erreicht, daß jeder Stöpsel in bestimmter, je nach der Stärke der Sicherung bemessener, Höhe über seiner unteren Grundfläche einen auf dem Gewindeteil verlöteten Metallring trägt, der sich auf dem oberen Rand der Sicherungsbrücke aufsetzt und weiteres Einschrauben verhindert. Da auch auf dem festen Teil der Sicherung ein nach der Stromstärke bemessener Abstand zwischen dem oberen Rand der Gewindemutter und dem unteren Kontakt eingehalten ist, so kann der für höhere Stromstärke bestimmte Stöpsel in einem Gewinde für niedrigere Stromstärke nicht befestigt werden. Die gleiche Wirkung wird von Siemens & Halske durch eine je nach der Stromstärke verschieden bemessene Zahl von Stellmuttern auf der Befestigungsschraube des Sockels und entsprechend hohe Aussparungen in dem die Schmelzdrähte enthaltenden auswechselbaren Einsatz erzielt. Bei anderen Formen von Sicherungen lassen sich ähnliche Anordnungen leicht treffen*).

Daß die Unverwechselbarkeit auf Sicherungen von 6—30 A beschränkt ist, hat zunächst rein praktische Gründe. Es sind die Größen bis 30 A diejenigen, welche in Hausinstallationen meist vorkommen, während die Sicherungen für höhere Stromstärken einerseits nur von geschultem Personal gehandhabt werden, anderseits bei ihrer Konstruktion andere Forderungen oft wichtiger sind.

Eine Sicherung unter 6 A muß ebenfalls so gebaut sein, daß sie einen Schmelzeinsatz für mehr als 6 A nicht aufnehmen kann. ETZ 1902, S. 698 N. 10; 1904, S. 1115 N. 126.

[6]) Für Hochspannungssicherungen ist die Unverwechselbarkeit nicht gefordert, indem vorausgesetzt wird, daß sie nur von besonders geschultem Personal bedient werden und auch nur solchem Personal zugänglich sind. Es kommt dabei weiter in betracht, daß bei Hochspannungssicherungen die besondere Rücksicht auf Explosionssicherheit und Auslöschen des Lichtbogens bei weitem wichtiger ist und vielfach zu Ausführungsformen führt, welche eine Unverwechselbarkeit nicht gestatten.

Der Forderung unter d) entsprechend ist z. B. eine gebräuchliche Art von Hochspannungssicherungen mit starken isolierenden Handhaben versehen, die so gestaltet sind, daß die Hand beim Abschmelzen der Sicherung nicht verletzt werden

---

*) Vgl. ETZ 1898, S. 463, 571, 591; 1899 S. 323, 575; 1902 S. 567, 1070 ferner 1902 S. 698 Nr. 10 und S. 941 Nr. 21; sowie 1904 S. 587—592.

Hochspannung. § 15. Isolier- u. Befestigungskörper. 67

e) Die Normalstromstärke und die Maximalspannung sind auf dem Einsatz der Sicherung zu verzeichnen[7]).

Isolier- und Befestigungskörper.
§ 15.

Holzleisten sind verboten[1]). Krampen sind nur zur Befestigung von betriebsmäßig geerdeten Leitungen

kann und beim Einsetzen nicht mit blanken Leitungsteilen in Berührung kommt. Man kann auch besondere Zangen anwenden, um die Sicherungen einzusetzen. Stets ist darauf zu achten, daß eine Person nicht dadurch verletzt werden kann, daß während des Einsetzens e i n e r Sicherung eine andere durchschmilzt. Vielfach sind die Sicherungen auf der Innenseite des Deckels für das Sicherungsgehäuse angebracht, so daß beim Einsetzen der Sicherung gleichzeitig das Gehäuse geschlossen wird.

[7]) Die Aufschrift der Stromstärke ist zur wirksamen Kontrolle der Anlage unerläßlich, sie vereinfacht außerdem die Installation und den Betrieb. Da bei höheren Spannungen besondere Vorkehrungen gegen das Stehenbleiben des Lichtbogens getroffen sein müssen, so darf eine für niedere Spannung bestimmte Sicherung nicht ohne weiteres für eine höhere Spannung verwendet werden. Um gegen Fahrlässigkeit in dieser Richtung geschützt zu sein, muß auf der Sicherung ferner vermerkt sein, welches die höchste Spannung ist, bei der sie ihrer Bauart nach gefahrlos benutzt werden kann. Bei Hochspannungssicherungen dient vielfach als Schmelzstreifen ein Draht. Die Bezeichnung ist auf dem Draht nicht anbringbar, dagegen ist sie auf die Patrone, Röhre oder sonstigen Konstruktionsteil zu setzen, der den Draht aufnimmt. Zweckmäßig werden außerdem die als Ersatz vorrätigen Drähte mit Anhängezettel versehen, die die nötigen Angaben enthalten.

§ 15. [1]) Es ist bekannt, daß Holzleisten schon sehr vielfach zu Brandfällen Anlaß gegeben haben. Obwohl diese Art der Verlegung, welche sich rasch ausführen läßt und die Drähte gegen Verletzungen schützt, eine Zeitlang sehr verbreitet war, so hat sich doch nach und nach ein ernstes und wohlbegründetes Mißtrauen gegen ihre weitere Anwendung festgesetzt, und schon vor Jahren sind die Holzleisten von einzelnen Elektrizitätswerken, wie z. B. von den Berliner Elektrizitätswerken, auf Grund der gemachten schlechten Erfahrungen verboten worden. Da in der Folge ihre Verwendung auch anderwärts erheblich eingeschränkt worden ist und bessere Verlegungsarten ausgebildet worden sind, so konnte bereits bei der ersten Aufstellung dieser Vorschriften im Jahre 1895 die Anwendung der Holzleisten gänzlich untersagt werden, ohne eine Störung der Installationstechnik befürchten zu müssen. Auch in der Folge hat sich ein begründetes Bedürfnis für den Gebrauch der Holzleisten nicht geltend gemacht. Die in der neuesten Zeit für ihre Wiedereinführung vorgebrachten Gründe haben sich bei wiederholter sorgfältiger Prüfung durch die Sicherh.-Komm. d. V. D. E. nicht als stichhaltig erwiesen.

Die Gefährlichkeit der Holzleisten beruht in folgendem: Sie werden fast ausschließlich aus leichten weichen Holzarten hergestellt, welche die Feuchtigkeit begierig aufsaugen und festhalten. Unterstützt durch die löslichen Bestandteile des Holzes und die bei der Fäulnis entstehenden Stoffe greift die Feuchtigkeit die Isolierhülle der Drähte und letztere selbst an; es bilden sich u. a. Kupfersalze, welche das Holz leitend machen, so daß

5*

Niederspannung. § 16. Isolierglocken usw.

zulässig, sofern dafür gesorgt ist, daß der Leiter weder mechanisch noch chemisch durch die Art der Befestigung geschädigt wird).

Bei Akkumulatoren für mehr als 16 Volt Spannung ist Celluloid zur Verwendung als Kästen und außerhalb der Elektrolyten unzulässig[3]).

§ 16.
Isolierglocken, -Rollen und Ringe.

a) Isolierglocken-, -Rollen und -Ringe sollen aus Porzellan, Glas oder gleichwertigem Material bestehen[4]).

b) Sie müssen so geformt sein, daß die an ihnen zu befestigenden Leitungen in genügendem Abstand von den Befestigungsflächen gehalten werden können. Vgl. § 29[5]).

---

sich ein vom Draht über und durch die Holzleiste nach der Erde verlaufender Strom ausbildet, der unter Umständen die weitere Zerstörung des Drahtes unterstützt. Schließlich wird entweder der teilweise zerfressene Draht so schwach, daß er auch durch den normalen Strom zum Glühen kommt und, ohne daß die zugehörige Bleisicherung in Wirkung tritt, die Leiste in Brand setzt, oder es bildet sich zwischen den beiden Poldrähten ein durch das zersetzte und imprägnierte Holz gehender Strom aus, welcher die zu mittelmäßigen Leitern gewordenen Holzteile zum Glühen bringt.

Es ist mehrfach beobachtet worden, daß solche Brandfälle auch in scheinbar trockenen Räumen dadurch entstanden sind, daß die die Leiste tragende Wand oder Decke vorübergehend an einer beschränkten Stelle feucht wurde, indem z. B. eine in der Wand verlaufende Wasserleitung leckte oder indem von einem über der Leitung befindlichen Stockwerke her Wasser durch die Decke sickerte, oder wenn infolge einer Undichtheit in der Bedachung Regen- und Schneewasser eindrang. Als besonders gefährlich hat sich die mit Tapete überzogene Holzleiste erwiesen, da sie das Wasser aus der Mauer aufnimmt, ohne es an ihrer Oberfläche wieder verdunsten zu lassen. Bedenkt man außerdem, daß die Holzleiste häufig dazu benutzt wurde, um einen zu irgend welchen häuslichen Zwecken dienenden Nagel oder Haken aufzunehmen, welcher bei schiefer Stellung Kurzschluß verursachte, so ergibt sich eine ungezwungene Erklärung der außerordentlich großen Zahl von Fällen, in welchen Brandschäden an Holzleisten ihren Ausgangspunkt genommen haben.

Man hat versucht, die Leisten mit fäulniswidrigen Stoffen oder mit solchen, welche sie wasserundurchlässig machen, zu tränken, doch hat sich dies nicht bewährt, da diese Stoffe entweder selbst den Draht angreifen, oder die Entzündlichkeit der Leiste noch erhöhen, zum Teil üblen Geruch oder Flecken auf den Wänden verursachen. Auch untergelegte Porzellanscheiben, welche die Leiste von der Wand entfernt halten, sind ein ungenügendes Mittel, da sie nicht hindern, daß die Leiste mit Tapete überklebt und so die im § 9 a geforderte Zugänglichkeit der Lei-

Hochspannung. § 16. Isolierglocken usw. 69

zulässig, sofern dafür gesorgt ist, daß der Leiter weder mechanisch noch chemisch durch die Art der Befestigung geschädigt wird[2]).

§ 16.
Isolierglocken, -Rollen und Ringe.

a) Isolierglocken, -Rollen und -Ringe müssen aus Porzellan, Glas oder gleichwertigem Material bestehen[4]). Ringe sind nur gestattet, wenn sie durch Form und Größe eine sichere Isolation verbürgen.

b) Die Glocken, Rollen und Ringe müssen so geformt sein, daß die an ihnen zu befestigenden Leitungen in genügendem Abstand von den Befestigungsflächen gehalten werden können. Vgl. § 29[5]).

c) Sie müssen, soweit sie für Gebrauchsspannungen von 2000 V oder mehr dienen sollen, in der Fabrik mit mindestens der doppelten Betriebsspannung geprüft sein[6]).

---

tung zu nichte gemacht wird*).
Wo der notwendige Schutz der Leitungen nicht durch Rohre erreicht werden kann, oder diese aus besonderen Gründen nicht verwendet werden sollen, ist ein aus Brettern oder Blech hergestellter Kanal über die auf Rollen oder Glocken verlegte Leitung zu bauen, welcher der Luft frei zutreten läßt.

[2]) Krampen haben den Nachteil, daß bei ihrer Verwendung die Beschädigung der Isolierschicht von Drähten, Litzen oder Kabeln nicht sicher vermieden werden kann. Tritt eine solche Verletzung ein, so bildet die Krampe selbst sofort einen Stromweg zur Wand und Erde. Außerdem bietet die Krampe nicht die Möglichkeit, den stets erforderlichen Abstand der Leitung von der Wand einzuhalten. Auch bei Befestigung von betriebsmäßig geerdeten, blanken Leitungen mittelst Krampen ist Sorge zu tragen, daß der Draht nicht durch die Krampe verletzt werde; dazu helfen Einlagen oder passende Gestaltung der Krampen.

An feuchten Stellen kann chemische Zerstörung eintreten, wenn Draht und Krampe aus verschiedenen Metallen bestehen, die ein galvanisches Element bilden. Möglicherweise spielen dabei die chemischen Eigenschaften der verschiedenen Kalksorten eine Rolle. In Stuttgart haben sich verzinnte Eisenkrampen auf verzinnten blanken Kupferdrähten bewährt.

[3]) Es hat sich herausgestellt, daß durch Zelluloid an Akkumulatoren gefährliche Brände verursacht wurden. Die Verwendung dieses Stoffes in erheblichem Maßstabe ist daher verboten. Kleine Mengen sind zugelassen, um nicht die betreffende Industrie völlig lahmzulegen, zumal da Zelluloid in Gestalt kleiner Gebrauchsgegenstände (Feuerzeugbehälter usw.) allgemein gebräuchlich ist. Die Grenze von 16 Volt ist völlig willkürlich. Sie soll nur große und kleine Batterien unterscheiden.

§ 16. [4]) Die aufgezählten Stoffe Glas und Porzellan sind als Beispiele für isolierende, nicht hygroskopische Stoffe genannt, indessen kommen auch unter den Porzellan- und Glassorten ungeeignete vor. Namentlich ist Glas wegen der Neigung zum Zer-

---
*) Über den Wert der Holzleisten siehe Zeitschr. für Elektrotechnik, Wien, Bd. 14. S. 455. Sp. 2.

§ 17.
Klemmen.

a) Klemmen müssen, soweit sie nicht für Bleikabel bestimmt sind, aus hartem Isoliermaterial oder entsprechend isoliertem Metall bestehen[7]).

b) Sie müssen so geformt sein, daß die an ihnen zu befestigenden Leitungen in genügendem Abstand von den Befestigungsflächen gehalten werden können[8]).

§ 18.
Rohre.

a) Bei Metall- und Isolierrohren, in denen Leitungen verlegt werden sollen, muß die lichte Weite, sowie die Anzahl und der Radius der Krümmungen so gewählt sein, daß man die Drähte jederzeit leicht einziehen und entfernen kann[10]). Die Rohre müssen ferner so eingerichtet sein, daß die Isolierung der Leitungen durch vorstehende Teile und scharfe Kanten nicht verletzt werden kann.

b) Rohre, die für mehr als einen Draht bestimmt sind, müssen mindestens 11 mm lichte Weite haben[11]).

---

springen nur mit Vorsicht benützbar. Von anderen Stoffen kommen besonders die künstlichen Glimmerpräparate, auch sogenannter Eisengummi in Betracht. Es ist stets sowohl auf Isoliervermögen, als auch auf mechanische Festigkeit, Luftbeständigkeit und Widerstandsfähigkeit gegen Nässe zu achten.

[5]) Der Abstand von der Wand, wie er im § 29 für die verschiedenen Spannungsbereiche festgesetzt ist, muß auch gegenüber vorspringenden Teilen, wie Gesimsen, Türstöcken u. dgl. gewahrt bleiben.

[6]) Über die Prüfung mit Überspannung vgl. Z. f. El. (Wien) 1903, S. 509.

§ 17. [7]) Ein gutes Material für Klemmen ist Porzellan. Klemmen aus Holz sind nicht zulässig, da sie Feuchtigkeit aufnehmen und alsdann nicht mehr isolieren. Sind die Klemmen aus Metall, so müssen sie isolierende Einlagen besitzen, um den Rollen und Ringen gleichwertig zu sein. Die Kanten der Klemmen oder ihrer Einlagen müssen so geformt sein, daß sie die Isolierhülle der Drähte nicht beschädigen.

[8]) Vgl. die Erläuterungen zum vorigen Paragraphen unter 5).

[9]) Bei Hochspannung dürfen nach § 29 c niemals zwei Drähte verschiedener Polarität in dieselbe Klemme gelegt werden, weil durch das Einklemmen der Drähte eine Verletzung ihrer Isolierhülle nicht ausgeschlossen ist, daher bei der hohen Spannung an einer solchen Klemme ein Kurzschluß entstehen könnte.

§ 18. [10]) Die Bestimmung § 18a, die im wesentlichen im § 30 c nochmals ausgesprochen ist, soll sich in erster Linie auf Anordnungen beziehen, bei denen größere zusammenhängende Leitungs-

§ 17.
Klemmen.

Klemmen (nur bedingt zu verwenden, vgl. § 29) müssen entweder durch eine Glocke oder Rolle gestützt oder so ausgebildet sein, daß merkliche Oberflächenleitung ausgeschlossen ist[9]).

§ 18.
Rohre.

a) Bei Metall- und Isolierrohren, in denen Leitungen verlegt werden sollen, muß die lichte Weite, sowie die Anzahl und der Radius der Krümmungen so gewählt sein, daß man die Drähte jederzeit leicht einziehen und entfernen kann[10]). Die Rohre müssen ferner so eingerichtet sein, daß die Isolierung der Leitungen durch vorstehende Teile und scharfe Kanten nicht verletzt werden kann.

b) Rohre, die für mehr als einen Draht bestimmt sind, müssen mindestens 15 mm lichte Weite haben[11]).

c) Verbindungsdosen müssen genügend weit und so eingerichtet sein, daß jeder ungehörige Spannungs- oder Stromübergang ausgeschlossen ist[12]).

d) Rohre dienen wesentlich als mechanischer Schutz; sie müssen dementsprechend aus widerstandsfähigem Material von genügender Stärke bestehen. (Vgl. § 30 a.)

---

strecken in Rohren verlegt sind. Sie bezieht sich nicht auf einzelne kurze geradlinige Rohrstücke, die etwa bei Kreuzungen zweier Leitungen über diese geschoben sind. Vielmehr würde ein geradliniges Leiterstück, das mit einem enganschließenden Rohr bedeckt ist, als ein besonders isolierter oder geschützter Leiter aufzufassen sein, nicht aber als ein Leiter, der in einem Rohr verlegt ist. Der Unterschied zwischen beiden Fällen ist der, daß in einem Fall der Leiter das Rohrstück trägt, im andern enthält das Rohr den Leiter.

[11]) Die geringste Weite der Rohre für mehrere Drähte ist bei Hochspannung etwas reichlicher bemessen, als bei Niederspannung, weil für Hochspannung Gummibanddrähte nicht zulässig sind (§ 7 b), daher für die etwas dickere Isolierschicht der Gummiaderdrähte mehr Raum gebraucht wird. Außerdem empfiehlt es sich, bei Hochspannung noch mehr als bei Niederspannung, darnach zu streben, daß jede Gefahr der Verletzung beim Einziehen der Drähte ausgeschlossen wird. Durch größeren Spielraum wird auch die Kapazität der Leitungen gegen Erde etwas vermindert.

[12]) „Ungehöriger" Spannungs- und Stromübergang kann sowohl zwischen den beiden Polen der Leitung, als auch zwischen einer der Leitungen und dem Metallmantel der Dose oder des Schutzrohres vorkommen. Es kann auch ein ungehöriger Stromübergang zwischen zwei Strecken derselben Polarität vorkommen; z. B. wenn von einer Dose aus die Leitung einer Polarität nach einem Schalter abgezweigt ist. Alsdann ist jener Stromübergang in dieser Leitung, der nicht durch den Schalter geht,

72 Niederspannung. § 19. Glühlampen u. Fassungen.

Lampen und Zubehör.
§ 19.
Glühlampen und Fassungen.

a) Die stromführenden Teile der Fassungen müssen auf feuersicherer Unterlage montiert[1]) und durch feuersichere Umhüllung, die jedoch nicht unter Spannung gegen Erde stehen darf, vor Berührung geschützt sein[2]).

b) Materialien, die entzündlich oder hygroskopisch sind oder in der Wärme Formveränderungen erleiden, dürfen nicht als Bestandteile von Fassungen verwendet werden[3]).

c) Fassungen für Spannungen über 250 V dürfen keine Ausschalter haben[4]).

Die Ausschalter an Fassungen für niedrigere Spannung müssen den Bedingungen des § 11 Absatz a) genügen[5]).

---

ungehörig. Dagegen ist z. B. ein Stromübergang ein erlaubter, wenn er sich vollzieht zwischen einer Leitung, die an Erde gelegt ist, und dem Metallrohr, das gleichfalls geerdet ist.

Eine Befestigungsschraube, welche die Dosenwand durchsetzt, kann leicht deren isolierende Wirkung hinfällig machen. Vgl. hierüber: Voigt. ETZ 1902, S. 939.

§ 19. [1]) Lampenfassungen von fehlerhafter Bauart sind eine Zeitlang, da sie sehr billig verkauft wurden, vielfach verbreitet gewesen. Es erschien daher angezeigt, über die Beschaffenheit der Fassungen besondere Festsetzungen zu treffen, denn viele Erdschlüsse und Kurzschlüsse lassen sich auf mangelhafte oder in Unordnung geratene Fassungen zurückführen. Es ist dies leicht verständlich, da sich in diesem Bestandteil eine ganze Reihe von Einzelvorrichtungen im engen Raum vereinigt finden und außerdem die Fassung vielfacher Handhabung — oft von seiten unbefugter Personen — ausgesetzt ist. Die neueren Fabrikate besserer Firmen haben die früher übliche Verwendung von Holz, Vulkanfibre, Steinnuß u. dgl. völlig aufgegeben und benutzen fast ausschließlich Porzellan und andere der Feuchtigkeit widerstehende und zugleich feuersichere Stoffe als Unterlage der leitenden Bestandteile.

[2]) Eine Zeitlang was es üblich, die Lampenfassungen in der Weise zu bauen, daß der äußere Metallmantel die Stromleitung zwischen dem einen Pol der Glühlampe und dem entsprechenden Zuleitungsdraht vermittelte. Dadurch sollte Raum erspart und der Aufbau der Fassung vereinfacht werden. Diese Anordnung kann leicht zu Feuersgefahr Anlaß geben, indem z. B. der ungeschützte stromführende Teil mit einem an Erde liegenden Metallkörper in Berührung kommt, so daß Funken oder Erdschlüsse entstehen. Auch die beim Berühren einer solchen Fassung erfolgenden elektrischen Schläge sind zu fürchten.

Beide Gefahren sind ausgeschlossen, wenn der an den Mantel der Fassung angeschlossene Pol der Leitung so an Erde gelegt ist, daß an der Fassung merkliche Spannungsdifferenzen gegen Erde nicht herrschen. Dies ist z. B. bei einer Anlage mit geerdetem Mittelleiter möglich. Es wird aber nicht immer bei solchen Anlagen zutreffen, denn dazu gehört, daß die Erdleitung, die von der Fassung wegführt, so stark ist, daß der durch den Verbrauchsstrom der Lampe in ihr entstehende Spannungsabfall unter einer gewissen Grenze bleibt.

Lampen und Zubehör.
§ 19.
Glühlampen und Fassungen.

a) Die stromführenden Teile der Fassungen müssen auf feuersicherer Unterlage montiert[1]) und durch feuersichere Umhüllung, die jedoch nicht unter Spannung gegen Erde stehen darf, vor Berührung geschützt sein[2]).

b) Materialien, die entzündlich oder hygroskopisch sind oder in der Wärme Formveränderungen erleiden, dürfen nicht als Bestandteile von Fassungen verwendet werden[3]).

c) Fassungen dürfen keine Ausschalter enthalten[4])

Außerdem liegt die Gefahr nahe, daß beim Montieren die beiden Pole verwechselt und so die ganze Lampenspannung an den ungeschützten Teil der Fassung angeschlossen wird.

Der Gebrauch von solchen Fassungen ist daher nur bei denjenigen Anlagen mit geerdetem Mittelleiter zu gestatten, bei denen diese Erdleitung in ihrem ganzen Verlauf kenntlich und in einer gewissen Stärke, die sich nach der Gebrauchsspannung und dem Lampenstrom richtet, bis zu den letzten Lampen geführt ist.

Über einen auf stromführende Glühlampenfassungen zurückgeführten Brandfall vgl. ETZ 1897, S. 327, Sp. 3.

[3]) Vgl. unter 1). Auch Hartgummi ist als innerer Bestandteil von Fassungen nicht erlaubt, da es sich in der Wärme stark ausdehnt und dabei die Fassungen zerstören kann. Außerdem ist es nicht feuersicher. Unbedenklich wäre jedoch z. B. ein Hahngriff, der aus Hartgummi besteht oder damit überzogen ist.

[4]) Spannungen über 250 Volt können dem Menschen bei ungünstigen Verhältnissen schon sehr gefährlich werden; nämlich dann, wenn der Widerstand, den die Haut und die Bekleidung gegen den stromführenden Teil und gegen Erde bieten, klein ist. Auf alle Fälle sind solche Spannungen als bedenklich anzusehen und die Berührung der spannungführenden Teile ist zu vermeiden. Da nun bei Hahnfassungen diese Berührung sehr nahe liegt, — denn auch dann, wenn der Hahngriff isoliert ist, besteht die Gefahr eines Stromüberganges und die Versuchung, mit der anderen Hand etwa die Fassung festzuhalten, während der Hahn mit der einen Hand gedreht wird, — so sind bei solchen Spannungen die Hahnfassungen verboten. Es empfiehlt sich, auch bei niederen Spannungen alle Fassungen, die an Schnurpendeln hängen, ohne Hahn anzuordnen, weil der Hahn nicht sicher bedient werden kann, ohne daß man mit der andern Hand die Fassung festhält.

[5]) Die Hähne an Fassungen müssen also Momentschalter sein. In der Regel wird die Stellung des Griffes so gewählt, daß die Ebene seines Flügels parallel zur Stromleitung gestellt ist, wenn der Strom geschlossen, senkrecht dazu, wenn er unterbrochen ist. Der Zweck dieser Maßnahme ist, bei abgenommener oder zerbrochener Lampe oder bei zerstörtem Faden erkennen zu können, ob die Fassung unter Spannung steht oder nicht, so daß man mit Sicherheit die Spannung abschalten kann, bevor man an der Fassung eine Auswechselung der Lampe oder eine

74 Niederspannung. § 20. Bogenlampen.

d) Die unter Spannung stehenden Teile der Lampen müssen der zufälligen Berührung entzogen sein[6]).

e) Glühlampen, die in der Nähe von entzündlichen Stoffen angebracht werden sollen, müssen mit Schalen, Schirmen, Schutzgläsern oder Drahtgittern versehen sein, durch welche die Berührung der Lampen mit den entzündlichen Stoffen verhindert wird[7]) [8]).

f) Bei Handlampen müssen die Griffe, sofern sie nicht zuverlässig geerdet sind, aus Isoliermaterial bestehen. Der Schutzkorb muß direkt auf dem isolierenden bzw. zuverlässig geerdeten Griff sitzen und die Leitungseinführung mit Isoliermaterial ausgekleidet sein[9]). Hahnfassungen an Handlampen sind verboten[10]).

§ 20.
Bogenlampen.

a) Bogenlampen dürfen ohne Vorrichtungen, die ein Herausfallen glühender Kohleteilchen verhindern, nicht verwendet werden. Bei Bogenlampen mit eingeschlossenen

---

Prüfung des Zustandes der Fassung vornimmt.

Da § 11 c) nicht für die Lampenhähne in Anspruch genommen ist, so dürfen diese Metallgriffe haben. Es wäre zwar sehr wünschenswert, wenn auch hier isolierte Griffe benutzt würden, und bei größeren Fassungen werden sie angewendet; bei den kleinen Fassungen würde es jedoch Schwierigkeiten machen und zu komplizierten, wenig haltbaren Konstruktionen führen, wollte man die so viel verbreiteten Metallhähne verbieten*). Man hat sich dadurch gedeckt, daß für die höheren Spannungen der Hahn überhaupt verboten ist.

[6]) Bei manchen Fassungen kommt es vor, daß der am Sockel der Glühbirne die Stromzufuhr vermittelnde Metallbeschlag (Fuß der Lampe) aus der Fassung soweit hervorragt, daß man beim Erfassen der Birne ihn berühren kann. Da dies bereits mehrfach für Menschen bedenklich geworden ist, sollen die Fassungen so gebaut sein, daß alle stromführenden Teile, auch die der Lampe, völlig verdeckt sind. Bei der Fabrikation von Lampen- und Fassungen sowie bei deren Bedienung ist hierauf **streng** zu achten. Vgl. ETZ 1904, S. 147.

[7]) Es ist häufig nicht genügend beachtet worden, daß die Glühlampen gebräuchlicher Bauart, die an der Oberfläche der Birne in der Regel beobachtete verhältnismäßig niedrigere Temperatur nur dann zeigen, wenn sie frei ausstrahlen können. Wird die freie Strahlung und Luftzirkulation verhindert, so steigt die Temperatur in kurzer Zeit so hoch, daß Papier, Gewebe, Sägespäne u. dgl., welche die Lampe berühren, ohne weiteres zu glimmen beginnen. Man muß daher derartige Berührungen durch die oben erwähnten Mittel verhindern. Hiergegen wird besonders häufig gefehlt bei der Beleuchtung von Räumen mit starker Entwickelung von Sägespänen, Mehlstaub, Baumwollstaub u. dgl., ferner von Schaufenstern, sowie bei dekorativen Anordnungen, wie sie bei Festen und ähnlichen Gelegenheiten oft nur provisorisch getroffen werden. Es ist jedoch nicht schwer durch Verwendung von Schalen, Tulpen u. dgl., die in den verschiedensten Ausstattungen zu haben sind, der Sicherheit Rech-

---

*) Vgl. ETZ 1902, S. 733 und 734.

d) Die unter Spannung stehenden Teile der Lampen müssen der zufälligen Berührung entzogen sein. Vgl. § 35⁶).

§ 20.
Bogenlampen.

a) Bogenlampen dürfen ohne Vorrichtungen, die ein Herausfallen glühender Kohleteilchen verhindern, nicht verwendet werden. Bei Bogenlampen mit eingeschlossenen

---

nung zu tragen, ohne die Schönheit zu beeinträchtigen.
Bei der Befestigung der Glühlampen ist namentlich auch darauf zu sehen, daß sie sich nicht in ihren Fassungen lockern. Wo regelmäßige Erschütterungen vorkommen (z. B. in manchen Fabriken) tritt dies leicht ein und führt zu Funkenbildungen und Erhitzungen, welche die Fassungen zerstören können.

⁸) Unter „Glühlampen" sind in den Sicherheitsvorschriften zunächst nur die Vakuumglühlampen verstanden. Die Nernstlampe unterscheidet sich von diesen wesentlich dadurch, daß ihr Glühkörper unmittelbar mit der freien Luft in Berührung ist. In bezug auf Feuersicherheit muß daher die Nernstlampe mit größerer Vorsicht behandelt werden, als die Vakuumglühlampe. Die Sicherheitsvorschriften haben die Nernstlampe nicht ausdrücklich berücksichtigt; doch treffen die für Vakuumlampen aufgestellten Forderungen auch für die Nernstlampe zu. Die Forderung des § 19 e) hat bei Nernstlampen wegen des eben erwähnten Umstandes erhöhte Wichtigkeit.

⁹) Durch schlecht gebaute oder in Unordnung geratene Handlampen sind mehrfach Todesfälle veranlaßt worden; auch bei niedrigen Spannungen. Die (1904 eingefügte) Bestimmung soll bewirken, daß der Schutzkorb zuverlässig von der Fassung getrennt ist und keine Spannung annehmen kann, auch wenn die Fassung in Unordnung geraten ist. Viele gebräuchliche Handlampen sind gegenüber der rohen Behandlung, die ihnen im Gebrauch zu teil wird, viel zu schwach gebaut. Die Zuleitung zur Lampe ist bei starker mechanischer Beanspruchung durch Gummischlauch oder geerdeten Metallschlauch zu schützen. ETZ 1904, S. 1116 N. 128; 1905 S. 278 N. 143.

¹⁰) Die gebräuchlichen Hahnfassungen sind dem angestrengten Gebrauch, den die Handlampen zu erfahren pflegen, nicht gewachsen. Es ist jedoch erlaubt, einen Hahn oder einen andern Ausschalter am Griff oder einem andern Teil der Handlampe anzubringen, wenn er kräftig gebaut ist, so daß er nicht in Unordnung geraten und zur Berührung spannungführender Teile nicht Anlaß geben kann. ETZ 1905, S. 279 N. 149, 150; S. 474 N. 157.

Lichtbogen (Dauerbrandlampen) sind keine besonderen Vorrichtungen hierfür erforderlich[1]).

b) Die Bogenlampen sind gut isoliert in die Laternen (Gehänge, Armaturen) einzusetzen und diese, sofern sie aufgehängt sind, von Erde zu isolieren[2]).

c) Lampen und Laternen müssen so gebaut sein, daß sich in ihnen kein Wasser ansammeln kann, insbesondere müssen die Einführungsöffnungen für die Leitungen so beschaffen sein, daß die Isolierhüllen nicht verletzt werden und daß sie kein Wasser eindringen lassen[3]).

d) Soweit die Zuleitungsdrähte in den Gebrauchslagen der Lampe der Berührung zugänglich sind, müssen sie isoliert sein[4]).

e) Sollen die Zuleitungsdrähte zugleich als Aufhängevorrichtung dienen, so dürfen die Anschlußstellen der Drähte nicht durch Zug beansprucht und die Drähte nicht verdrillt werden.[5])

§ 21.
Beleuchtungskörper, auch Schnurpendel.

a) Die zur Aufnahme von Drähten bestimmten Hohlräume von Beleuchtungskörpern müssen im Lichten soweit bemessen und von Grat frei sein, daß die einzuführenden Drähte sicher ohne Verletzung der Isolierung

---

§ 20. [1]) In den früheren Vorschriften waren ganz allgemein besondere Aschenteller für die Bogenlampen gefordert. Nunmehr ist eine Erleichterung insofern eingetreten, als der Aschenteller nur in feuergefährlichen Betriebsstätten (§ 39 c) und in Warenhäusern (§ 44 f) als unerläßlich bezeichnet werden. Die Aschenteller sollen herabfallende glühende Kohlenteilchen aufnehmen; man setzt sie vorsorglicherweise auch in solche Glasglocken ein, die unten geschlossen sind, weil die glühenden Kohlenstückchen leicht die Glasglocke zum Zerspringen bringen. Diese Gefahr ist allerdings seit den letzten Jahren dadurch wesentlich verringert, daß bessere Kohlensorten in den Handel gebracht worden sind, welche ruhig und ohne Zerbröckeln abbrennen. Immerhin ist Vorsicht in dieser Hinsicht angezeigt. Auf keinen Fall sind Glocken zulässig, die unten offen sind.

Werden Aschenteller verwendet, so müssen sie eine genügende Größe haben. Die Berliner Polizei schreibt für Warenhäuser 10 cm Durchmesser vor. Dies dürfte über das Bedürfnis hinausgehen, zumal da bei kleinen Lampen auch andere Schutzmittel, z. B. Schutzrohre, sachdienlich sind. Die Aschenteller oder ihr Ersatz müssen dicht schließen und so gebaut sein, daß sie nicht durch Zufall oder Fahrlässigkeit aus ihrer Lage kommen können. Wo man nicht zuverlässig auf richtige Handhabung und Bedienung der Lampen rechnen kann, muß es im Hinblick auf die wiederholt durch herausgefallene Kohlenstückchen entstandenen Brände dringend empfohlen werden, nur solche Lampenglocken zu benutzen, bei denen der Aschenteller in seiner richtigen Lage dauernd festgehalten ist.

Mit besonderer Vorsicht sind jene Bogenlampen zu benutzen, die nur eine kleine, den Lichtbogen eng umgebende Glocke be-

Lichtbogen (Dauerbrandlampen) sind keine besonderen Vorrichtungen hierfür erforderlich[1]).

b) Die Bogenlampen sind gut isoliert in die Laternen (Gehänge, Armaturen) einzusetzen und diese, sofern sie aufgehängt sind, von Erde zu isolieren[2]).

Wegen Aufhängevorrichtungen vgl. § 35 b).

c) Lampen und Laternen müssen so gebaut sein, daß sich in ihnen kein Wasser ansammeln kann, insbesondere müssen die Einführungsöffnungen für die Leitungen so beschaffen sein, daß die Isolierhüllen nicht verletzt werden und daß sie kein Wasser eindringen lassen[3]).

d) Soweit die Zuleitungsdrähte in den Gebrauchslagen der Lampe der Berührung zugänglich sind, müssen sie isoliert sein[4]).

e) Die Zuleitungsdrähte dürfen nicht als Aufhängevorrichtung dienen.

§ 21.
Beleuchtungskörper.

a) Die zur Aufnahme von Drähten bestimmten Hohlräume von Beleuchtungskörpern müssen im Lichten soweit bemessen und von Grat frei sein, daß die einzuführenden Drähte sicher ohne Verletzung der Isolierung

---

sitzen. Die untere Kohle sollte bei ihnen mit einem Schutzrohr umgeben sein, welches den unteren Kohlenstift aufnimmt, falls er abbrechen sollte. Ohne Aschenteller oder einen zuverlässigen Ersatz desselben dürfen sie nicht benutzt werden. Die Benutzung ganz besonders guter Kohlensorten ist bei ihnen dringend nötig. Auf alle Fälle sind sie gefährlicher, als gewöhnliche Bogenlampen, und ihre Verwendung in Schaufenstern ist daher an manchen Orten mit Recht erschwert worden.

[2]) Da bei manchen Bogenlampen ein Teil des Lampenkörpers selbst als Stromleiter dient, oder doch, wegen des engen Baues der Lampe, zufällig mit den stromführenden Teilen in Berührung kommen kann, so muß die Lampe von der Laterne isoliert werden. Dabei ist zu beachten, ob die Laterne den Einflüssen von Wind und Wetter ausgesetzt ist, und die Isolierung nach Material und Gestalt entsprechend zu wählen. Unter Umständen kann mehrfache Isolierung angezeigt sein, etwa in der Weise, daß auch die Laterne von ihrem Tragmast isoliert wird. Bei aufgehängten Laternen ist letzteres vorgeschrieben, weil es vorgekommen ist, daß die metallene Aufhängung einen Stromweg bildete und infolge der Stromwärme riß, so daß die Lampe herabfiel. Diese Isolierung muß im Freien regensicher sein.

[3]) Für Lampen, die im Freien oder in feuchten Räumen brennen sollen, empfiehlt es sich, auch unten Ventilationsöffnungen so anzubringen, daß das im Innern etwa gebildete Kondenswasser abfließen kann.

[4]) Dies ist besonders zu beachten, wenn die Zuleitungsdrähte von Fenstern, Stiegen, Galerien aus berührt werden können.

Bei Hochspannung ist überdies durch § 26 i) vorgeschrieben, daß alle nicht geerdeten Leitungen in und an Gebäuden durch

78   Niederspannung. § 21. Beleuchtungskörper.

durchgezogen werden können; die engsten für zwei Drähte bestimmten Rohre müssen wenigstens 6 mm im Lichten haben[1]).

b) In und an Beleuchtungskörpern darf nur Gummiader, mindestens sogenannte Fassungsader, nach den für diesen Zweck ausgearbeiteten Normalien des Verbandes deutscher Elektrotechniker benutzt werden[2]).

c) Abzweigstellen in Beleuchtungskörpern müssen tunlichst zentralisiert werden[4]).

Schutzverkleidung gegen Berührung gesichert sein müssen. Es dürfen also hier Zuleitungsdrähte, die im Betriebe der Berührung zugänglich sind, überhaupt nicht vorkommen.

Unmittelbare Zugänglichkeit ist natürlich auch für die Zuleitungsdrähte von Bogenlampen, die ganz im Freien hängen, unzulässig, wenn sie mit Hochspannung betrieben werden. Im § 20 d) der Hochspannung ist nur die Zugänglichkeit mittelst besonderer Hilfsmittel, wie Leitern und dgl., ins Auge gefaßt.

[5]) Ein Ausführungsbeispiel zu § 20 e siehe ETZ 1904, S. 363 N. 83.

§ 21. [1]) Da die im Handel vorkommenden Beleuchtungskörper, namentlich mehrarmige Kronen, häufig viel zu enge Rohre besitzen, so hat die Sicherheitskommission des V. D. E. im Jahre 1901 ein Rundschreiben an die Fabrikanten von Beleuchtungskörpern erlassen, worin auf diesen Übelstand hingewiesen wird.

Die Weite von 6 mm ist die allergeringste, die verlangt werden muß. Häufig wird eine größere nötig sein, denn 6 mm reicht nur für zwei reine Gummiadern von je 0,75 qmm Kupferquerschnitt; (Fassungsadern, siehe Normalien für Leitungen).

Für Hochspannung ist die größere Weite von mindestens 12 mm im Lichten vorgeschrieben, einerseits um auf die Verwendung stärker isolierter Drähte hinzuwirken, wie sie für Hochspannung vorgeschrieben ist (§ 7 f), anderseits um scharfe Biegungen und Verletzungen der Drähte beim Einziehen mit größerer Sicherheit zu vermeiden.

[2]) Auch bei Beleuchtungskörpern, deren Rohre innen isoliert sind, ist keine Ausnahme zulässig. Da bei Gummiaderdraht nach § 7 c) zu 1 mm Kupferdurchmesser ca. 2 mm Gummi als doppelte Wandstärke hinzukommt, so bleibt selbst bei Benutzung dieses dünnsten Drahtes kein Raum für das gummierte Band und die Umklöppelung, welche nach den Normalien über Gummiaderdrähte für diese vorgeschrieben sind. Um nun diese Schwierigkeit zu beseitigen, ist für Niederspannung zur Verwendung von Beleuchtungskörpern eine besondere Leitungssorte, die Fassungsader, eingeführt worden, die bei 0,75 qmm Querschnitt der Kupferseele nur einen äußeren Durchmesser von 2,7 mm besitzt. No. 5 der Normalien. Für Hochspannung ist jedoch diese Drahtsorte nicht zulässig, da ihre Isolierhülle nicht die nötige Stärke besitzt.

Das Verbot der Gummibanddrähte und Gummibandschnüre an Beleuchtungskörpern ist dadurch begründet, daß sie auch in

Hochspannung. § 21. Beleuchtungskörper. 79

durchgezogen werden können; die engsten für zwei Drähte bestimmten Rohre müssen wenigstens 12 mm im Lichten haben[1]).

b) In und an Beleuchtungskörpern muß mindestens Gummiaderleitung verwendet werden. Fassungsader ist ausgeschlossen[2]).

Für Reihenschaltung kann Gummiaderleitung auch bei einer Maschinenspannung von mehr als 1000 Volt verwendet werden, soweit zwischen zwei benachbarten Gummiderleitungen eine geringere Spannung als 1000 Volt herrscht und die Beleuchtungskörper durch die ganze Art der Montage für die höchste in Betracht kommende Spannung dauernd gegen Erde isoliert und unzugänglich angebracht werden[3]).

c) Abzweig- und Verbindungsstellen in Beleuchtungskörpern sind nicht zulässig[5]).

anderen Rohren ohne isolierende Auskleidung nach § 30 f) nicht erlaubt sind. ETZ 1903, S. 295 N. 36. Über Befestigung der Drähte und Beleuchtungskörper vgl. § 35 b) und c).

Schnurpendel sind unter d) besonders behandelt; für sie sind daher die in b) geforderten Drahtsorten nicht unmittelbar vorgeschrieben denn es wird bei freihängenden, nicht in Rohre eingezogenen Schnurpendeln kein Grund zu einer ähnlichen Beschränkung vorliegen. Nach ETZ 1905, S. 474 N. 156 sollen jedoch auch für einfache Schnurpendel nur Gummiaderschnüre zulässig sein. Für Schnurzugpendel ist eine besonders biegsame Pendelschnur (No. 6 der Normalien für Leitungen) normiert worden, da die Gummiaderschnur nach § 8 b) vielfach ein unbequem großes Volumen einnimmt.

[3]) Die Spannungsgrenze von 1000 Volt für den Gebrauch von Gummiaderleitungen ist in den Normalien festgesetzt (siehe No. 2 der Normalien für Leitungen).

Die Ausnahme von Reihenschaltungen in Hochspannungsstromkreisen ist zunächst mit Rücksicht auf solche Anordnungen zugelassen, wie sie z. B zur Beleuchtung des Nordostsee-Kanals im Betriebe sind, aber auch für Straßenbeleuchtung mit Bogenlicht oder Glühlicht vorkommen können. Bei ihnen ist zu jeder einzelnen der hintereinander geschalteten Lampen eine Drosselspule parallel geschaltet (§ 35 e) und es werden kurze Verbindungsdrähte zwischen den Klemmen der Lampe und denen der Drosselspulen nötig. Zwischen diesen Drähten herrscht aber im Betriebe nur die Lampenspannung und, wenn eine Lampe zerstört oder erloschen ist, höchstens eine um 100 % höhere, nicht aber die gesamte Betriebsspannung der Maschine. Dagegen kann zwischen diesen Drähten und Erde oder zwischen ihnen und dem Lampenmast sehr wohl Hochspannung bestehen; demnach müssen derartige Verbindungsleitungen noch durch besondere Hilfsmittel gegen den Mast isoliert werden, indem etwa der Träger, welcher Lampe, Drosselspule und Verbindungsleitungen enthält, isoliert am Mast befestigt, oder alle diese Teile in ein besonderes Gehäuse eingeschlossen sind, das isoliert angebracht ist. Dem § 23 b) sind derartige isolierte Verbindungsdrähte nicht unterworfen, da sie einen Teil des Beleuchtungskörpers bilden, daher nicht als Freileitungen anzusehen sind.

[4]) Auf keinen Fall dürfen die Abzweigstellen innerhalb der Beleuchtungskörper dauernd unzugänglich sein, wie dies allerdings bei vielen Kronen und dgl. der Fall ist, welche mit fertig

d) Schnurpendel mit biegsamer Leitungsschnur sind nur dann zulässig, wenn das Gewicht der Lampe nebst Schirm von einer besonderen Tragschnur getragen wird, die mit der Schnur verflochten sein kann. Sowohl an der Aufhängestelle als auch an der Fassung müssen die Leitungsdrähte länger sein als die Tragschnur, damit kein Zug auf die Verbindungsstelle ausgeübt wird[6]).

C. Verlegungsvorschriften.

1. Erdung.

§ 22.

a) Alle Verbindungen in Erdungsleitungen müssen durch Verlötung hergestellt sein, doch kann der Anschluß an Erdungsschalter und an dem zu erdenden Gegenstand auch durch Verschrauben hergestellt sein[1]).

b) Der Querschnitt der Erdungsleitungen ist mit Rücksicht auf die zu erwartenden Erdschlußstromstärken zu bemessen. Die Erdungsleitungen müssen gegen mechanische und chemische Beschädigungen geschützt werden[2]).

---

eingezogenen Leitungen in den Handel gebracht werden.

Es gibt Kronen, die in einem als Ornament ausgebildeten kugelförmigen oder vasenförmigen Teil eine Art Schaltbrett tragen, welches durch eine abnehmbare Kappe zugänglich ist und die zum Anschluß der Abzweigungen dienenden Klemmschrauben enthält. Ähnliche Träger für diese Klemmen lassen sich auch nachträglich von außen an den Kronen anbringen oder an der Decke über der Krone etwa in Gestalt von Porzellanringen befestigen.

Wird der Beleuchtungskörper mit Mehrfachleitungsschnur ausgerüstet, so ist zu beachten, daß nach § 26 d) Abs. 2 die Verzweigungen solcher Mehrfachleitungsschnur bei fest verlegten Leitungen nicht durch Verlöten, sondern mittels Abzweigklemmen ausgeführt werden sollen. Im Innern von Beleuchtungskörpern ist jedoch nach einer (1904 eingeführten) Zusatzbestimmung zu § 26 d) Abs. 2 das Löten erlaubt, weil nicht alle Beleuchtungskörper zur Aufnahme der Klemmen geeignet sind; doch wird es oft empfehlenswert sein, den ganzen Beleuchtungskörper mittels Klemmen an die Zuführungsleitung anzuschließen.

[5]) Mit Rücksicht auf die Durchschlagskraft der Hochspannung und die Gefahr, die nach Übertreten derselben auf den Beleuchtungskörper für Personen entsteht, die diesen berühren, wird man die Einrichtung stets so treffen, daß Abzweigungen außerhalb des Beleuchtungskörpers angeordnet und in geeigneter Weise so geschützt werden, daß sie stets kontollierbar sind.

[6]) Schnurpendel nach Art der in der obigen Vorschrift gekennzeichneten sind im Handel zu haben. Bei ihrer Verwendung ist stets darauf zu achten, daß die Befestigungsstellen der Leitungsdrähte nicht durch das Gewicht der Lampe belastet werden, was daran beurteilt werden kann, daß die Leitungen selbst nicht angespannt, sondern länger sind als die Tragschnur*). Werden spiralig gewundene Leitungsdrähte zu einer hängenden Lampe

---

*) Siehe z. B. ETZ 1901, S. 67.

d) Schnurpendel sind unzulässig.

C. Verlegungsvorschriften.

1. Erdung.

§ 22.

a) Alle Verbindungen in Erdungsleitungen müssen durch Verlötung hergestellt sein, doch kann der Anschluß an Erdungsschalter und an dem zu erdenden Gegenstand auch durch Verschrauben hergestellt sein[1]).

b) Der Querschnitt der Erdungsleitungen ist mit Rücksicht auf die zu erwartenden Erdschlußstromstärken zu bemessen. Die Erdungsleitungen müssen gegen mechanische und chemische Beschädigungen geschützt werden[2]).

---

geführt, so muß letztere in gleicher Weise von einer besonderen Tragvorrichtung gehalten sein, welche ein steifer Draht, eine Schnur, ein Metall- oder Papierrohr sein kann.

Hahnfassungen sind für Schnurpendel nicht zu empfehlen (vergl. S. 73 unter 4).

Über die an Schnurpendeln und Schnurzugpendeln zu verwendenden Drahtsorten vgl. unter 2) am Schluß.

Bei Schnurzugpendeln ist zu beachten, daß der Durchmesser der Rolle, welche die Schnur aufnimmt, nicht zu klein gewählt wird, da die Drähte sonst leicht brechen. Es empfiehlt sich, den Rollendurchmesser nicht unter 4 cm zu wählen (vergl. ETZ 1902, S. 733, Sp. 2). Nachträglich hat die Sicherheitskommission auf Vorschlag der Draht- und Kabelkommission festgesetzt: „Die Pendelschnüre für Zugpendel usw. müssen mindestens so biegsam sein, daß einfache Schnüre um Rollen von 25 mm und doppelte um solche von 35 mm Durchmesser ohne Nachteil geführt werden können."

§ 22. [1]) Über die Bedeutung der Erdung siehe auch S. 27.

Jede Unterbrechung oder Schwächung der Erdleitung ist bedenklich, daher mit allen Mitteln zu verhindern. Namentlich soll auch dahin getrachtet werden, daß nicht durch Versehen oder Mutwillen eine Unterbrechung eintreten kann. ETZ 1904, S. 361 N. 75c.

[2]) Wie bereits S. 28 hervorgehoben wurde, ist die Herstellung einer vollkommenen Erdung oft schwierig, manchmal unmöglich. Man muß nämlich die Fälle, in welchen die Erdung als Schutz gegen Lebensgefahr in Frage kommen kann, unterscheiden von solche, wo die Erdung nur bestimmt ist, rein statisch induzierte Ladungen auszugleichen oder geringe, etwa über die Oberfläche der Isolatoren hinweggesickerte Elektrizitätsmengen abzuführen, und in andere, bei denen der in der Erdleitung auftretende Strom erhebliche Beträge annehmen kann, so daß hierbei in der Erdleitung entstehende Potentialgefälle an den von der Erde ent-

c) Es ist für möglichst geringen Erdungswiderstand Sorge zu tragen[3]).

Als Erdelektroden dienen Platten, Drahtnetze, Gitterwerk und dgl.[4]).

fernten Punkten noch Spannungen von gefährlicher Höhe entstehen oder bestehen läßt.

Der erste Fall liegt in der Starkstromtechnik nur dann vor, wenn eine unmittelbare Berührung des geerdeten mit dem an die Elektrizitätsquelle angeschlossenen Gegenstand, oder der Übertritt eines Funkens oder Lichtbogens zwischen beiden, kurz jeder Stromübergang von merklichem Betrage ganz ausgeschlossen ist. Der zweite Fall ist gegeben, wenn die Erdung auch gegen den durch unmittelbare Berührung oder Lichtbogenbildung vermittelten Stromübergang Schutz bieten soll, und gerade dieser ist es, der zu den erwähnten Schwierigkeiten Anlaß gibt. Da erfahrungsgemäß über die hier maßgebenden Verhältnisse vielfach falsche Vorstellungen herrschen, so mögen einige der Wirklichkeit entsprechende Beispiele zur Erläuterung ausführlicher betrachtet werden*).

In einer Dreileiteranlage mit geerdetem Mittelleiter für 500 Kilowatt Leistung und 2 mal 250 Volt Spannung habe der Mittelleiter bei 15 mm Durchmesser und 1 Kilometer Länge einen Übergangswiderstand zur Erde von 0,15 Ohm. (Jeder Außenleiter sei, entsprechend einem Spannungsverlust von 10 %, zu 0,025 Ohm und der $1/4$ so starke Mittelleiter zu 0,1 Ohm Widerstand vorausgesetzt.) Entsteht an einem Außenleiter ein guter Erdschluß von etwa 0,05 Ohm Widerstand, dann kommt zwischen ihm und dem Mittelleiter ein Strom von $250/0,2 = 1250$ Ampere zu stande. Die für 1000 Ampere normal bestimmte Sicherung wird hierbei nicht ohne weiteres durchschmelzen. Die Spannung am Außenleiter wird jetzt aber $1250 \times 0,05 = \mp 62,5$ Volt, die am Mittelleiter $\pm 187,5$ Volt betragen. Man sieht also, daß der Mittelleiter trotz der Erdung eine Spannung von 187,5 Volt gegen Erde annehmen kann, die noch als lebensgefährlich erachtet werden muß. Dieselbe Spannung werden die einzelnen mit dem Mittelleiter verbundenen Abzweigungen aufweisen. Nun bleibt aber noch zu berücksichtigen, daß die hierbei vorausgesetzte Erdung des Mittelleiters, welcher als blanker Draht im feuchten Boden liegend gedacht ist, mit der Zeit zu einer elektrolytischen Zerstörung des Leiters führen wird. Um diese zu vermeiden, wird man ihn irgendwie schützen und die Erdung an einzelnen Stellen vornehmen müssen. Daß hierbei der vorausgesetzte niedrige Erdungswiderstand nicht ohne Schwierigkeiten zu erreichen ist, dürfte ohne weiteres klar sein. Erdet man aber den Mittelleiter weniger gut, z. B. mit nur 10 Erden zu je 25 Ohm, so ist der gesamte Erdungswiderstand $= 2$ Ohm und es braucht außen nur ein Erdschluß von 1 Ohm einzutreten, um den Mittelleiter auf 170 Volt Spannung gegen Erde zu bringen. Die hierbei auftretende Stromstärke von 80 Ampere wird in der Erzeugerstation nicht immer bemerkt werden oder Verdacht erregen.

Betrachtet man ferner eine Zweileiteranlage für 500 Kilowatt und 1000 Volt, bei der die beiden blanken Luftleitungen mit geerdetem Schutznetz versehen sind, so wird der Erdungswiderstand des letzteren bei unendlicher Länge $= \sqrt{5}$ Ohm sein, **)

---

*) Nach einer von Herrn Geh. Baurat Prof. Dr. Ulbricht der Sicherheitskommission des V. D. E. vorgelegten Ausarbeitung. Vgl. auch Uppenborn, ETZ 1901 S. 370. Wilkens, ETZ 1902, S. 1129.

**) nämlich $= \sqrt{30 \cdot 33 \cdot 1/200}$ gemäß dem bekannten Wert für fortlaufende kombinierte Leitungs- und Ableitungswiderstände.

Hochspannung. § 22. Erdung. 83

c) Es ist für möglichst geringen Erdungswiderstand Sorge zu tragen[3]).
Als Erdelektroden dienen Platten, Drahtnetze, Gitterwerk und dgl.[4]).

wenn die Erdung durch das eiserne Leitungsgestänge erfolgt, deren jedes einen Übergangswiderstand von 33 Ohm hat und die in 30 m Abstand aufgestellt sind, wobei für den Leitungswiderstand des Schutznetzes der von zwei parallelen eisernen Tragdrähten von je 4 mm Durchmesser zu 1/200 Ohm für den Meter vorausgesetzt ist. Am einen Ende der Strecke, in 2 km Entfernung von dem in der Mitte gelegenen Werke, soll ein Isolator der Leitung I einen Riß haben, der bei sonst gut isolierten Leitungen nur zu einem schwachen Stromabfluß Anlaß gibt. Findet am Ende des andern Leitungsstranges eine Berührung zwischen Schutznetz und der Leitung II statt, so wird unter Lichtbogenbildung an dem gesprungenen Isolator ein Erdschluß vom Widerstand 4,5 Ohm eintreten. Dabei kann die Wechselstrommaschine etwa 1080 Volt Spannung und 450 Amp. Strom geben. An den Leitungsenden besteht alsdann zwischen Schutznetz und Erde eine Potentialdifferenz von 540 Volt. Der nächste eiserne Ständer wird etwa 16 Amp. zur Erde führen und ein Mensch, der den Ständer berührt und zu dem Übergangswiderstand von 33 Ohm einen Nebenschluß von 1000 Ohm bildet, wird noch 0,54 Amp. Strom aufzunehmen haben. Auch hier wird die Sicherung nicht schmelzen, und man erkennt leicht, eine wie große Gefahr die durch die Erdung des Schutznetzes angestrebte Sicherung noch bestehen läßt.

Würde man bei dem zweiten Beispiele die Anlage dadurch verbessern, daß man die Gestänge durch einen etwa 8 mm starken Kupferdraht verbindet und so den Leitungswiderstand des Schutznetzes erheblich vermindert, so würden immerhin noch beträchtliche Spannungsdifferenzen zwischen Gestänge und Erde bestehen bleiben. Allerdings wird dann die entwickelte Stromstärke die Sicherungen durchschmelzen, aber bevor dies erfolgt, kann immerhin eine Lebensgefährdung eintreten. Der hierbei durch das Abschmelzen der Sicherung bewirkte Schutz ist aber nicht sowohl auf die Erdung, als vielmehr auf den zwischen beiden Leitungen durch das Schutznetz herbeigeführten Kurzschluß in Anrechnung zu bringen.

Aus diesen Beispielen läßt sich erkennen, daß die richtige Bemessung des Querschnittes der Erdleitung von ausschlaggebender Bedeutung ist; daß ferner da, wo große Strommengen zur Verfügung stehen und bei der Wirksamkeit der Erdung in Betracht kommen, die Erdung an sich zur Erzielung einer ungefährlichen Spannungsdifferenz zwischen geerdetem Leiter und Erde nur ein unvollkommenes Sicherungsmittel ist, und daß hier die Anwendung des Kurzschlusses und der selbsttätigen Stromausschaltung, verbunden mit der Sicherung durch Isoliereinrichtungen, bedeutend im Vordergrund stehen muß. In der Tat hegt man gegenwärtig zu dem Hilfsmittel der Erdung nicht mehr dasselbe Maß von Vertrauen, das ihm früher entgegengebracht wurde.

Daß die richtig bemessene Erdleitung gegen unbeabsichtigte Unterbrechung oder Schwächung geschützt werden muß, ist bereits unter 1) hervorgehoben; hierzu dient namentlich auch die Sicherung gegen mechanische und chemische Zerstörung.

³) Die Größe des Übergangswiderstandes an den einzelnen Erdplatten ist in hohem Maße abhängig von der Beschaffenheit und Feuchtigkeit des Erdbodens; (ETZ 1904, S. 1115 N. 119)

6*

84 Niederspannung. § 23. Freileitungen.

Rohrleitungen können zur Erdung mitbenutzt werden, dürfen aber nicht als ausschließliche Erdung dienen[5]).

d) Die in einem Gebäude befindlichen Erdungsleitungen müssen sämtlich unter sich gut leitend verbunden sein[6]).

e) Es ist verboten, Strecken einer geerdeten Betriebsleitung durch Erde allein zu ersetzen[7]).

f) Der neutrale Mittelleiter von Gleichstrom-Dreileitersystemen mit einer höheren Spannung als 2×120 V muß geerdet sein[8]).

2. Freileitungen.[1])

§ 23.

a) Bei Freileitungen kann, wenn die Festigkeitsrücksichten es wünschenswert machen, Kupfer verwendet

er wechselt u. a. mit der Witterung. Häufig wird dieser Übergangswiderstand zu klein geschätzt. In größeren Elektrizitätswerken beträgt er z. B. an jeder Erdungsstelle des geerdeten Mittelleiters etwa 5—10 Ohm. Vgl. auch das Beispiel unter 2). Oft empfiehlt es sich, die einzelnen Erdungsstellen, z. B. von Masten unter sich, durch eine in der Erde verlegte Drahtleitung zu verbinden (vgl. § 23 e). Wird diese bis zur Stromerzeugerstelle zurückgeführt, so wirkt sie im Falle der Gefahr nicht nur als Erdleitung, sondern gleichzeitig zur Herbeiführung eines vollständigen Kurzschlusses.

[4]) Wo man dauernd feuchte Schichten des Erdreiches nicht erreichen kann, ist statt der Erdplatten ein ausgebreitetes Netz von Draht oder Gitterwerk zu verwenden. Unter Umständen kann auch Einbettung solcher Elektroden in fest gestampften Koks nützlich sein. (Zahlenwerte verschiedener Erdwiderstände siehe Vesper, ETZ 1897, S. 758—761.)

[5]) Rohrleitungen, die andere Zweckbestimmungen haben, sind häufig an den Stoßstellen mit nichtleitenden Stoffen gedichtet. Es empfiehlt sich daher, diese Stoßstellen leitend zu überbrücken, wo es möglich ist; meistens sind sie aber nicht zugänglich, daher sollen die Rohrleitungen nur zur Vergrößerung der Oberfläche und des Querschnittes beigezogen werden, können aber eine besondere Erdleitung nicht ersetzen.

[6]) Wird die Vorschrift unter d) nicht beachtet, so können sich Stromübergänge unter Vermittelung von feuchten Erd- oder Mauerschichten ausbilden, wobei eine elektrolytische Zerstörung der Leitungen oder der Rohre eintreten kann.

Die Vorschrift bezieht sich jedoch nicht auf Erdleitungen von Gebäudeblitzableitern.

[7]) Der Unterschied zwischen geerdeter „Betriebsleitung", z. B. geerdetem Mittelleiter, und der sogenannten „Schutzerdung" ist zu beachten. Als „Erde" im Sinne des § 22 e) sind auch metallische Gebäudeteile anzusehen. Diese dürfen wohl zur Verstärkung der besonders zu verlegenden Erdleitung herangezogen werden, nicht aber als ganzer oder teilweiser Ersatz, der dauernd im Betriebe Strom führen soll. So darf z. B. ein geerdeter Mittelleiter nicht streckenweise durch Erde selbst oder einen solchen Gebäudeteil ersetzt werden. Anders ist es bei Schutzerdungen, namentlich, wenn sie nur statische Ladungen abführen sollen. Solche können unter Umständen lediglich durch Anschluß an metallische Gebäudeteile, Fundamente von Tur-

Hochspannung. § 23 Freileitungen. 85

Rohrleitungen können zur Erdung mitbenutzt werden, dürfen aber nicht als ausschließliche Erdung dienen[5]).

d) Die in einem Gebäude befindlichen Erdungsleitungen müssen sämtlich unter sich gut leitend verbunden sein[6]).

e) Es ist verboten, Strecken einer geerdeten Betriebsleitung durch Erde allein zu ersetzen[7]).

2. Freileitungen.[1])

§ 23.

a) Träger und Schutzverkleidungen von Leitungen, welche mehr als 500 V gegen Erde führen, müssen durch

---

binen oder Dampfmaschinen in hinreichender Weise erzielt werden. Doch sind stets alle Möglichkeiten von wirklichen Stromübergängen in Rücksicht zu ziehen.

[8]) Die Forderung, daß der neutrale Mittelleiter bei Niederspannungsanlagen in den oben genannten Grenzen geerdet sein muß, hängt aufs innigste zusammen mit der Abgrenzung des Geltungsbereiches von Nieder- und Hochspannung, wie sie Seite 8 erläutert ist, andererseits mit dem, was in § 32 über die Anbringung der Sicherungen festgesetzt ist.

Es sollen nämlich durch die Vorschriften für Niederspannung zwar Anlagen beherrscht werden, in denen Spannungsdifferenzen bis zu 500 Volt vorkommen, aber nur insoweit, als dabei die Spannung irgend eines der Leiter gegen Erde nicht über 250 Volt ansteigen kann. Wird letztere Bedingung nicht eingehalten, so fällt die Anlage unter die Hochspannungsvorschriften auch dann, wenn die Gesamtspannungsdifferenz nicht über 500 Volt steigt. So wird also jede Zweileiteranlage, die ohne Mittelleiter oder ohne künstliche Erdung eines der Spannung nach mittleren Punktes ausgeführt ist, nach den Hochspannungsvorschriften zu behandeln sein, wenn sie Potentialdifferenzen von mehr als 250 Volt aufweist. Auch Anlagen mit mehr als 250 Volt, die etwa als Zweileiter ausgeführt und mit einem dieser Pole an Erde gelegt sind, gehen über den Geltungsbereich der Niederspannung hinaus; so z. B. die meisten Anlagen für elektrische Bahnen und diejenigen Beleuchtungsanlagen, die an solche Bahnanlagen angeschlossen sind.

Was vom Mittelleiter eines Gleichstromdreileitersystems gesagt ist, gilt auch für den Mittelleiter von Dreileiterwechselstromsystemen oder von Drehstromsystemen mit einem vierten neutralen Leiter; d. h. wenn diese nach den Vorschriften der Niederspannung behandelt werden sollen, so muß auch bei ihnen dafür gesorgt sein, daß die Spannung gegen Erde niemals 250 Volt überschreiten kann, was in der Regel auch hier durch Erdung des Mittelleiters, des Nulleiters oder eines der Spannung nach mittleren Punktes erreicht werden kann. Es wird dies jedoch in der Regel nicht ausgeführt wegen der von der Erdung befürchteten Telephonstörungen und weil man bei Wechselstrom im Transformator ein einfaches Mittel besitzt, um die Spannung im Verteilungsnetz auch ohne Dreileitersystem unter 250 V gegen Erde zu halten.

Über den Zusammenhang zwischen der Erdung des Mittelleiters und der Anordnung der Sicherungen vgl. § 32.

Niederspannung. § 23. Freileitungen.

werden, welches den Normalien des Verbandes Deutscher Elektrotechniker nicht entspricht[2]).

b) der geringste zulässige Metallquerschnitt von blanken oder isolierten Freileitungen aus Kupfer ist 6 qmm[6]).

c) Freileitungen können mit größeren Stromstärken belastet werden, als der Tabelle 5 entspricht, sofern dadurch ihre Festigkeit nicht merklich leidet.[8])

d) Freileitungen dürfen nur auf Porzellanglocken oder gleichwertigen Isoliervorrichtungen verlegt werden, wobei die Glocken in aufrechter Stellung zu befestigen sind[9]).

Ausnahmen von der Forderung, den Mittelleiter zu erden, sind in besonderen Fällen denkbar. So z. B. wenn in Pulverfabriken wegen der Blitzgefahr besonderer Wert darauf gelegt wird, alle Erdverbindungen zu vermeiden. Derartige Spezialfälle sind nach Lage der Sache durch zuständige Fachleute zu entscheiden; können aber in diesen Vorschriften nicht berücksichtigt werden. Zweileiteranlagen, deren einer Pol geerdet ist, sind außer bei elektrischen Bahnen und auf Schiffen nicht gebräuchlich; sie sind jedoch nicht verboten. ETZ 1905, S. 702 N. 170.

§ 23. [1]) Der Begriff „Freileitungen" ist im § 3 erläutert.
[2]) Nach der früher gültigen Abgrenzung der „Hochspannung" war der Blitzpfeil als Warnungszeichen nur für Spannungen von 1000 V und darüber vorgeschrieben. Die jetzige Festsetzung, daß er bei Spannungen von mehr als 500 V gegen Erde angebracht sein muß, ist nicht völlig konsequent, da das Bereich der „Hochspannung" im Sinne der Vorschriften schon beginnt, wo der Betrag von 250 V gegen Erde überschritten wird. Man fürchtete jedoch die Wirkung des Warnungszeichens abzuschwächen, wenn es schon bei der vielfach (z. B. bei elektrischen Bahnen) gebräuchlichen Spannung von etwa 400 V benutzt werden muß. Anderseits ist das Bedürfnis geltend gemacht worden, für besonders hohe Spannungen, wie 1000 V und darüber, eine besondere Kennzeichnung zu haben; es hat sich jedoch kein einfaches und einwandfreies Abzeichen hierfür finden lassen. Vielleicht empfiehlt es sich, bei jenen Spannungen den Blitzpfeil doppelt zu machen, oder die Spannung in Ziffern daneben zu schreiben. Schutznetze, Schutzrohre und dgl., die selbst nicht genügende Oberfläche zur Anbringung des Zeichens bieten, sind mit angehängten Tafeln zu versehen, welche das Zeichen aufnehmen. Natürlich genügt es bei längeren Leitungsstrecken, wenn das Zeichen in passenden Abständen, etwa an jedem Mast angebracht ist, und braucht alsdann auf den Schutznetzen usw. nicht wiederholt zu werden.
[3]) Isolierte Drähte für Freileitungen mit Hochspannung haben sich als unzweckmäßig erwiesen, weil die meisten der gebräuchlichen Isolierstoffe, wenn sie nicht selbst durch besondere Hüllen geschützt sind, den Einflüssen der Witterung nicht standhalten. Da die Isolation nach kurzer Zeit brüchig und unwirksam wird, so kann die Anwendung solcher Drähte nur ein falsches Gefühl der Sicherheit hervorrufen und so mehr Schaden

Hochspannung. § 23. Freileitungen. 87

einen deutlich sichtbaren roten Zickzackpfeil (Blitzpfeil) gekennzeichnet sein²).

b) Für Freileitungen müssen blanke Leitungen verwendet werden³).

Wo ätzende Dünste zu befürchten sind, ist ein schützender Anstrich gestattet⁴).

c) Bei Freileitungen kann, wenn Festigkeitsrücksichten es wünschenswert machen, Kupfer verwendet werden, welches den Normalien des Verbandes Deutscher Elektrotechniker nicht entspricht⁵).

d) Der geringste zulässige Metallquerschnitt von Freileitungen aus hartgezogenem Kupfer oder anderem Material von mindestens gleich großer Zugfestigkeit ist 10 qmm, Leitungen aus Material von geringerer Zugfestigkeit müssen einen entsprechend größeren Querschnitt haben⁶).

als Nutzen stiften. Auch sollen nach den Betriebsvorschriften die Hochspannungs-Leitungen, bevor Arbeiten an ihnen vorgenommen werden, unter sich verbunden und geerdet werden. Bei isolierten Leitungen würde dies nur nach umständlicher Entfernung der Isolierung möglich sein. Endlich soll es auch möglich sein, bei Unglücksfällen durch einen übergeworfenen Draht oder dgl. möglichst schnell und gefahrlos einen Kurzschluß herzustellen. Aus diesen Gründen sind bei Hochspannung im allgemeinen nur blanke Freileitungen zulässig. Isolierte Freileitungen sind dagegen bei elektrischen Bahnen (siehe Bahnvorschriften) und bei Niederspannung erlaubt. ETZ 1904, S. 1114 N. 116. Isolierte Leitungen haben ferner den Nachteil, daß die Isolierstoff die Leitungen belastet und dem Schnee eine größere Auflagefläche bietet. Umgibt man die Isolierhülle von Leitungen noch mit einem weiteren Schutzmantel, indem man die Leitung etwa in Gestalt von Kabeln mit Bleimantel versieht, der weiter armiert oder durch eine weitere Schutzhülle geschützt sein muß, oder indem man sie in ein Rohr einzieht, das nach § 30 a) mit Metallmantel versehen sein muß, so verlieren sie den Charakter der Freileitungen und brauchen auch nicht den übrigen Bestimmungen des § 23 zu genügen.

⁴) Der Anstrich wird in der Regel unmittelbar auf die blanken Drähte aufgetragen. Man benützt Asphaltlack, Mennigefirnis oder Emaillack.

Über die dauernde Brauchbarkeit von Anstrichen, die auf einer Faserumspinnung des Drahtes aufgebracht sind, liegen noch nicht genügende Erfahrungen vor. Jedenfalls sprechen gegen sie dieselben Bedenken, die den isolierten Freileitungen überhaupt entgegenstehen. Doch können die örtlichen Verhältnisse in einzelnen Fällen einen derartigen oder ähnlichen Schutz gegen schweflige Säure usw. als ratsam erscheinen lassen; vergl. § 7 unter ⁵) und § 47 sowie ETZ 1904, S. 1115 N 122.

⁵) Die örtlichen Verhältnisse lassen manchmal eine ungewöhnlich große Spannweite wünschenswert erscheinen. Hierbei kommt als Leitungsmaterial in erster Linie Hartkupfer, mitunter verzinkter Eisendraht oder Siliziumbronze, in andern Fällen Aluminium in Frage. Über die Bemessung des Querschnittes mit Rücksicht auf die Stromwärme vgl. § 5 b) und 5 d) sowie § 23 c) der Niederspannung bzw. § 23 f) der Hochspannung.

⁶) Der Mindestquerschnitt ist hauptsächlich auch mit Rücksicht darauf festgesetzt, daß die Freileitungen gut sichtbar und

88   Niederspannung. § 23. Freileitungen.

e) Freileitungen müssen mindestens 5 m von der Erdoberfläche entfernt sein[11]).

f) Den örtlichen Verhältnissen entsprechend, sind Freileitungen durch Blitzschutzvorrichtungen zu sichern, die auch bei wiederholten Entladungen wirksam bleiben[14])[15]).

g) Freileitungen, sowie Apparate an Freileitungen sind so anzubringen, daß sie ohne besondere Hilfsmittel nicht zugänglich sind[18]).

h) Sofern in Freileitungen Transformatoren vorkommen, ist die Vorschrift § 25 b) zu befolgen.

i) Bezüglich der Sicherung vorhandener Telephon- und Telegraphenleitungen wird auf das Reichstelegraphen-

---

dadurch zufälligen Beschädigungen weniger ausgesetzt sein sollen.

Da bei hohen Spannungen sowohl die gute Sichtbarkeit als der Schutz vor Beschädigung von noch höherer Bedeutung ist als bei Niederspannung, so ist dort auch der Mindestquerschnitt auf 10 qmm erhöht.

Auch der Mindestquerschnitt gilt, ebenso wie die im § 5 für isolierte Drähte angegebenen Strombelastungen, für Normalkupfer bzw. Hartkupfer.

Aus dem Wortlaut des § 23 d) der Hochspannung folgt, daß bei anderen Metallen der Mindestquerschnitt wohl größer, aber nicht kleiner gewählt werden darf; da eben die Sichtbarkeit neben der Festigkeit maßgebend ist und z. B. bei Stahldraht auch die Zerstörung durch die Witterung zu berücksichtigen ist. Dies kommt u. a. in Betracht bei Prüfdrähten oder Spannungsdrähten, die als Freileitung auf demselben Gestänge wie die Arbeitsleitung verlegt und etwa aus Siliziumbronze hergestellt sind. ETZ 1902, S. 698 N. 9.

[7]) Während bei der Verlegung der Leitungen in Gebäuden (§ 26) in der Regel eine erhebliche Zugbeanspruchung nicht auftritt, daher bei der Herstellung der Lötstellen in erster Linie auf deren unverminderte Leitfähigkeit geachtet werden muß, ist bei den Freileitungen auch die mechanische Festigkeit der Verbindungsstellen von großer Bedeutung, namentlich für die Sicherheit gegen Lebensgefahr, weil bei Drahtbruch die herabfallenden Enden leicht mit Personen in Berührung kommen können. Nur in Ausnahmefällen kann man die Zugspannungen in den Verbindungsstellen völlig vermeiden, indem man die Verbindungen nur an den Masten ausführt und die beiden Enden an je einem Isolator so fest bindet, daß die Verbindungsstelle sich zwischen den Isolatoren befindet, die ihrerseits den ganzen Zug aufnehmen. Meistens ist jedoch eine derartige Befestigung an den Isolatoren nicht möglich oder zu umständlich; in vielen Fällen, wie bei den Fahrdrähten elektrischer Bahnen, verbietet sie sich durch die Betriebsverhältnisse. Dort müssen z. B. an Weichen und Abzweigungen die vollen Zugspannungen

e) Auf Zug beanspruchte Verbindungen zwischen Leitungen müssen so ausgeführt werden, daß die Verbindungsstelle mindestens die gleiche Zugfestigkeit besitzt, wie die Leitung selbst[7]).

f) Freileitungen können mit größeren Stromstärken belastet werden, als der Tabelle in § 5 entspricht, sofern dadurch ihre Festigkeit nicht merklich leidet[8]).

g) Freileitungen dürfen nur auf Porzellanglocken, Rillenisolatoren oder gleichwertigen Isoliervorrichtungen verlegt werden, wobei die Glocken in aufrechter Stellung zu befestigen sind[9]).

Es ist darauf zu achten, daß die Leitungsdrähte an den Isolatoren sicher und unverrückbar befestigt werden und daß die Befestigungsstücke keine scheuernde oder schneidende Wirkung auf sie üben[10]).

h) Freileitungen müssen mit ihren tiefsten Punkten mindestens 6 m, bei Wegübergängen mindestens 7 m von der Erde entfernt sein[11]).

i) Spannweite und Durchhang müssen so bemessen werden, daß Gestänge aus Holz mit zehnfacher und aus

---

von den Verbindungsstellen aufgenommen werden.

Für die Ausführung der Verbindung gibt es mehrere Möglichkeiten. Bis jetzt ist Verlötung in Verbindung mit Umwickelung von Bindedrähten oder mit rohrartigen Muffen das vorherrschende Verfahren; doch werden fortgesetzt neue Verbindungsarten vorgeschlagen, die zum Teil das Löten umgehen und davon eine erhöhte Dauerhaftigkeit der Verbindungsstelle erhoffen. Ihr Wert kann nur durch spezielle Erfahrungen erprobt werden. Viel hängt von der Sorgfalt bei der Ausführung ab.

[8]) Die blanken frei gespannten Drähte der Freileitungen können in der Regel die Stromwärme besser abgeben, als Leitungen, die an Wänden oder in Rohren verlegt sind, außerdem besteht bei ihnen auch weniger Gefahr, daß sie bei Überhitzung eine Entzündung veranlassen können. Sie dürfen daher stärker mit Strom belastet werden; meistens wird jedoch die Rücksicht auf den Spannungsverlust eine Überschreitung der im § 5 angegebenen Grenzen verbieten; außerdem ist zu beachten, daß durch stärkere Erwärmung einzelner Drähte ein ungleichmäßiger Durchhang und damit Berührung verschiedener Leitungen eintreten kann.

Wird von einer Freileitung ein Hausanschluß abgezweigt, so sind die Sicherungen so zu wählen, und anzubringen, daß die innerhalb des Hauses befindlichen Leitungen nicht über die Vorschrift des § 5 beansprucht werden. ETZ 1905, S. 474 N. 160.

[9]) Unter Isoliervorrichtungen, die mit Porzellandoppelglocken gleichwertig sind, sind hier vor allem solche Isoliervorrichtungen verstanden, welche, wie die Doppelglocke, zwei hintereinander geschaltete isolierende Strecken besitzen, von denen wenigstens die eine gegen Regenwasser geschützt sein muß. Derartige Vorrichtungen sind z. B. zur Aufhängung der Arbeitsdrähte elektrischer Bahnen in Gebrauch.

Mit steigender Betriebsspannung sind die Abmessungen der Glocken zu vergrößern; bei besonders hohen Spannungen ist darauf zu achten, daß auch bei Regen ein Überspringen von Funken nach der Isolatorstütze unmöglich gemacht wird.

gesetz vom 6. April 1892 und auf das Telegraphenwegegesetz vom 18. Dezember 1899 verwiesen[24]).

Über die Beschaffenheit der Glocken siehe § 16.
Zur Befestigung der Glocken auf den Stützen dienen Hanf, Leinöl, Mennige, auch Asphalt. Bleiglätte mit Glycerin sowie sogen. Metallkitt haben sich nicht bewährt. Vergl. Z f. Elektrot. (Wien) 1903, S. 573.

[10]) Wie für die Verbindung der Leitungen unter sich sind auch für deren Befestigung an den Glocken neben dem altbewährten Drahtbund zahlreiche neuere Vorschläge und besonders ausgebildete Vorrichtungen aufgetaucht, über welche jedoch ausführliche Erfahrungstatsachen nicht bekannt geworden sind.

[11]) Entsprechend der größeren Lebensgefahr der Hochspannung ist der zulässige Abstand von der Erdoberfläche dort erhöht. Die vorzuschreibende Höhe ist dadurch begrenzt, daß höhere Masten dem Windbruch stärker ausgesetzt sind und beim Umfallen einen weiteren Umkreis gefährden. Die angegebene Höhe bezieht sich auf den tiefsten Punkt der Leitung selbst, nicht auf vorhandene Schutzdrähte oder Schutznetze.

Über die Abstände von Rampen, Brücken und anderen zugänglichen Baulichkeiten vgl. § 23 g) der Niederspannung und § 23 k) der Hochspannung Ziffer 13 dieser Erläuterungen.

[12]) Die Vorschriften über Festigkeit der Leitungen und des Gestänges sind nur für die Hochspannung aufgestellt, weil sie bei Niederspannung mehr für die Sicherheit des Betriebes, weniger für die Sicherheit gegen Feuer- und Lebensgefahr in Frage kommen.

Bei der Bemessung von Spannweite, Durchhang und Gestänge ist je nach den klimatischen Verhältnissen auch der Belastung durch Schneedruck und Eis (Rauhreif) Rechnung zu tragen. Über die Einzelheiten vgl. ETZ 1902, S. 593, 1903, S. 37. Z. f. Elektrot. (Wien) 1899, S. 199 sowie die vom Verbande D. E. aufgestellten Vorschriften über Herstellung und Unterhaltung von Holzgestängen elektrischer Starkstromanlagen im Anhange dieser Erläuterungen.

[13]) Besonders wenn Freileitungen über Dächer weggeführt, oder wenn auf dem Dach Gestänge für die Leitungen angebracht sind, ist darauf zu achten, daß auch vom Dache aus die Leitungen nicht ohne besondere Hilfsmittel, wie Leitern, Steigeisen und dgl., zugänglich sein dürfen. Als zugänglich im Sinne der Vorschriften sind auch noch solche Leitungen anzusehen, welche zwar nicht ohne weiteres mit der Hand, aber doch mit Hilfe von Gegenständen, wie Spazierstöcken, Regenschirmen, Besen und dgl., welche von jedermann benutzt werden, mühelos erreichbar sind. Die Nichtbeachtung dieser Maßregel hat schon sehr viele Unfälle zur Folge gehabt. Auch bei der Führung an freistehenden Mauern oder bei deren Überquerung durch Freileitungen ist ein genügend großer Abstand vorzusehen.

Unter Umständen genügen engmaschige Schutznetze zwischen den Fenstern, Altanen usw. und den Freileitungen, um letztere unzugänglich zu machen. Müssen Apparate, wie Ausschalter,

Eisen mit fünffacher Sicherheit, und Leitungen bei minus 20⁰ C mit fünffacher Sicherheit (bei Leitungen aus hartgezogenem Metall mit dreifacher Sicherheit), beansprucht sind. Dabei ist der Winddruck mit 125 kg für 1 qm senkrecht getroffener Fläche in Rechnung zu bringen[12]).

k) Freileitungen, sowie Apparate an Freileitungen sind so anzubringen, daß sie ohne besondere Hilfsmittel nicht zugänglich sind[13]).

Sicherungen und dgl., in erreichbarer Höhe angebracht werden, so sind sie durch verschließbare Schutzgehäuse unzugänglich zu machen. Die für Apparate an Freileitungen gegebenen Vorschriften beschränken sich auf den Schutz der Personen. Der Schutz der Apparate gegen Witterungseinflüsse ist nicht festgelegt. Anhaltspunkte hiefür bietet § 41.

[14]) Die Bestimmung über Blitzableiter ist gegenüber der ersten Ausgabe der Sicherheitsvorschriften insofern geändert, als auf den Schutzbereich vorhandener Gebäudeblitzableiter keine Rücksicht mehr genommen ist.

Wo und inwieweit eine im Freien verlaufende Leitung einer Blitzschutzvorrichtung bedarf, läßt sich nicht allgemein angeben. Die Blitzgefahr ist nach den bisherigen Erfahrungen in den verschiedenen Gegenden sehr verschieden und von den klimatischen Verhältnissen, von der Beschaffenheit des Untergrundes usw. abhängig.

Es ist wohl zu beachten, daß es sich nicht nur um Schutz gegen den Vorgang handelt, den man im gewöhnlichen Leben als ,,Einschlagen eines Blitzes" bezeichnet. Es steht vielmehr fest, daß in den Freileitungen sich atmosphärische Spannungen entladen, die nach außen hin nicht als Blitz bemerkbar werden; und zwar ist die Zahl dieser Entladungen weit größer als die der Blitze, so daß in vielen Gegenden an der Mehrzahl der schwülen Sommertage jeder Betrieb aufhören müßte, wenn nicht durch wirksame Blitzschutzvorrichtungen Abhilfe möglich wäre.

Ob es möglich ist, Schutzvorrichtungen so herzustellen und anzuordnen, daß sie bei allen denkbaren Arten von Blitzschlägen und anderen Entladungen unbedingt sicher wirken, ist noch unentschieden. Dagegen weiß man, daß es Vorrichtungen gibt, die bei wiederholten Entladungen wirksam bleiben und jahrelang in stark gefährdeten Betrieben jeden Schaden verhindert haben.

Es scheint, daß für Hochspannungsanlagen die Hörnerblitzableiter, namentlich in richtiger Verbindung mit Wasserwiderständen, für Niederspannung die mit magnetischer oder mechanischer Funkenlöschung die besten sind, während sich Scheiben- oder Platten-Blitzschutzvorrichtungen im allgemeinen weniger gut bewährt haben.

Bei ausgedehnten Leitungen sind die Blitzableiter auf der Strecke verteilt anzuordnen, besonders aber sind die Einführungsstellen damit auszurüsten. In manchen Fällen hat es sich als nötig erwiesen, denselben Draht an mehreren nahe nebeneinander gelegenen Stellen mit Blitzschützern zu versehen. Zur Unterstützung der auf der Strecke verteilten Blitzableiter ist vielfach mit Erfolg ein über die Leitung gespannter Stacheldraht benutzt worden, der an vielen Stellen mit der Erde gut leitend verbunden ist. Auch hat man die Erfahrung gemacht, daß bei Dreileiteranlagen mit Freileitungen ein an vielen Stellen an Erde gelegter Mittelleiter einen wirksamen Schutz gegen Blitzgefahr bietet. Eine ständige Abführung der atmosphärischen Elektrizität nach der Erde wird auch dadurch erzielt, daß man alle Leitungen über sehr große induktionsfreie Widerstände an Erde legt. Z. f. Elektrot. (Wien) 1903, S. 572. Bei beiden zuletzt genannten Anordnungen ist jedoch auf die Störung benachbarter Telephonleitungen Rücksicht zu nehmen.

Bei Hörnerblitzvorrichtungen, die im Freien aufgestellt sind, kann durch Regen und Schnee vorübergehend Kurzschluß entstehen, sie können daher dort nicht so empfindlich eingestellt werden, wie die unter Dach angebrachten. Es empfiehlt sich daher, entweder neben den auf der Strecke verteilten noch besondere Vorrichtungen in den Stationen und Unterstationen einzubauen oder alle mit Schutzdach auszurüsten.

Drosselspulen, unmittelbar vor den zu schützenden Maschinen und Apparaten in die Leitung eingebaut, haben sich in zahlreichen, sicher nachgewiesenen Fällen als sehr wirksam bewährt. Nach Thomas (Trans. Am. Inst. El. Eng. Bd. 19, S. 189—240, 1902) werden zwischen die Drossel und die zu schützenden Apparate Kondensatoren angeschaltet, deren andere Belegung an Erde liegt.*)

Neben den atmosphärischen Entladungen sind auch Überspannungen zu beachten, die teils infolge derselben, teils infolge von Betriebsvorgängen, wie Ein- und Ausschalten, Abschmelzen von Sicherungen, Arbeiten der automatischen Schalter u. dergl. auftreten. Zum Teil werden sie bereits durch die Blitzschützer unschädlich gemacht. Unter Umständen machen sie aber auch besondere Sicherungen erforderlich. Ein Bedürfnis nach irgend einer Überspannungssicherung liegt erfahrungsgemäß bei jeder Hochspannungsanlage vor. In Niederspannungsanlagen ist ihre Anordnung besonders dann in Er-

---

*) Weitere Einzelheiten siehe ETZ 1896, S. 511; 1897, S. 328; 1901, S. 569, 601; 1902, S. 456, 1019; 1903, S. 351 sowie Neesen, die Sicherungen von Schwach- und Starkstromanlagen gegen die Gefahren der atmosphärischen Elektrizität. Braunschweig 1899.

Hochspannung. § 23. Freileitungen. 93

l) Freileitungen in Ortschaften müssen während des Betriebes streckenweise ausschaltbar sein[17]).

m) Wenn eine Leitung über Ortschaften und bewohnte Grundstücke geführt wird, oder wenn sie sich einer Fahrstraße soweit nähert, daß die Vorüberkommenden durch Draht- oder Mastbrüche gefährdet werden können, müssen die Leitungsdrähte entweder so hoch angebracht werden, daß im Falle eines Drahtbruches die herabhängenden Enden mindestens 3 m vom Erdboden entfernt sind, oder es müssen Vorrichtungen angebracht werden, welche das Herabfallen der Leitungen verhindern, oder es müssen andere Vorrichtungen vorhanden sein, welche die herabgefallenen Teile selbst spannungslos machen[18]).

n) Sofern in Freileitungen Transformatoren vorkommen, sind die Vorschriften des § 25 zu beachten.

o) Den örtlichen Verhältnissen entsprechend, sind Freileitungen mit besonderer Rücksicht auf die mit ihnen verbundenen Generatoren, Motoren und Transformatoren durch Blitzschutzvorrichtungen zu sichern, die auch bei wiederholten Entladungen wirksam bleiben[14])[15]).

Wenn verschiedene Phasen oder Polaritäten durch

---

wägung zu ziehen, wenn, wie bei Kabelnetzen, Blitzschutzvorrichtungen nicht vorhanden sind.

[15]) In der Erdleitung der Blitzschutzvorrichtung sind Krümmungen möglichst zu vermeiden; jedenfalls ist eine Häufung von Krümmungen der sicheren Abführung der Entladung hinderlich. Ob es wirklichen Vorteil bringt, die Erdleitung nahezu ohne Knick von der Betriebsleitung abzuzweigen, ist strittig. Vgl. ETZ 1901, S. 572. Über Blitzableiter-Relais siehe ETZ 1905, S. 485.

Stets ist auf möglichst kleinen Übergangswiderstand an den Erdplatten Bedacht zu nehmen. Der Anschluß an Erde geschieht mit Hilfe von Kupferplatten, die in dauernd feuchtem Erdreich oder in Wasser liegen; auch die Hauptrohre großer Wasserleitungen geben gute Erde, mitunter ist man auch gezwungen, das Schienennetz einer Eisenbahn oder Straßenbahn als Erde zu benutzen. Können derartige Hilfsmittel nicht herangezogen werden, so muß man längere Strecken von Drahtseil in die Erde eingraben, deren Oberfläche durch Umgeben mit festgestampften Koks vergrößert werden kann. Vgl. § 22 c). ETZ 1903, S. 434, N. 42.

Obwohl man sich so stets einen Erdübergang von geringem Widerstand zu verschaffen sucht, schaltet man manchmal künstliche Widerstände in diese Erdleitung ein. Hierin liegt nur ein scheinbarer Widerspruch, denn diese künstlichen Widerstände sind bekannt und kontrollierbar, während ein Übergangswiderstand zur Erde, der schon eine gewisse Größe hat, leicht bis ins Unkontrollierbare wachsen kann. Die künstlichen Widerstände haben den Zweck, den Kurzschlußstrom abzuschwächen, der von der Maschine durch die Erdleitung verläuft, sobald die Blitzentladung den Weg über die Funkenstrecke des Blitzableiters frei gemacht hat. Dies tritt namentlich dann ein, wenn die Blitzentladung an beiden Polen gleichzeitig auftritt, oder wenn ein Pol des Leitungsnetzes dauernd an Erde liegt, wie z. B. beim geerdeten Mittelleiter oder bei elektrischen Bahnen.

Um diesen Kurzschlußstrom abzuschwächen, wird auch von vielen Elektrikern Wert darauf gelegt, die Blitzschutzvorrichtung jedes einzelnen Pols der Leitung zu einer b e s o n d e r e n Erdplatte zu führen und diese etwas entfernt voneinander in die Erde oder in das Wasser zu legen.

16) In dem unter 15) zuletzt erwähnten Falle ist es bei Anlagen hoher Spannung und großer Leistung vorgekommen, daß der zwischen den Erdplatten während der Entladung in der Erde verlaufende Kurzschlußstrom Menschen und Tiere, die sich zwischen den Erdungspunkten befanden, beschädigt oder erschüttert hat. Wenn daher getrennte Erdplatten für die verschiedenen Pole oder Phasen benützt werden, so ist hierauf Rücksicht zu nehmen. Benützt man eine gemeinsame Erdplatte für die verschiedenen Phasen oder Pole des Netzes, so wird diese Gefahr ausgeschlossen, dagegen muß man dann künstliche Widerstände in die Leitungen zur Erdplatte legen, um beim Eintreten einer atmosphärischen Entladung an beiden Polen einer Kurzschluß des Betriebsstromes zu vermeiden.

17) In Ortschaften kann es vorkommen, daß z. B. bei Schadenfeuer mit hohen Leitern und ähnlichen Geräten hantiert werden muß. In solchen Fällen muß die Leitung ausgeschaltet werden. Die zuständigen Organe, Feuerwehren, Ortsbehörden, sind über die Lage und Handhabung der Ausschalter zu unterrichten. ETZ 1905, S. 279 N. 144a.

Über Gefährdung der Feuerwehr durch Anspritzen von Hochspannungsleitungen vgl. ETZ 1903, S. 478.

18) Das Verfahren, die Leitung so hoch anzuordnen, daß die Enden der gebrochenen Drähte noch 3 m vom Erdboden entfernt bleiben, setzt voraus, daß die Maste um 3 m höher sind, als die Entfernung zwischen zwei benachbarten Masten. Es kann daher nur bei sehr kleinem Mastabstand durchgeführt werden, ist aber trotzdem oft das einfachste Hilfsmittel, nämlich dann, wenn es sich um Sicherung eines schmalen Weges handelt, wie dies in Ortschaften und deren Nähe häufig vorkommt.

Die Aufgabe, das Herabfallen der Leitungen beim Bruch der Leitungen oder der Isolatoren zu verhindern, ist nicht leicht. Völlig gelöst wird sie unter den zurzeit vorhandenen Hilfsmitteln nur durch sehr kräftige, auf der ganzen Strecke der Leitung in ansehnlicher Breite angeordnete Fangnetze. Diese Einrichtung ist aber außerordentlich schwerfällig und kostspielig. Schwache und schmale Fangnetze fangen die Leitung nicht mit Sicherheit,

benachbarte Blitzableiter gesichert werden, ist darauf zu achten, daß die Erdplatten keine gefährliche Spannung im Boden zwischenliegender Wege oder sonstiger von Menschen begangener Stellen erzeugen[16]).

p) Schutznetze dürfen sowohl offen wie geschlossen konstruiert sein. In beiden Fällen jedoch muß durch ihre Form und ihre Lage den Leitungsdrähten gegenüber dafür gesorgt sein, daß erstens eine zufällige Berührung zwischen dem Netz und den intakten Leitungsdrähten verhindert wird und daß zweitens ein gebrochener Draht auch bei starkem Winde sicher abgefangen wird.

Schutznetze müssen, wo sie nicht gut geerdet werden können, isoliert sein[19]).

q) Bei Winkelpunkten sind Fangbügel anzubringen, welche beim Bruch von Isolatoren das Herabfallen der Leitungen verhindern.

werden auch leicht selbst herabgerissen, wenn die Leitung auf sie fällt. Anstatt das Herabfallen der Drähte zu hindern, kann man sie beim Herabfallen spannungslos machen. Ein Hilfsmittel dazu ist die Gouldsche Sicherheitsaufhängung*), welche bewirkt, daß der gebrochene Draht sich aus dem Zusammenhang mit dem Netz löst und spannungslos herabfällt. Ein anderes Mittel besteht darin, daß an den Masten neben jeder Leitung oder an einer Gruppe von solchen Metallringe oder Metallbügel angebracht werden, die so gestaltet und angeordnet sind, daß die Leitungen, wenn ihr Isolator oder sie selbst gebrochen sind, den Ring oder Bügel berühren und so Erdschluß bekommen. Es ist dabei vorausgesetzt, daß der Erdschluß sofort eine in der Leitung vorhandene Sicherung zur Wirkung bringt, so daß die Leitung stromlos wird. Bei derartigen Anordnungen ist Sorge zu tragen, daß die Ringe, Bügel oder dgl. bei jeder denkbaren Art und Lage des Bruches in wirksamen Kontakt mit der Leitung treten, die Vorrichtungen müssen kräftig genug sein, um die bei der Berührung entstehenden Funken auszuhalten, ohne zu verbrennen, und müssen so gute Erdleitung haben, daß der entstehende Erdschluß die Sicherung unfehlbar auslöst. Daß eine genügend gute Erdung nicht immer durchführbar ist, wurde S. 83 auseinandergesetzt. Man muß daher die möglicherweise in Wirkung tretenden Energiemengen sorgfältig berücksichtigen, und unter Umständen kann es besser sein, auf die Erdung zu verzichten, dafür aber Sorge zu tragen, daß durch andere Mittel das Herabfallen der Leitung verhindert oder durch sicher wirkende abtrennende Sicherungen die Gefahr beseitigt werde.

Für Fuß- und Feldwege außerhalb von Ortschaften sind die genannten Schutzmaßnahmen nicht gefordert. ETZ 1904, S. 1113 N. 108; 1905, S. 279 N. 144b.

[19]) Zur Herstellung von Schutznetzen verwendet man z. B. Stahldraht, wobei die Längsdrähte mit 2,5 bis 3 mm Durchmesser, die Querdrähte als 2 mm Stahl- oder 2,5—3 mm Eisendraht in Abständen von 1 m angeordnet werden. Die Querdrähte dürfen nicht zu stark sein, damit sie nicht die Längsdrähte zu stark belasten und nicht durch ihr Gewicht eine seitliche Einschnürung des Netzes hervorrufen. Bei größeren Abmessungen sind Drahtseile zu verwenden. Oft ist ein Gitter aus Gasrohr und dgl. dem Drahtnetz vorzuziehen.

---

*) ETZ 1901, S. 637 u. S. 979.

Bei Herstellung der Schutznetze ist es wichtig, deren Schwingungsdauer nach der der Leitungen abzustimmen, damit beim Schwingen im Wind keine Berührung zwischen Leitung und Schutznetz eintreten kann.

Bei Benützung von Eisenmasten ist das Schutznetz in der Regel zu erden (vgl. § 23 f) der Hochspannung). Ist ein Maschinenpol geerdet, so ist das geerdete Schutznetz mit diesem Pol in leitende Verbindung zu bringen, damit beim Herabfallen der spannungführenden Drähte ein möglichst vollständiger Kurzschluß entsteht, der die Sicherungen auslöst.

[20]) Eisenmaste und Ankerdrähte können, wenn sie nicht gut geerdet sind, durch Elektrizitätsmengen, welche über die Isolatoren hinübersickern, geladen werden und bilden dann eine große Gefahr für Menschen; die Gefahr erhöht sich, wenn ein Isolator platzt oder der Draht sich vom Isolator löst oder sonstwie mit dem Mast in Berührung kommt. Alsdann kann auch bei ziemlich guter Erdung des Mastes, während der Strom in ihm verläuft, eine so hohe Spannungsdifferenz zwischen Mast und der ihn umgebenden Erde oder zwischen benachbarten Punkten der Umgebung auftreten, daß Menschen beschädigt werden. ETZ 1905, S. 279 N. 146. Das Gleiche gilt für die Erdleitung von Blitzschutzvorrichtungen im Falle, daß die Funkenstrecke etwa ,durch Schnee, Eis oder fremde Körper überbrückt ist, sowie während des Überganges der atmosphärischen Entladungen. Ankerdrähte, die an Außenwänden von Gebäuden befestigt waren, haben gelegentlich die Spannung der Betriebsleitung auf die metallischen Gebäudeteile übertragen, so daß beim Betreten eiserner Treppen Schläge verspürt wurden. Es empfiehlt sich, neben den Abspannisolatoren noch eine Erdung der Ankerdrähte anzuordnen. Über Art der Erdung siehe § 22 und ETZ 1904, S. 1115 N. 129.

Hochspannung. § 23. Freileitungen.

r) Bei Freileitungen, die 1000 V oder mehr führen, müssen Ankerdrähte in einer Höhe von mindestens 3 m mit Abspannisolatoren versehen sein, Eisenmaste müssen, falls sie nicht gut geerdet werden können, bis 2 m Höhe mit einer abstehenden Schutzverkleidung (z. B. aus Holz) versehen sein; die Erdleitungen der Blitzableiter müssen bis 2 m Höhe gegen Berührung geschützt sein[20]).

s) Wenn Freileitungen parallel mit anderen Leitungen verlaufen, ist die Führung der Drähte so einzurichten, oder es sind solche Vorkehrungen zu treffen, daß eine Berührung der beiden Arten von Leitungen miteinander verhütet oder ungefährlich gemacht wird.

Bei Kreuzungen mit anderen Leitungen sind Schutznetze oder Schutzdrähte zu verwenden, sofern nicht durch besondere Hilfsmittel eine gegenseitige Berührung auch im Falle eines Drahtbruches verhindert oder ungefährlich gemacht wird[21]).

t) Wenn Niederspannungsleitungen an einem Gestänge für Hochspannung geführt werden, so sind Vorrichtungen anzubringen, die bei Bruch der Leitungen oder der Isolatoren die Berührung der verschiedenen Leitungen mit einander bzw. das Übertreten hoher Spannung in die Niederspannungsleitungen verhindern oder ungefährlich machen[22]).

Als Abspannisolatoren sind die bei den Straßenbahnen gebräuchlichen zu verwenden. Die Schutzverkleidung der Eisenmaste kann wohl, wenn sie aus Holz besteht, bei Regen leitend werden, doch kann ein Anstrich, leichte Abdeckung und dgl. dies in hohem Maße erschweren. Die Erdleitung von Blitzableitern schützt man z. B. durch Isolierrohre. Verwendet man ein metallarmiertes Rohr oder ein gepanzertes Kabel, so ist der Stromübergang auf die Armierung zu verhindern, z. B. durch Kabelendverschlüsse. ETZ 1905, S. 888 N. 177. Oft ist es am einfachsten, die Blitzableiterleitung im Innern des Eisenmastes zu führen.

[21]) Unter „anderen Leitungen" sind Leitungen eines anderen Systems zu verstehen; z. B. Fernsprechleitungen oder Leitungen, die zu einer fremden Starkstromanlage gehören.

Im allgemeinen empfiehlt es sich, hierbei getrennte Gestänge zu verwenden, die etwa auf verschiedenen Seiten der Straße geführt werden.

Am bedenklichsten ist die Möglichkeit, daß durch Wind oder Schneedruck eine der Leitungen samt ihrem Gestänge sich neigt oder niedergerissen wird. Dies muß durch sorgfältige reichliche Bemessung der Gestänge und ihres Abstandes, durch zweckmäßige Verankerung, namentlich an den Kurven und Ecken, sowie durch regelmäßige Beaufsichtigung verhindert werden. Außerdem sind aber sowohl die Hochspannungs- als die Niederspannungsleitung in sachgemäßer Weise mit selbsttätigen Sicherungen auszurüsten, die im Falle gegenseitiger Berührung die Leitungen sofort stromlos machen.

[22]) Bei der Führung von Hoch- und Niederspannungsleitungen an demselben Gestänge wird es wohl stets notwendig sein, zwischen beiden mehrere gut geerdete Schutzdrähte von genügender Stärke zu spannen, welche überdies mit zahlreichen Quer-

3. Einführung von Freileitungen in Gebäude.
§ 24.

Bei Einführung von Freileitungen aus dem Freien in Gebäude sind entweder die Drähte frei und straff durchzuspannen[1]) oder es muß für jede Leitung ein isolierendes und feuersicheres Einführungsrohr verwendet werden, dessen Gestaltung keine merkliche Oberflächenleitung zuläßt[2]).

4. Anlagen in Gebäuden.
4a. Gebäude im allgemeinen.
§ 25.
Aufstellung von Generatoren, Motoren und Transformatoren.

a) Generatoren, Motoren, rotierende Umformer usw. sind so aufzustellen, daß etwaige im Betriebe der elektrischen Einrichtung auftretende Feuererscheinungen keine Entzündung von brennbaren Stoffen hervorrufen können[3]).

---

verbindungen versehen sind. Außerdem sind empfindliche Schmelzsicherungen auch in den Niederspannungsleitungen vorzusehen. Die in t) geforderten Vorkehrungen sind auch bei fremden Leitungen nötig, die etwa an dem Gestänge der Hochspannung geführt sind.

[23]) Die Schmelzsicherungen oder andere selbsttätige Ausschalter sind insbesondere auch bei Telephonleitungen anzuordnen; außerdem sind die Hörrohre, Sprechtrichter und die Handgriffe der Anrufvorrichtungen aus Isoliermaterial zu bauen, wobei man solche Abmessungen wählen muß, daß die etwa in die Leitung eingedrungene Hochspannung nicht auf den Körper der Personen überspringen kann, die das Telephon benutzen.

[24]) Das Reichstelegraphengesetz ist abgedruckt in der Elektrot. Ztschr. 1892, S. 235; das Telegraphenwegegesetz ebenda 1899, S. 889.

Der hauptsächlich in Betracht kommende § 12 des ersteren lautet:

„Elektrische Anlagen sind, wenn eine Störung des Betriebes der einen Leitung durch die andere eingetreten oder zu befürchten ist, auf Kosten desjenigen Teiles, welcher durch eine spätere Anlage oder durch eine später eintretende Änderung seiner bestehenden Anlage diese Störung oder die Gefahr derselben veranlaßt, nach Möglichkeit so auszuführen, daß sie sich nicht störend beeinflussen."

Hochspannung. § 24. Einführung in Gebäude. 99

u) Wenn Telephonleitungen an einem Freileitungsgestänge für Starkstrom hoher Spannung geführt sind, so müssen die Telephonstationen so eingerichtet sein, daß auch bei eventueller Berührung zwischen den beiderseitigen Leitungen eine Gefahr für die Sprechenden ausgeschlossen ist[20]).

v) Bezüglich der Sicherung vorhandener Telephon- und Telegraphenleitungen wird auf das Reichstelegraphengesetz vom 6. April 1892 und auf das Telegraphenwegegesetz vom 18. Dezember 1899 verwiesen[24]).

3. Einführung von Freileitungen in Gebäude.

§ 24.

Bei Einführung von Freileitungen aus dem Freien in Gebäude sind entweder die Drähte frei uud straff durchzuspannen[1]) oder es muß für jede Leitung ein isolierendes und feuersicheres Einführungsrohr verwendet werden, dessen Gestaltung keine merkliche Oberflächenleitung zuläßt. (Vgl. hierzu § 27 a) Abs. 5[2]).

4. Anlagen in Gebäuden.
4a. Gebäude im allgemeinen.

§ 25.

Aufstellung von Generatoren, Motoren und Transformatoren.

a) Generatoren, Motoren, rotierende Umformer usw. sind so aufzustellen, daß etwaige im Betriebe der elektrischen Einrichtung auftretende Feuererscheinungen keine Entzündung von brennbaren Stoffen hervorrufen können[3]).

Ein preußischer Ministerial-Erlaß über die Maßregeln, welche die Reichstelegraphenverwaltung zum Schutze ihrer Schwachstromanlagen gegen Einwirkungen von Starkstromanlagen für erforderlich erachtet, findet sich ETZ 1904, S. 192 u. 408, vgl. auch Elektrotechnischen Anzeiger 1901, S. 2783.

§ 24. [1]) Hierbei sind die Maueröffnungen so zu bemessen, daß der für die benutzte Drahtsorte vorgeschriebene Abstand von der Wand (bei Niederspannung sind die Abstände 10 cm für blanke Drähte (§ 28 b), 10 mm für auf Rollen etc. verlegte, isolierte Drähte (§ 29 b); für Hochspannung sind die Abstände im § 27 a) Abs. 5 angegeben) auch im Innern der Durchführungsöffnungen gewahrt bleiben kann. Es ist zu beachten, daß derartige Maueröffnungen leicht einen Sammelplatz für Schmutz abgeben; auch Vogelnester, die dort eingebaut werden, können Störungen veranlassen. Z. f. Elektot. (Wien) 1903, S. 509.

[2]) Es ist nicht erlaubt, Holzwände, Tür- und Fensterrahmen einfach zu durchbohren und die Drähte durch das enge Loch ohne weiteres durchzuführen. Stets sind Führungsrohre von geeigneter Gestalt einzusetzen. Für diese Gestaltgebung ist die Porzellandoppelglocke vorbildlich; indessen sind oft Rillenisolatoren von gleich guter Wirkung und haben den Vorzug größerer Festigkeit. Auf der Innenseite gibt man den Rohrenden zweckmäßig abgerundeten Tüllen.

§ 25. [3]) Für feuergefährliche Betriebsstätten sind im § 39, für

b) Um den Übertritt von Hochspannung in Stromkreise für Niederspannung[4]), sowie das Entstehen [5]) von Hochspannung in letzteren zu verhindern bzw. ungefährlich zu machen, sind geeignete Vorrichtungen, z. B. erdende oder kurzschließende oder abtrennende

explosionsgefährliche Räume im § 40 besondere Vorschriften aufgestellt. Hier sei bemerkt, daß derartige Räume der Regel nach überhaupt nicht, sondern nur im Notfall zur Aufstellung von Stromerzeugern, Motoren und Umformern benutzt werden sollen. Im allgemeinen hat man bei Anlagen in Sägewerken, Getreidemühlen, Baumwollspinnereien und dgl. darnach zu trachten, daß für die erwähnten Maschinen und Zubehör ein abgetrennter Raum zur Verfügung gestellt oder geschaffen wird, der von den brennbaren Stoffen frei bleibt. Dies ist schon zur Reinhaltung der Maschinen erforderlich. Auch innerhalb solcher Räume und überhaupt sind besonders brennbare Stoffe, sei es, daß sie dem Gebäude zugehören (Holzwände), oder daß sie im Maschinenraum aufbewahrt und gehandhabt werden (Putzwolle), von den Teilen der Maschinen und Apparaten fernzuhalten, welche Funken erzeugen. Die Größe der nötigen Entfernung richtet sich nach Art, Größe und Spannung der Maschinen oder Transformatoren. ETZ 1904, S. 424 N. 102.

Die im regelrechten Betrieb auftretenden Feuererscheinungen, wie Funken am Kommutator, sind bei modernen Maschinen an sich unbedeutend. Bedenklicher sind schon die Funken und Lichtbogen an Ausschaltern und Sicherungen. Indessen hat man auch mit Störungen des regelrechten Betriebes zu rechnen. Die Kommutatorfunken werden bedenklich bei plötzlicher Überlastung oder unrichtiger Bürstenstellung. Maschinen und Transformatoren können infolge von Kurzschluß oder durch schadhafte Isolierung in Brand geraten. Hierbei kommen oft gewaltige Energiemengen in Betracht, weshalb besondere Vorsicht angezeigt ist.

Bei der Aufstellung von Maschinen usw. ist ferner zu beachten, daß außer den brennbaren Stoffen auch leitende Stoffe, wie Drehspäne, kleine Werkzeuge und dgl., fernzuhalten sind. Diese können durch Auffallen auf die Klemmen, Kommutatoren und andere blanke Teile zu Kurzschluß und Feuer Anlaß geben.

[4]) Der Übertritt der hohen Spannung kann innerhalb der Windungen eines Transformators oder Umformers vorkommen, wenn die Isolierung durchschlagen oder sonst schadhaft wird. Auch außerhalb der Windungen, z. B. an der Einführungsstelle der Leitungen in das Transformatorgehäuse, sind Übergänge der Hochspannung nach der Niederspannungsleitung vorgekommen, wenn beide Leitungen zu nahe aneinander angeordnet, oder unbeabsichtigterweise einander genähert worden waren, oder indem irgend ein dritter leitender Körper den Übergang vermittelte.

In vielen Fällen wird der Übergang das Schmelzen der Sicherungen zur Folge haben und so selbsttätig den größten Teil des Stromkreises spannungslos machen. Dies tritt jedoch nicht immer ein; oft kann sich kein genügend starker Strom ausbilden, um die Sicherung ansprechen zu lassen; alsdann kann die hohe Spannung für Personen, die mit der Niederspannungsleitung in Berührung kommen, gefährlich werden.

Hiergegen sind verschiedene Schutzmittel bekannt, jedoch in Deutschland noch nicht sehr verbreitet.

Innerhalb der Transformatoren hat man zu diesem Zweck

Hochspannung. § 25. Aufstellung v. Generatoren. 101

b) Um den Übertritt von Hochspannung in Stromkreise für Niederspannung [4]), sowie das Entstehen [5]) von Hochspannung in letzteren zu verhindern bzw. ungefährlich zu machen, sind geeignete Vorrichtungen, z. B. erdende oder kurzschließende oder abtrennende

---

die Anordnung getroffen, daß zwischen primärer und sekundärer Wickelung ein Metallmantel eingefügt wird, der mit der Erde in Verbindung steht. Wird alsdann die Isolation der primären Wickelung beschädigt, so kann die Hochspannung nicht nach der sekundären, sondern sie wird nach dem abgeleiteten Mantel und von da nach der Erde übergehen. Ist gleichzeitig ein Punkt der Hochspannungsleitung, z. B. bei Drehstrom der neutrale Punkt, dauernd an Erde gelegt, so tritt sofort Kurzschluß des Hochspannungskreises ein und die schadhafte Hochspannungsleitung kommt vermöge der selbsttätig wirkenden Sicherungen außer Betrieb.

Es ist indessen nicht immer ausführbar, einen Punkt der Primärleitung dauernd an Erde zu legen, weil hierdurch leicht Störungen benachbarter Telephonleitungen hervorgerufen werden. In bestimmten Fällen hat sich jedoch gezeigt, daß die Schmelzsicherung in der Hochspannungsleitung so gewählt werden kann, daß sie durchschmilzt, ohne daß ein weiterer Punkt geerdet ist, indem bereits der nach der Erde gehende Ladungsstrom genügend stark ist. Die jeweils zweckmäßige Bauart der vorgeschriebenen Vorrichtung hängt von den Umständen ab. Vgl. auch S. 91 unter 14 und ETZ 1905, S. 292, 314, 337 u. 357.

Bei einer von der Union Elektrizitäts-Gesellschaft angegebenen Konstruktion (D.R.P. 85720) wird der erwähnte geerdete metallische Mantel zwischen Hoch- und Niederspannungswickelung selbst zu einer in sich geschlossenen Wickelung ausgebildet, die gegenüber den Hochspannungsspulen die Rolle einer sekundären, gegenüber den Niederspannungsspulen die einer primären Wickelung spielt. Hoch- und Niederspannungsspulen können dann räumlich getrennt auf zwei verschiedenen Eisenkernen angebracht sein. Der geerdete geschlossene Mantel vermittelt die Induktion zwischen beiden.

Ein anderes Verfahren, um die in den Niederspannungskreis eingedrungene Hochspannung unschädlich zu machen, besteht darin, daß man einen passend gewählten Punkt der Niederspannungsleitung dauernd an Erde legt. Tritt alsdann Berührung zwischen beiden Leitungen ein, so spielen sich dieselben Vorgänge ab, wie bei geerdeter metallischer Zwischenschicht, ohne daß das Potential in der Verbrauchsleitung eine gefährliche Höhe erreichen kann.

Will oder muß man auf die dauernde Erdung eines Punktes verzichten, so kann eine von C a r d e w angegebene Einrichtung dienlich sein (D.R.P. 50375 (1889). Bei ihr stellt die elektrostatische Anziehungswirkung der Hochspannung einen Erdschluß her. Andere Anordnungen für denselben Zweck sind bei K a p p , Transformatoren, 2. Aufl. S. 197—201 beschrieben; siehe ferner ETZ 1901, S. 310, 569; 1902, S. 552.

Besonders bequem ist eine von Siemens & Halske ausgebildete Schutzvorrichtung, die in Gestalt eines Kontaktstöpsels gebaut wird. Vgl. ETZ 1901, S. 310.

[5]) Das E n t s t e h e n hoher Spannung in Niederspannungsstromkreisen kann z. B. beim Ausschalten von Magnetwickelungen stattfinden, wenn der hierbei wirksame Extrastrom nicht

102 Niederspannung. § 25. Aufstellung v. Generatoren.

Sicherungen vorzusehen, oder es sind geeignete Punkte zu erden.

c) Außerhalb elektrischer Betriebsräume müssen die unter Spannung stehenden Teile gegen zufällige Berührung geschützt sein[6]).

durch geeignete Anordnung der Verbindungen oder richtige Bauart des Schalters ungefährlich gemacht wird. Bei Synchronmotoren ist unter Umständen die Erregerwickelung von solcher Abmessung, daß in ihr sehr hohe Spannungen von seiten der Ankerwickelung induziert werden, wenn der Anker an Niederspannung angeschlossen wird, der Motor aber stillsteht oder eben im Anlauf begriffen ist. Ähnliches kann bei Meßtransformatoren eintreten, die zur Herabminderung der Stromstärke bestimmt sind, wenn der sekundäre Stromkreis geöffnet ist.

Diese Verhältnisse sind bei der Konstruktion von Niederspannungsmaschinen und Hilfsvorrichtungen zu beachten. Wenn die Bauart nicht derart gewählt werden kann, daß das Entstehen hoher Spannungen auch bei nicht normalen Betriebsverhältnissen ausgeschlossen ist, so sind auch hier Spannungssicherungen anzuordnen.

[6]) Der Schutz darf absichtliche Berührung und Beobachtung der Teile, wie dies zur Bedienung erforderlich ist, nicht erschweren; auch die Ventilation soll nicht beeinträchtigt werden. Daher sind weitmaschige Körbe oder einfache Schutzleisten, Geländer und dgl. besser als enge Kappen. Oft kann durch geeignete Ausgestaltung des Aufbaues der Maschine oder ihrer Teile, z. B. der Lagerschilder ein guter Schutz geschaffen werden; oft ist es am besten, die ganze Maschine durch Aufstellung an schwer zugänglicher Stelle oder durch Geländer oder Verschlag vor zufälliger Berührung zu hüten, wodurch gleichzeitig die genannten Teile geschützt sind. ETZ 1904, S. 1114 N. 117.

[7]) Maschinen und Motoren für hohe Spannung werden auf zwei verschiedene Arten aufgestellt. Entweder so, daß das Gestell und alle mit der Maschine zusammenhängenden Metallteile möglichst gut von Erde isoliert sind, oder so, daß man das Gestell und alle andern Teile, welche nicht betriebsmäßig Strom führen, mit der Erde leitend verbindet. Jedes von beiden Verfahren bietet besondere Vorteile, bringt aber auch gewisse Schwierigkeiten mit sich.

[8]) Das Verfahren, das Gestell zu isolieren, ist in Deutschland wenig gebräuchlich. Bei gewissen Systemen, die namentlich in der Schweiz ausgebildet und verwendet sind, ist es notwendig. Dort werden nämlich sehr hohe Gleichstromspannungen dadurch erzeugt, daß man mehrere Maschinen hintereinander schaltet. Man kann nun nicht jede einzelne Maschine so bauen, daß sie zwischen Wickelung und Gestell und namentlich am Kommutator die ganze in Betracht kommende Spannungsdifferenz aushält. Da aber ein erheblicher Teil dieser Spannungsdifferenz zwischen den stromführenden Teilen der Maschine und dem Erdboden wirksam ist, so muß man diese Differenz auf mehrere Isolierungen verteilen, um sie gewissermaßen stufenweise zu überwinden. Es werden daher die Wickelung zunächst vom Ankereisen, die Lager der Welle und die Elektromagnete vom Gestell, und schließlich das Gestell von Erde durch je eine starke isolierende Zwischenlage getrennt*).

---

*) Dengler beschreibt eine solche Isolierung in der schweizerischen Bauzeitung Bd. XII, No. 11 u. 12, wie folgt: Die Fundamente der Primärmaschinen bestehen aus verglasten Backsteinen von sehr hohem Iso-

Hochspannung. § 25. Aufstellung v. Generatoren. 103

Sicherungen vorzusehen, oder es sind geeignete Punkte zu erden.

c) Generatoren und Motoren müssen entweder[7]) gut isoliert und in diesem Falle mit einem gut isolierenden Bedienungsgange umgeben sein[8]).

Dies Verfahren soll auch den Vorteil haben, daß die Maschine weniger als eine mit geerdetem Gestell der Gefahr ausgesetzt ist, durch in die Leitung eingedrungene atmosphärische Entladungen zerstört zu werden. Die Schwierigkeiten liegen hauptsächlich darin, daß der Aufbau umständlich und kostspielig wird. Es ist klar, daß bei diesem Verfahren die von der Erde isolierten Teile sogenannte statische Ladungen annehmen können, welche auch auf anderen nicht mit der Maschine zusammenhängenden Metallteilen auftreten. Eine Berührung dieser Teile durch Menschen, die selbst auf der Erde stehen, würde daher einen, unter Umständen erheblichen Stromübergang auf den menschlichen Körper zur Folge haben. Sie wird aber ungefährlich, wenn der menschliche Körper selbst von Erde isoliert ist; denn in diesem Falle wird er nur den seiner Kapazität entsprechenden Ladungsstrom aufnehmen. Man muß daher dafür sorgen, daß es unmöglich ist, gleichzeitig mit der Erde und einem in der Nähe der Maschine befindlichen Metallteil in Berührung zu kommen. Dies geschieht am einfachsten dadurch, daß der Fußboden rings um die Maschine selbst gut isoliert wird. Dieser Isoliergang muß so groß sein und so eingerichtet werden, daß man auch nicht durch Vermittelung einer zweiten Person gleichzeitig einen zu der Maschine gehörigen und einen mit der Erde verbundenen Gegenstand berühren kann.

Der Isoliergang wird meistens aus Holz gebaut; an den Auflagestellen wird er durch Unterlagen von Glas oder Porzellan vom Erdboden und von den Wänden getrennt. Das Holz muß stets trocken gehalten werden. Zweckmäßig gibt man ihm einen Anstrich von Leinölfirnis oder Ölfarbe. Es ist gut, wenn der Isoliergang etwas über den Fußboden erhaben oder durch ein Geländer von dem übrigen Raum getrennt ist, damit man beim Betreten unwillkürlich aufmerksam gemacht wird.

Bis zu Spannungen von etwa 1000 Volt kann statt eines vollständigen Aufbaues aus Holz ein Belag des Fußbodens mit Kautschukplatten von entsprechender Größe und Dicke benützt werden.

Auch Linoleum ist dienlich, doch sind die einzelnen Sorten sehr verschieden hinsichtlich des Isoliervermögens und der Dauerhaftigkeit.

Bei Benützung von Platten aus Kautschuk und dgl. ist zu beachten, daß sie nicht durch eingedrungene Metallteile (Schuhnägel) verletzt werden.

Asphaltbelag des Fußbodens ergibt bei sorgfältiger Herstellung und Wartung ebenfalls eine brauchbare Isolierung, wird jedoch von Öl (Schmieröl) erweicht und dann leicht abgetreten. Werden ihm Steine beigemischt, so sind sie vorher gut zu waschen und scharf zu trocknen.

---

lationsvermögen; die horizontalen Fugen zwischen den Steinen sind mit Zement, die vertikalen mit Schwefel ausgegossen. In jeden dieser Sockel werden 16 Porzellantöpfe mit eingeschwefelten Tragbolzen eingelassen, und auf diesen Bolzen, aber von ihnen wieder durch Holzbuchsen isoliert, ruht nun der Fundamentrahmen der Dynamos. Dieser letztere steht selbst in keiner metallischen Verbindung, weder mit den Eisenmassen der Feldmagnete, noch mit dem Armatureisen, da beide neuerdings durch starke Zwischenlagen aus Glimmer vom Maschinengestell isoliert sind. Eine neuere Beschreibung isolierter Aufstellung siehe ETZ 1902, S. 1004 Sp. 3.

Außerdem aber ist zu beachten, daß zwischen den die Hochspannung selbst führenden Teilen, also z. B. den Bürsten und dem Gestell, noch sehr hohe Spannungsdifferenzen vorhanden sind. Der Aufbau der Maschine muß daher derartig sein, daß man auch bei Ausführung der notwendigen Hantierungen nicht gleichzeitig mit beiden in Berührung kommt. Es müssen also z. B. die Handgriffe der Bürstenhalter und ähnliche Dinge möglichst frei an der Außenseite der Maschine angebracht sein.

[9]) Der Aufbau der Maschinen mit geerdetem Gestell ist insofern einfacher, als die umständliche Isolierung der Fundamente wegfällt, die bei sehr schweren Maschinen manchmal überhaupt undurchführbar sein dürfte. Auf der andern Seite ist bei geerdetem Gestell die Gefahr, daß die Isolierung zwischen Wickelung und Gestell durchschlagen wird, viel größer, da im Falle eines Erdschlusses in einem Leiter die Spannung des andern Leiters gegen das Gestell gleich der vollen zwischen beiden Leitern vorhandenen Spannung wird. Auch die Gefahr einer Beschädigung der Maschine durch Blitzschläge soll größer sein. Für die Bedienung ergibt sich der Vorteil, daß alle geerdeten Teile des Gestelles ohne Rücksicht auf statische oder übergesickerte Ladungen gefahrlos berührt werden können. Um die Gefahr auch für den Fall auszuschließen, daß die hohe Spannung direkt auf das Gestell überspringt, ist auch der Fußboden, soweit er in der Nähe der Maschine etwa aus Metall (eiserne Fundamentrahmen, eiserne Schaltbühnen) besteht oder aus halbleitenden Stoffen (Mauerwerk) hergestellt ist, gut leitend mit dem Gestell zu verbinden. Dadurch soll bewirkt werden, daß das Spannungsgefälle, welches beim Stromübergang auf das Gestell und zum Erdboden auftritt, hinlänglich klein gemacht wird.

Es kann der Fall eintreten, daß die Erdleitung einen verhältnismäßig großen Widerstand hat; so z. B. wenn die Maschinen in einem oberen Stockwerk stehen und hinlänglich ausgedehnte geerdete Eisenmassen nicht zur Verfügung stehen; alsdann ist es wichtiger, den Fußboden in der Nähe der Maschine sehr gut mit dem Gestell zu verbinden, als beide Teile zusammen sehr gut an Erde zu legen. Es kommt nämlich stets auf dasjenige Spannungsgefälle an, dem der Bedienende (etwa zwischen den Auflagepunkten seiner Hände und Füße) ausgesetzt sein kann.

[10]) Die unter 4) und 6) besprochenen Maßnahmen schützen gegen die Gefahr, die bei Berührung der n i c h t stromführen-

Hochspannung. § 25. Aufstellung v. Generatoren. 105

Oder sie sollen geerdet und, soweit der Fußboden in ihrer Nähe leitend ist, mit demselben leitend verbunden sein[9]). Zur Erdung und zur Verbindung mit dem Fußboden sollen Kupferdrähte von mindestens 25 qmm Querschnitt benutzt werden, die gegen schädliche mechanische oder chemische Eingriffe geschützt sind.

In beiden Fällen sollen ihre stromführenden Teile während des Betriebes der zufälligen Berührung entzogen sein[10]).

Soweit in Gleichstromanlagen die betreffende Spannung 750 V nicht überschreitet und die Bedienung nur durch instruiertes Personal bewerkstelligt wird, kann von dieser Vorschrift abgesehen werden.

d) Transformatoren außerhalb elektrischer Betriebsräume müssen entweder allseitig in geerdete Metallgehäuse eingeschlossen oder in besonderen Schutzverschlägen untergebracht sein. Ausgenommen von dieser

den Teile der Maschine auftreten kann. Der Isolierstand kann allerdings auch die einseitige Berührung eines der Wickelungspole in ihrer Gefährlichkeit etwas herabsetzen; jedoch ist auch diese Berührung höchst bedenklich; bei geerdetem Gestell ist sie stets äußerst gefährlich. Daher sind zunächst Geländer anzuordnen, welche bewirken, daß alle die Teile, die zum Zwecke der Bedienung berührt oder besichtigt werden müssen, daher nicht abgedeckt werden können, jeder unbeabsichtigten Berührung entzogen werden. Alle anderen Hochspannung führenden Teile werden durch Gitter, Gehäuse oder durch die Gestaltung der Maschine selbst so geschützt, daß zufällige Berührung dieser Teile verhindert ist. Bestehen die Gehäuse oder durch die Gestaltung Metall, so müssen sie geerdet sein, soweit sie sich in der Nähe der Hochspannungsteile befinden und daher durch Influenz elektrische Ladungen annehmen können. Man muß hierbei Sorge tragen, daß diese metallischen Schutzhüllen den Hochspannungsteilen nicht so weit nähern, daß Funken überspringen können. Dies könnte zur Beschädigung der Maschine führen. Es ist deswegen in manchen Fällen angezeigt, die Metallhüllen mit isolierender Einlage zu versehen. Zu beachten bleibt stets, daß als Isoliermaterial nur das den Bedingungen des § 3 a) genügende gelten kann. ETZ 1905 S. 702 Nr. 172.

Wenn das Gestell geerdet und alle zugänglichen Hochspannung führenden Teile geschützt sind, ist es nicht notwendig, einen Isoliergang oder Isolierstand anzuwenden. Es ist jedoch nicht verboten, dies dennoch zu tun. In manchen Fällen, z. B. bei Hochspannungs-Gleichstrommaschinen, wo die Bürsten häufig verstellt oder aus anderen Gründen öfters in der Nähe der Maschine hantiert werden muß, kann es nützlich sein, außer den gebotenen auch noch diese Vorsichtsmaßregel anzuwenden. Man kann sich dann oft mit einer einfacheren Form des Isolierstandes, z. B. einer oder mehreren übereinander gelegten Gummimatten, begnügen. Auf keinen Fall aber darf die Benutzung eines Isolierganges bei geerdetem Gestell die Vernachlässigung der übrigen geforderten Maßnahmen zur Folge haben, weil man sonst trotz des isolierten Standpunktes gleichzeitig mit einem geladenen Metallteil und dem Gestell in Berührung kommen kann.

[11]) Für Transformatoren in elektrischen Betriebsräumen gelten die Vorschriften § 25 a) und 25 e). In der Regel ist auch in elektrischen Betriebsräumen für die Transformatoren ein be-

§ 26.
Leitungen im allgemeinen.

a) Alle Leitungen müssen so verlegt werden, daß sie nach Bedarf geprüft und ausgewechselt werden können[1]).

sonderer Raum vorgesehen. Ist dies nicht der Fall, so empfiehlt es sich, sie entweder jeder zufälligen Berührung zu entziehen (durch Anbringung in entsprechender Höhe, Geländer und dgl.), oder sie wie Maschinen gemäß § 25 c) zu behandeln.

Außerhalb der Betriebsräume stehen sie entweder in besonderen Schutzverschlägen (Transformatorhäuschen) oder, bei Kabelnetzen, unter dem Straßenniveau in Verteilungskästen innerhalb geerdeter Metallgehäuse; in den mit Strom versorgten Häusern werden sie vielfach entweder in ähnlichen Metallgehäusen oder in besonderen Verschlägen untergebracht. Bei Freileitungen werden sie häufig auf den Leitungsmasten befestigt und bedürfen im letzteren Fall der besonderen Metallgehäuse oder Schutzverschläge nicht. Enge Schutzverschläge oder Metallgehäuse müssen ventiliert werden, oder es muß auf andere Weise für Abkühlung gesorgt sein.

[12]) Die Erdung des Gestelles wird sich oft am besten mit Hilfe der Armatur der ein- und austretenden Kabel bewerkstelligen lassen. Die Vorrichtung kann in einem Schalter bestehen, der so angeordnet werden kann, daß beim Öffnen der Türe des Schutzgehäuses die Erdung selbsttätig erfolgt. Es genügen aber auch geeignete Klemmen, in die der geerdete Draht unter Beobachtung der nötigen Vorsicht eingeführt werden kann. Die Vorschrift gilt auch für Transformatoren in elektrischen Betriebsräumen. Sie soll eine gefahrlose Bedienung des Transformators ermöglichen. Selbstverständlich wird in der Regel jede Bedienung nur nach Abschaltung des Transformators von Primär- und Sekundärleitung vorgenommen. Es ist besonders zu beachten, daß das Abschalten der Primärleitung allein den Transformator nicht spannungslos macht, wenn die Sekundärleitung mit anderen Transformatoren in Verbindung steht.

Meßtransformatoren unterliegen den Bestimmungen des § 4 b).

[12]) Die Reihenschaltung von Transformatoren ist in Deutschland wenig gebräuchlich; sie kann aber unter Umständen, z. B. bei sehr großer Erstreckung und geringer Dichte der Verbrauchsstellen, vorteilhaft sein. Hierbei ist zu beachten, daß beim Ausschalten des Sekundärstromes eines Transformators seine Gegenkraft erheblich steigen kann; da der Strom konstant gehalten werden muß, so wird eine Erhöhung der Spannung in der Zentrale die Folge sein und der Transformator wird auf diese Weise mit einer viel höheren Induktion beansprucht, als während des Betriebes. Er kann so eine gefährliche Erhitzung erfahren. Man

Vorschrift sind Transformatoren, welche in Freileitungen unzugänglich angebracht sind[11]).

e) An jedem Transformator mit Ausnahme von Meßtransformatoren sollen Vorrichtungen angebracht sein, welche gestatten, das Gestell desselben gefahrlos zu erden[12]).

f) Bei Reihenschaltung von Transformatoren muß dafür gesorgt sein, daß bei Unterbrechung des sekundären Stromkreises eine gefährliche Erhitzung des Transformators nicht eintreten kann[12]).

§ 26.
Leitungen im allgemeinen.

a) Alle Leitungen müssen so verlegt werden, daß sie nach Bedarf geprüft und ausgewechselt werden können[1]).

---

vermeidet diesen Übelstand, indem man etwa in die Sekundärleitung eine bei bestimmter Spannungszunahme wirksam werdende Kurzschlußvorrichtung einschaltet, oder indem eine Drosselspule parallel zu den Verbrauchsapparaten (Lampen) geschaltet wird, die nur dann merkliche Energiemengen aufnimmt, wenn die Lampen ausgeschaltet sind. Es hängt von der Bauart des Transformators ab, ob solche Vorrichtungen notwendig sind oder nicht. Vgl. Kapp, Transformatoren 2. Aufl. 1900, S. 212 ff.

§ 26. [1]) Durch diese Bestimmung ist es verboten, Drähte unmittelbar einzumauern oder in den Verputz zu verlegen, ebensowenig dürfen sie einfach in den sogenannten Fehlboden, d. h. unmittelbar hinter dem Plafond oder unter den Fußböden eingezogen werden. Es ist vielmehr, wenn die Wandfläche glatt und die Leitung unsichtbar bleiben soll, die Verlegung in Röhren oder Kanälen anzuwenden, und zwar in der Weise, daß eine hinreichende Anzahl von Einführungs- und Abzweigungsdosen vorgesehen wird, um die Drähte herausziehen und einführen zu können, ohne dabei die Wände und Decken oder den Draht selbst zu verletzen. Dies ist notwendig, weil unzugängliche Drähte in bezug auf ihre Beschaffenheit und die Veränderung, welche die Isolierschicht durch die in Mauern und Wänden enthaltene Feuchtigkeit oder sonstige schädliche Stoffe erleidet, nicht untersucht werden können. Die entstehenden Fehler geben zu Erdschluß und Kurzschluß Anlaß, der alsdann oft an einer entfernten Stelle zu Überlastung und Entzündung führt.

Dabei ist auch zu beachten, daß jede Verlegungsart, welche eine Nachprüfung des verlegten Drahtes ausschließt, geeignet ist, die Arbeiter, welche die Verlegung ausführen, zu Mißbräuchen zu verleiten. Es werden z. B. Lötstellen eingefügt, wo sie nicht hingehören, oder die Lötstellen werden schlecht isoliert, verletzte oder zu dünne Drahtstrecken können verwendet werden und dgl. mehr. Diese Bedenken sprechen für die aufgestellte Bestimmung, während aus rein physikalischen Gründen nichts im Wege stände, etwa eine ungelötete Drahtlänge an einer trockenen Mauer in reinen Gips völlig einzubetten, sofern sie dort dauernd vor Nässe und vor Beschädigungen (etwa durch eingetriebene Nägel) geschützt ist.

(Über die Verlegung der Rohre vgl. auch § 30.)

Auch blanke, geerdete Mittelleiter dürfen nicht eingeputzt werden. Gerade sie sind mit besonderer Sorgfalt so zu verlegen, daß sie stets nachgesehen werden können; denn der Umstand,

108 Niederspannung. § 26. Leitungen im allgemeinen.

Für unterirdisch verlegte Kabel gilt diese Vorschrift nur bezüglich der Prüfung[2]).

b) Soweit festverlegte Leitungen der mechanischen Beschädigung ausgesetzt sind, oder soweit sie im Handbereich liegen, müssen sie durch Verkleidungen geschützt werden, die so hergestellt sein sollen, daß die Luft frei durchstreichen kann[3]). Rohre gelten als Schutzverkleidung. Armierte Bleikabel und metallumhüllte Leitungen, sowie sämtliche Leitungen in elektrischen Betriebsräumen unterliegen dieser Vorschrift nicht[4]).

c) Transportable Leitungen dürfen an festverlegte Leitungen nur mittels lösbarer Kontakte (§ 12) angeschlossen werden[5]). Soweit transportable Leitungen

---

daß die Verlegung hier ohne Rücksicht auf elektrische Isolation ausgeführt werden darf, verführt sehr leicht dazu, diese Leitung selbst mit weniger Sorgfalt zu behandeln. Vgl. unter 2) und 3).

[2]) Bei unterirdischer Verlegung von Kabeln ist nur dafür zu sorgen, daß eine Prüfung ihres Zustandes auf elektrischem Wege möglich bleibt; weshalb in nicht zu großer Entfernung von den Enden der Kabel Sicherungen oder Anschlußstellen vorzusehen sind, die ein Einschalten von Meßgeräten möglich machen. Die Kabel sind in hohem Grade in sich geschützt und eine mißbräuchliche Verlegung einzelner beschädigter oder ungeeigneter Strecken ist nicht so leicht möglich, wie bei Drähten.

[3]) Wo die Gefahr einer Verletzung vorliegt, kann nicht allgemein angegeben werden; es richtet sich dies nach der Beschaffenheit und Benutzungsart der Örtlichkeit. Diese Gefahr ist z. B. stets vorhanden, soweit die Leitungen in Betriebsstätten, an denen größere Werkstücke und Werkzeuge gehandhabt werden, in Küchen, Kinderzimmern und dgl., im Handbereiche liegen. Besonders gefährdet sind die Fußbodendurchgänge, ferner auch Leitungen, welche unmittelbar auf den Fußböden, z. B. auf dem eines Speichers geführt sind, wie dies z. B. bei den Zuleitungen zu sogenannten Oberlichtern bei Bühnenbeleuchtungen oder zu Kronleuchtern vorkommt. Diese bedürfen eines Schutzes auch dann, wenn der Speicher in der Regel nicht betreten wird. Überhaupt ist das Verlegen auf der Oberkante oder Oberfläche von horizontal verlaufenden Konstruktionsteilen der Gebäude viel weniger zu empfehlen, als die Benutzung der unteren oder seitlichen Flächen zu diesem Zweck. ETZ 1904, S. 425 N. 106.

Bei Hochspannung darf das Gebiet des „Handbereiches" nicht zu eng aufgefaßt werden. In und an Gebäuden sind die Hochspannungsleitungen nach § 26 i) in ihrer ganzen Ausdehnung zu schützen.

Geerdete Leitungen, wie sie im Mittelleiter von Dreileitersystem vorkommen, müssen nicht nur ebensogut, wie andere Leitungen, sondern womöglich noch sorgfältiger vor Verletzung geschützt werden, als jene. Denn eine Unterbrechung des geerdeten Leiters kann in den übrigen eine bedenkliche Erhöhung der Spannung zur Folge haben. Man darf sich dadurch, daß der geerdete Leiter manchmal unisoliert verlegt wird, nicht verleiten lassen, ihn mit weniger Sorgfalt zu behandeln oder zu verlegen.

[4]) Armierte Bleikabel und Panzerleitungen haben ihren Schutz in sich. In elektrischen Betriebsräumen, wie z. B. Akkumulatorräumen und dgl., ist es oft unmöglich, die Leitungen, z. B. die Verbindungsbarren zwischen den aufeinanderfolgenden Zellen zu verkleiden, weil dadurch ihre Beaufsichtigung unmög-

Hochspannung. § 26. Leitungen im Allgemeinen. 109

Für unterirdisch verlegte Kabel gilt diese Vorschrift nur bezüglich der Prüfung[2]).

b) Soweit festverlegte Leitungen der mechanischen Beschädigung ausgesetzt sind, oder soweit sie im Handbereich liegen, müssen sie durch Verkleidungen geschützt werden, die so hergestellt sein sollen, daß die Luft frei durchstreichen kann[3]). Armierte Bleikabel und metallumhüllte Leitungen, sowie sämtliche Leitungen in elektrischen Betriebsräumen unterliegen dieser Vorschrift nicht. Über Rohre siehe § 30[4]).

c) Transportable Leitungen dürfen an festverlegte Leitungen nur mittels lösbarer Kontakte angeschlossen werden. Vgl. hierzu die §§ 7, 8 und 12[5]). Soweit trans-

---

lich würde, ebenso gibt es im Maschinenraum Stellen, an denen stete Beaufsichtigung der Leitungen wichtiger ist, als Schutz gegen Berührung. Die Gefahren der letzteren sind in elektrischen Betriebsräumen dadurch herabgemindert, daß nur geschultes Personal dort in Betracht kommt.

Wo aber Rücksichten auf Beaufsichtigung oder auf Raumbedarf nicht in Frage sind, sollte man auch in elektrischen Betriebsräumen nach Möglichkeit für Schutz gegen zufällige Berührung sorgen, denn die Erfahrung lehrt, daß auch bei geschultem Personal Unfälle vorkommen, die auf zufällige oder fahrlässige Berührung zurückzuführen sind.

[5]) Biegsame Leitungsschnüre zum Anschluß transportabler Stromverbraucher wie Tischlampen, Plätteisen, Heizvorrichtungen werden durch die Handhabung der letzteren stärker angestrengt und rascher abgenutzt, als fest verlegte Leitungen. Da beim unmittelbaren Anschluß solcher biegsamer, transportabler Zuleitungen an fest verlegte durch die Handhabung der Stromverbraucher leicht ein Zug auf die fest verlegten Teile der Leitung ausgeübt werden kann, so ist dieser unmittelbare Anschluß verboten und die Benutzung eines Wandkontaktes vorgeschrieben. Hierbei ist auch Absatz f) zu beachten, wonach die Abzweigstellen von Zug zu entlasten sind. Besonders dürfen auch sogenannte Birnenschalter nur mittels Steckkontakt angeschlossen werden*). Weitere Anforderungen an transportable Leitungen sind in den Erläuterungen zu § 32 h) zusammengestellt. Siehe dort unter 11).

Es mag hier ausdrücklich erwähnt werden, daß Schnurpendel und Zuglampen nach § 21 d), sofern sie nicht zur Ortsveränderung eingerichtet sind, nicht als transportable Beleuchtungskörper angesprochen werden können, daher dem § 26 c) nicht unterliegen. ETZ 1904, S. 1116 N. 132. Auch Lampen mit begrenzter Beweglichkeit, die derart eingerichtet sind, daß die Leitungsschnur nicht auf Zug beansprucht werden kann, wie sie z. B. bei Webstühlen üblich sind, gelten nicht als transportabel. ETZ 1903, S. 516 N. 54; 1904, S. 362 N. 81 u. 98; S. 425 N. 107; 1905, S. 278 N. 136 u. 138; S. 279 N. 153. Werden jedoch solche an Schnurpendeln befestigte Lampen etwa mit Handgriffen oder Aufhängehaken oder mit besonders langen Zuleitungen versehen, um, wie in Akkumulatorräumen zum Prüfen der Zellen, an verschiedenen Stellen Verwendung zu finden, so gelten sie als transportabel und fallen unter § 26 c). Man kann in solchen Fällen oft den

---

*) Über mehrere durch bewegliche Leitungen verursachte Brandfälle siehe ETZ 1901, S. 1055.

110 Niederspannung. § 26. Leitungen im allgemeinen.

roher Behandlung ausgesetzt sind, müssen sie gegen mechanische Beschädigungen geschützt sein.

d) Die Verbindung von Leitungen untereinander sowie die Abzweigung von Leitungen geschieht mittels Lötung, Verschraubung oder gleichwertiger Verbindung[6]).
Abzweigungen von festverlegten Mehrfachleitungen nach § 8 müssen mit Abzweigklemmen auf isolierender Unterlage ausgeführt werden[7]).
An und in Beleuchtungskörpern sind Lötungen zulässig.

e) Zum Löten dürfen keine Lötmittel verwendet werden, welche das Metall angreifen[5]).

f) Bei Verbindungen oder Abzweigungen von isolierten Leitungen ist die Verbindungsstelle in einer der sonstigen Isolierung möglichst gleichwertigen Weise zu isolieren[9]). Die Anschluß- und Abzweigstellen müssen von Zug entlastet sein[10]).

---

lösbaren Kontakt an der Decke des Raumes anbringen, wenn dieser nicht zu hoch ist. Andernfalls muß der Anschluß an der Wand erfolgen oder man befestigt an der Decke einen entsprechend langen steifen Hängearm, welcher die Anschlußdose trägt. Hierbei ist besonders darauf zu sehen, daß der beim Lösen des Steckstöpsels entstehende Zug nicht auf die Zuleitungen übertragen wird. Man wird also den Hängearm mittelst starken Hakens aufhängen oder sonst sicher befestigen. Auf Werkplätzen und in Werkstätten, wo schwere Gegenstände hantiert werden, sind Panzerschnüre (§ 8 d) angezeigt oder es werden Metallschläuche zum Schutz der Schnüre benutzt.

[6]) Das elektrische Leitungsvermögen darf an einer Verbindungsstelle des Drahtes nicht geringer sein, als innerhalb des Drahtes selbst. Es ist demnach selbstverständlich, daß das häufig von unberufenem Personal beliebte Verfahren, die Drähte einfach umeinander zu würgen, unzulässig ist. Es bleibt hierbei stets eine Oxydschicht zwischen den beiden zu verbindenden Drahtenden, welche im Laufe der Zeit ihren Widerstand immer mehr erhöht; besonders dann, wenn der Zutritt von Feuchtigkeit nicht ausgeschlossen ist. Als eine dem Verlöten gleichwertige Verbindungsart ist der Drahtbund nach A r l t und M c I n t i r e vorgeschlagen worden, bei welchem eine Hülse von zähem Metall über die Drähte geschoben und mit denselben verdrillt wird. Die hierbei erzielte Vergrößerung der Übergangsfläche, verbunden mit dem ziemlich zuverlässigen Abschluß von Luft und Feuchtigkeit, lassen das Verfahren bei sorgfältiger Ausführung als zulässig erscheinen. Es empfiehlt sich dort, wo das Löten mit Gefahr verbunden ist, z. B. auf Strohdächern. ETZ 1903, S. 1049 N. 66.

Bei P e s c h e l s Verlegungsart in blanken Metallrohren, die als geerdeter Leiter dienen können, wird die leitende Verbindung der einzelnen Rohrlängen durch einen federnden Kontakt vermittelt, dessen richtiger Sitz kontrollierbar ist. Vgl. ETZ 1902, S. 202, 510. ETZ 1903, S. 1049 N. 69.

Es ist auch verboten, zwei Drähte durch eine freihängende Klemmschraube zu verbinden. Dieses Hilfsmittel ist ausschließlich zu vorübergehenden Verbindungen anzuwenden, wie sie bei Versuchen im Laboratorium usw. benötigt werden, niemals aber zu dauerndem Anschluß; denn es ist klar, daß, abge-

portable Leitungen roher Behandlung ausgesetzt sind, müssen sie gegen mechanische Beschädigungen besonders geschützt sein.

d) Die Verbindung von Leitungen untereinander, sowie die Abzweigung von Leitungen geschieht mittels Lötung, Verschraubung oder gleichwertiger Verbindung[6]).

e) Zum Löten dürfen keine Lötmittel verwendet werden, welche das Metall angreifen[8]).

f) Bei Verbindungen oder Abzweigungen von isolierten Leitungen ist die Verbindungsstelle in einer der sonstigen Isolierung möglichst gleichwertigen Weise zu isolieren[9]). Die Anschluß- und Abzweigsstellen müssen von Zug entlastet sein[10]).

sehen von der Oxydation der Verbindungsstellen, schon durch die Schwingungen, welche die freihängende Masse der Klemme stets ausführen wird, ein Zug auf die Berührungsstellen und damit allmähliche Lockerung der Verbindung entsteht. Eine andere unzulässige Verbindungsart siehe ETZ 1905 S. 279 N. 148. Ist es an irgend einer Stelle erwünscht, eine lösbare Verbindung zwischen zwei Drähten zu haben, so setze man eine mit entsprechender Unterlage an der Wand oder Decke befestigte Anschlußklemme ein, wie sie zum Gebrauch an kleinen Schaltbrettern, Anschlußdosen und dgl. hergestellt werden. Vgl. § 38 e).

[7]) Das zuletzt unter 6) erwähnte Mittel ist bei Mehrfachleitungen nach § 8 zur Abzweigung an Stelle des Abzweigens durch Lötung sowie im § 38 e) für alle Verbindungen von Schnüren unter sich und mit Drähten gefordert, weil die Erfahrung gezeigt hat, daß die feinen Drähte, aus denen die Mehrfachleitung besteht, beim Löten, namentlich wenn es mit der Lötlampe ausgeführt wird, leicht verbrannt werden. ETZ 1903, S. 1049, N. 73. Außerdem sind die Abzweigungen mittels Klemmen auf isolierender Unterlage leichter kontrollierbar als Lötungen, deren schlechte Ausführung durch die Umwickelung mit Isolierband leicht verdeckt werden kann. Hierbei sind jedoch die Enden jeder Schnur durch Eintauchen in Lot zu vereinigen. Vgl. § 10 c) und § 38 e). Eine Beschreibung solcher Abzweigklemmen siehe z. B. in ETZ 1901, S. 327.

An und in Beleuchtungskörpern fehlt in der Regel der Raum für die Klemmen. Man hat daher dort das Löten zugelassen. Sorgfältigste Ausführung der Lötstellen durch besonders geschulte Arbeiter ist hier dringend nötig. Zur leichteren Auffindung von Fehlern empfiehlt es sich jedoch, den ganzen Beleuchtungskörper durch Klemmen an die äußere Zuleitung anzuschließen. ETZ 1903 S. 434 N. 45, 1904 S. 362 N. 79, S. 1116 N. 132, 1905 S. 279 N. 152.

[8]) Als Lötmittel kann zweckmäßig Kolophonium, auf keinen Fall Säure verwendet werden. Um das Einlöten von Leitungsenden in Kabelschuhe oder Verbindungsstücke zu erleichtern, kommen neuerdings lötfertige Kontakte (nach H. Hirsch) in den Handel. Vgl. § 10 c) S. 51 unter 6.)

[9]) Die Isolierung der Lötstelle erfolgt entsprechend der angewendeten Drahtsorte mit Isolierband, Guttaperchapapier und

112 Niederspannung. § 26. Leitungen im allgemeinen.

g) Kreuzungen von stromführenden Leitungen unter sich und mit sonstigen Metallteilen sind so auszuführen, daß Berührung ausgeschlossen ist. Kann kein genügender Abstand eingehalten werden, so sollen isolierende Rohre übergeschoben oder isolierende Platten dazwischen gelegt werden, um die Berührung zu verhindern. Rohre und Platten sind sorgfältig zu befestigen und gegen Lageveränderung zu schützen[11]).

h) Bei Einrichtungen, bei denen ein Zusammenlegen von mehr als 3 Leitungen unvermeidlich ist (z. B. Reguliervorrichtungen) dürfen Gummiaderleitungen so verlegt werden, daß sie sich berühren, wenn eine Lagenveränderung ausgeschlossen ist[12]).

---

sogenanntem Compound. Dabei ist hauptsächlich auf einen guten Anschluß an die unverletzte Hülle des Drahtes zu achten, welcher ein Eindringen von Feuchtigkeit wirksam verhindert.

In neuerer Zeit kommen T-förmige abgepaßte aufgeschnittene Gummiröhrchen zum Isolieren von Abzweigstellen auf den Markt.

[10]) Die Entlastung der Abzweigstellen geschieht durch Befestigungsmittel (Isolierglocken, Rollen etc.), die in unmittelbarer Nähe der Verzweigung so angeordnet werden, daß sie den abgezweigten Teil tragen, ohne die Hauptleitung aus ihrer Lage zu bringen. Am einfachsten ist es, die Abzweigungen nur an den Befestigungsstellen der Hauptleitung selbst vorzunehmen. Ist die Leitung und die Abzweigleitung in Rohren verlegt, so daß beide Teile auf ihrer ganzen Länge gestützt und überhaupt nicht gespannt werden, so entfällt natürlich die Notwendigkeit einer Entlastung. Dagegen ist die Entlastung von Zug besonders auch beim Anschluß von Schnurpendeln und von beweglichen Stromverbrauchern zu beachten, welch letztere nach § 26 c) mittels Steckkontaktes zu erfolgen hat. Beim Gebrauch der Steckkontakte begegnet man oft einem leider sehr beliebten, aber durchaus fehlerhaften Verfahren, darin bestehend, daß beim Abschalten beweglicher Apparate von der Anschlußdose die Leitungsschnur ergriffen und so lange an ihr gezogen wird, bis sich der Kontaktstöpsel aus seinen Federn löst. — Da aber auch unbeabsichtigterweise bei der Handhabung der beweglichen Apparate (Kochapparate, Tischlampen, Plätteisen) vielfach Zug auf die Leitungsschnüre geübt wird, so ist es nützlich, die Anschlüsse so zu gestalten, daß die Kupferlitze selbst entlastet wird. Allgemein vorgeschrieben ist dies jedoch nicht (ETZ 1903, S. 294 N. 31), wohl aber wird es von einzelnen Elektrizitätswerken, z. B. von den Berliner Elektrizitätswerken gefordert. Zu diesem Behufe kann die Umklöppelung oder noch besser eine besondere mit der Litze verflochtene Trageschnur an beiden Enden so befestigt werden, daß sie den Zug aufnimmt (vgl. auch § 21 d). Es existieren Anschlußdosen, welche das oben erwähnte mißbräuchliche Verfahren dadurch verhindern, daß sie nach Art eines Bajonettverschlusses gebaut sind. Um das An- und Abschalten erforderliche Drehung auszuführen, muß man den Knopf selbst erfassen, und der schlechten Gewohnheit, an der Schnur zu ziehen, wird so entgegengearbeitet. Auch kann der Stecker durch einen Schalter verriegelt sein, was namentlich bei Hochspannung zu empfehlen ist. (§ 12 e der Hochspannung.)

[11]) Sehr zweckmäßig verwendet man bei Verlegung auf Rollen oder Glocken an den Kreuzungsstellen besonders aus-

Hochspannung. § 26. Leitungen im allgemeinen. 113

g) Kreuzungen von stromführenden Leitungen unter
sich und mit sonstigen Metallteilen sind so auszuführen,
daß Berührung ausgeschlossen ist[11]).

h) Ist das Zusammenlegen von mehreren Leitungen
unvermeidlich, so sind oberhalb 1000 V Spezial-Gummiaderleitungen oder Kabel zu verwenden[12]).

---

gebildete Isolatoren, die auf der Kopffläche eine Quernut für den
einen Draht und auf den Mantelflächen eine oder mehrere Ring-
nuten für den kreuzenden Draht besitzen und so den richtigen
Abstand zwischen beiden Leitungen gewährleisten.

Besonders die Kreuzung von offen verlegten Drähten und
Schnüren mit Gas- oder Wasserleitungsrohren ist sorgfältig zu
behandeln, weil' sich hier leicht Erdschlüsse ausbilde. Sind
beide sich kreuzende Leitungen in Rohren verlegt, so bilden natürlich die Rohre selbst die genügende isolierende Zwischenschicht.

Für blanke Drähte in Gebäuden sind die Abstände zwischen
den Drähten und von der Wand, wie sie im § 28 b) vorgeschrieben
sind, auch bei Kreuzungen der Drähte unter sich oder mit andern
Metallteilen einzuhalten.

Für isolierte Drähte regelt sich die Entfernung durch das
Befestigungsmittel. Es dürfen also im allgemeinen zwei auf
Rollen verlegte Drähte nicht näher aneinander kommen, als die
Dicke der Rollen beträgt. ETZ 1904, S. 1115 N. 118 c).

[12]) Die Abstände parallel geführter Drähte unter sich sind
für blanke Drähte durch § 28 b) geregelt. Isolierte Drähte werden
in Rohren (§ 30 d) und Beleuchtungskörpern unmittelbar nebeneinander gelegt. Bei offener Verlegung ist dies jedoch im allgemeinen nicht zulässig. Die Isolatoren sollen vielmehr in solchem Abstande voneinander stehen, daß sich die Drähte auch
auf den frei gespannten Strecken nicht aneinander scheuern
können. In der Regel wählt man für Niederspannung 5 cm, bei
Hochspannung 10 cm Abstand, häufig ist jedoch je nach der Art
der benützten Isolierhülle und der Höhe der Spannung, noch
größerer Abstand erforderlich.

Das Bedürfnis nach einem dichteren Zusammenlegen macht
sich nur in besonderen Fällen fühlbar, so z. B. bei der Einrichtung von Bühnenregulatoren, oder bei den neuerdings beliebten
Reklamebeleuchtungen mit umlaufenden Schaltwalzen. Hier
müssen zahlreiche Leitungen, die den einzelnen Lampengruppen
zugehören, auf kleinere oder größere Strecken einen gemeinsamen
Weg nehmen und treffen an der Schaltvorrichtung dicht zusammen. Derartige Leitungen dürfen dicht zusammengelegt
werden, wenn sie mit nahtloser Gummiader umhüllt und außerdem so fest miteinander verbunden sind, daß sie sich nicht gegeneinander bewegen, also reiben oder verwirren können. Am besten
vereinigt man sie auf der gemeinsamen Wegstrecke durch Um-
schnüren mit Isolierband oder Einnähen in einen Schlauch
aus starkem, wasserdichtem Stoff oder Leder. Bei Niederspannung ist Gummiaderleitung, also sowohl Aderdraht nach § 7 c)

§ 27.
Wand- und Deckendurchführungen.

a) Durch Wände und Decken sind die Leitungen entweder der in den betr. Räumen gewählten Verlegungsart entsprechend hindurchzuführen, oder es sind haltbare Rohre aus Isoliermaterial zu verwenden[1]), und zwar für jede einzeln verlegte Leitung und für jede Mehrfachleitung je ein Rohr[2]).

Diese Durchführungsrohre müssen an den Enden

---

als Aderschnur nach § 8 b), bei Hochspannung unter 1000 Volt dieselben Drahtsorten, über 1000 Volt nur Spezialgummiader oder Kabel zulässig.

[13]) Bei metallischen Schutzverkleidungen ist auf sorgfältige Bemessung der Erdverbindung und leitende Verbindung der Stoßstellen die größte Aufmerksamkeit zu richten; denn es ist nie ganz ausgeschlossen, daß die Leitung an einer oder der andern Stelle die Verkleidung berührt und daß ein Durchschlagen der Isolierhülle stattfindet. Wenn die sichere Erdung nicht durchführbar ist, so ist eine isolierende Verkleidung vorzuziehen. Wenn die Schutzverkleidung dem Zweck der Leitung widersprechen würde, wie z. B. bei Kontaktleitungen von Laufkränen, so ist die Leitung durch die Lage, in der sie angeordnet ist, gegen Berührung zu sichern. ETZ 1905, S. 475 N. 162.

[14]) Bei armierten Kabeln ist es nicht unter allen Umständen genügend, die Armierung an Erde zu legen, da sie manchmal nicht genügend Leitfähigkeit besitzt, um den ganzen Strom, der bei Durchschlagen des Kabels auftreten kann, sicher abzuführen. Es ist in solchen Fällen nötig, die Erdleitung nicht nur an die Armatur, sondern auch an den Bleimantel anzulegen.

i) Alle nicht betriebsmäßig geerdeten Leitungen, mit Ausnahme von Kabeln in und an Gebäuden, müssen entweder durch ihre Lage und Anordnung oder durch Schutzverkleidung gegen Berührung und Beschädigung gesichert sein. Diese Schutzverkleidung muß die in §§ 27—29 vorgeschriebenen Abstände haben und, soweit sie der Berührung durch Personen zugänglich ist, aus feuchtigkeitsbeständigem Isoliermaterial (mit Isoliermasse imprägniertes Holz ist zulässig) oder aus geerdetem Metall bestehen. Netze müssen in diesem Fall höchstens 5 cm Maschenweite und wenigstens $1^1/_2$ mm Drahtdicke haben[13]).

k) Wenn die äußere Metallhülle von Kabeln und Panzerleitungen zuverlässig geerdet werden kann, so genügt diese Erdung[14]). Anderenfalls müssen sie, soweit sie der Berührung zugänglich sind, durch eine Verkleidung geschützt werden, welche entweder isolierend ist oder aus geerdetem Metall besteht.

l) Wenn eine Leitung an der Außenseite eines Gebäudes geführt ist, so darf, einerlei ob sie blank oder isoliert ist, ihr Abstand von der äußeren Gebäudewand oder der Schutzverkleidung an keiner Stelle weniger als 1 cm für je 1000 V, muß aber mindestens 10 cm betragen[15]).

§ 27.
Wand- und Deckendurchführungen.

a) Durch Wände und Decken sind die Leitungen entweder der in den betreffenden Räumen gewählten Verlegungsart entsprechend hindurchzuführen, oder es sind haltbare Rohre aus Isoliermaterial zu verwenden[1]), und zwar für jede einzeln verlegte Leitung und für jede Mehrfachleitung je ein Rohr[2]).

Diese Durchführungsrohre müssen an den Enden

---

[15]) Über die Abstände der Leitungen von der Wand sowohl innerhalb als außerhalb von Gebäuden siehe die Erläuterungen zu § 28 b) unter 3).

§ 27. [1]) Hiernach sind alle Durchführungen, sofern sie nicht in weiten Kanälen oder mittels Kabel bewerkstelligt werden, mit Hilfe von Rohren auszuführen. Porzellan-, Papier-, Eisenrohre mit isolierender Einlage sind zulässig. Ungeschützte Papier- und Hartgummirohre gewährleisten nicht immer die geforderte Haltbarkeit, namentlich nicht bei Durchgängen durch Fußböden. Es ist demnach unter anderm durchaus verboten, Tür- oder Fensterrahmen, Holzwände, Schalttafeln, usw. einfach zu durchbohren und die Drähte durch das enge Loch ohne weiteres hindurchzuführen; stets sind Führungen einzusetzen, welchen man passend abgerundete Enden gibt, um das Scheuern des Drahtes an den Rohrkanten zu vermeiden.

[2]) Wo die Drähte einzeln verlegt sind, sollen sie nicht durch ein gemeinsames Rohr, sondern mittels getrennter Rohre durch Wände und Decken geführt werden, damit nicht die ohnehin stärker gefährdete Stelle des Durchgangs auch noch eine weniger gute Verlegungsart aufweist, als die übrigen Strecken. Dagegen ist es z. B. zulässig, die Steigleitungen völlig in Rohren zu ver-

mit Tüllen aus feuersicherem Isoliermaterial versehen und so weit sein, daß die Drähte leicht darin bewegt werden können[3]).

In feuchten Räumen sind entweder Porzellanrohre zu verwenden, deren Enden nach Art der Isolierglocken ausgebildet sind, oder die Leitungen sind frei durch genügend weite Kanäle zu führen[4]).

Über Fußböden müssen die Rohre mindestens 10 cm vorstehen und gegen mechanische Beschädigungen sorgfältig geschützt sein[5]).

b) Armierte Bleikabel, metallumhüllte Leitungen, sowie betriebsmäßig geerdete Leitungen fallen nicht unter die Bestimmungen dieses Paragraphen, sind aber gegen die Einflüsse der Mauerfeuchtigkeit zu schützen, z. B. durch Anstrich[7]).

§ 28.
Blanke Leitungen in Gebäuden.

a) Offen verlegte blanke Leitungen aus Kupfer oder anderen Metallen von mindestens gleicher Bruchfestigkeit müssen einen Minimalquerschnitt von 4 qmm haben[1]).

---

legen, die Verteilungsleitungen in den einzelnen Stockwerken dagegen offen. Vergl. ETZ 1896, S. 683; 1902, S. 689.

[3]) In vielen Fällen empfiehlt es sich, die Rohre an einem oder an beiden Enden abzudichten. Dies hat den Zweck, eine mit Abscheidung von Kondenswasser verbundene Luftzirkulation zu verhindern. Auch liegt die Gefahr vor, daß bei wiederholtem Tünchen der Wände der freie Raum zwischen Rohrwand und Drahtleitung mit Kalk ausgefüllt wird, der die Drähte angreift. Die Abdichtung geschieht am besten mit Isoliermasse.

[4]) In feuchten Räumen geben enge Rohre und Durchlässe leicht zu dauernden Wasseransammlungen Anlaß, welches oft chemisch wirksame Stoffe enthält, die die Leitung angreifen; außerdem kann es über die Oberfläche des Rohres hinweg eine Stromableitung zur Wand und Erde vermitteln, wenn nicht, wie vorgeschrieben, die Enden der Rohre als Isolierglocken ausgebildet sind. Metallrohre mit isolierender Einlage und glockenförmigen Endstücken aus Porzellan sind im Handel zu haben.

[5]) An der Durchgangsstelle durch Fußböden sind die Leitungen der Gefahr, beschädigt zu werden, besonders stark ausgesetzt. Auch eindringendes oder an den Leitungen entlang laufendes Wasser ist zu fürchten. Hier wird man zerbrechliche

mit Tüllen aus feuersicherem Isoliermaterial versehen und so weit sein, daß die Drähte leicht darin bewegt werden können[3]).

In feuchten Räumen sind entweder Porzellan- oder gleichwertige Rohre zu verwenden, deren Gestalt keine merkliche Oberflächenleitung zulässt, oder die Leitungen sind frei durch genügend weite Kanäle zu führen[4]).

Über Fußböden müssen die Rohre mindestens 10 cm, über Decken und Wandflächen mindestens 5 cm vorstehen und müssen gegen mechanische Beschädigungen sorgfältig geschützt sein[5]).

Für Spannungen über 1000 V muß entweder unter Innehaltung einer Entfernung von 1 cm für je 1000 V, mindestens aber von 5 cm zwischen Wand und Leitung, ein Kanal hergestellt werden, welcher die Durchführung der Leitung von Isolierglocken aus gestattet, oder es sind Porzellan- oder gleichwertige Isolierrohre zu verwenden, deren Gestaltung eine merkliche Oberflächenleitung ausschließt. Für jede Leitung ist, abgesehen von Mehrfachleitungen, ein besonderes Rohr vorzusehen[6]).

b) Armierte Bleikabel und betriebsmäßig geerdete Leitungen fallen nicht unter die Bestimmungen dieses Paragraphen, sind aber gegen die Einflüsse der Mauerfeuchtigkeit zu schützen, z. B. durch Anstrich[7]).

§ 28.
Blanke Leitungen in Gebäuden.

a) Blanke Leitungen außerhalb elektrischer Betriebs- und Akkumulatorenräume sind nur als Kontaktleitungen, und zwar nur bis zu 1000 V gestattet. Bei mehr als 1000 V sind sie nur in elektrischen Betriebs- und Akkumulatorenräumen zulässig[1]).

Rohre aus Glas oder dünnem Porzellan, sowie spröde Hartgummirohre oder ungeschützte Papierrohre vermeiden, oder sie nochmals besonders schützen.

Wenn weite Kanäle, in denen dieselbe Verlegungsart beibehalten werden kann, wie in den enden Kanäle verbundenen Räumen, in Rücksicht auf die gute und gleichmäßige Isolation den engen Durchführungsrohren vielleicht vorzuziehen sind, so sei doch nicht unerwähnt, daß sie schon bei ausgebrochenem Schadenfeuer dessen Ausbreitung von einem Stockwerk zum andern erleichtert oder veranlaßt haben. Man wird daher bei Deckendurchgängen in der Wahl der Abmessungen solcher Kanäle eine gewisse Vorsicht üben müssen.

[6]) Eine Zusammenstellung der für offen verlegte Hochspannungsleitungen vorgeschriebenen Abstände siehe bei den Erläuterungen zu § 28 b) unter 3).

[7]) Über betriebsmäßig geerdete Leitungen vergl. auch § 15, § 22 und § 28 d). Wenn sie nach den Bestimmungen des § 27 nicht allen gestellten Anforderungen zu genügen brauchen, so ist doch zu beachten, daß die Aufrechterhaltung des Zusammenhanges und gleichmäßig guter Leitfähigkeit auch für betriebsmäßig geerdete Leitungen von größter Wichtigkeit ist. Man

118 Niederspannung. § 28. Leitungen in Gebäuden.

b) Sie dürfen nur auf Isolierglocken oder gleichwertigen Vorrichtungen verlegt werden[2]) und müssen, soweit sie nicht unausschaltbare Parallelzweige sind, bei Spannweiten von mehr als 6 m mindestens 20 cm, bei Spannweiten von 4 bis 6 m mindestens 15 cm und bei kleineren Spannweiten mindestens 10 cm voneinander, in allen Fällen aber mindestens 10 cm von der Wand bezw. von Gebäudeteilen entfernt sein[3]).

Bei Verbindungsleitungen zwischen Akkumulatoren, Maschinen und Schalttafeln, bei Zellenschalterleitungen und bei parallel geführten Speise-, Steig- und Verteilungsleitungen können starke Kupferschienen, sowie starke Kupferdrähte in kleineren Abständen voneinander verlegt werden[4]).

---

muß sich daher immerhin hüten, sie der Gefahr auszusetzen, daß sie durch mechanische Einwirkung zerrissen oder durch ätzende Stoffe zerfressen werden.

§ 28. [1]) Bei blanken Leitungen in Gebäuden ist zu unterscheiden zwischen betriebsmäßig geerdeten und solchen, die unter Spannung stehen. Die letzteren sind auch bei Niederspannung in Wohnräumen sowie in explosionsgefährlichen Räumen nicht gestattet [§ 38 a), § 40 c)], sie kommen in Betriebs- und Akkumulatorenräumen, ferner in feuchten Räumen und solchen mit ätzenden Dünsten vor [§ 41 b), § 42] und zwar dort mit schützendem Anstrich; ferner finden sie sich als **Kontaktleitungen** für Laufkrane und dergl. in Fabrikräumen.

Bei Hochspannung ist ihre Verwendung noch weiter eingeschränkt.

Der Minimalquerschnitt von 4 qmm ist für Niederspannung und gemäß § 5c auch für Hochspannung im Interesse der Festigkeit und Sichtbarkeit verlangt. Bei Freileitungen ist er auf 6 qmm (§ 23 b) bezw. 10 qmm (§ 5c) festgesetzt; die Forderung von 4 qmm in Gebäuden gilt auch für blanke betriebsmäßig geerdete Leitungen, sofern sie offen verlegt sind, dagegen können in geerdeten Metallrohren, die selbst als geerdete Betriebsleitung dienen, zur Unterstützung ihres Leitvermögens auch dünnere blanke Drähte eingelegt sein.

[2]) Blanke Leitungen bedürfen naturgemäß stets eines besser isolierenden Befestigungsmittels, als isolierte Leitungen. Bei der Beurteilung der Gleichwertigkeit ist stets von der Porzellandoppelglocke als der normalen Isoliervorrichtung auszugehen. Es müssen daher die Ersatzmittel dem Stromübergang ähnlich lange Wegstrecken entgegensetzen. Auf den Schutz gegen Regen, den die Glocke bietet, kann in trockenen Räumen unter Umständen verzichtet werden, doch ist zu beachten, daß die vertikalen überdachten isolierenden Flächen der Glocke auch dem Staub und Schmutz besser entzogen sind, als unüberdachte Flächen. In Kellern, Stallungen, dampferfüllten Räumen ist auf Tropfwasser und Kondenswasser Rücksicht zu nehmen. Vergl. auch Erläuterungen zu § 23 d) S. 89 unter 9).

[3]) Berührung zwischen blanken Leitungen gibt zu Kurzschluß und Funkenbildung oder zur Bildung stehender Lichtbogen Anlaß, und zwar nicht nur zwischen Leitungen verschiedener Polarität, sondern auch zwischen gleichpoligen, die Spannungsdifferenzen aufweisen. In Gebäuden ist der Durchhang, außerdem aber auch die stärkere Erwärmung einzelner Leitungsstrecken

Hochspannung. § 28. Leitungen in Gebäuden. 119

b) Sie dürfen nur auf Isolierglocken oder gleichwertigen Vorrichtungen verlegt werden[2]) und müssen, soweit sie nicht unausschaltbare Parallelzweige sind, voneinander, von der Wand oder anderen Gebäudeteilen und von der eigenen Schutzverkleidung nicht weniger als 1 cm für je 1000 V, mindestens aber 10 cm entfernt sein. Die Spannweite der Leitungen soll, wo nicht besondere Verhältnisse eine Abweichung bedingen, nicht mehr als 3 m betragen[3]).

Bei Verbindungsleitungen zwischen Akkumulatoren, Maschinen und Schalttafeln, bei Zellenschalterleitungen und bei parallel geführten Speise-, Steig- und Verteilungsleitungen können starke Kupferschienen, sowie starke Kupferdrähte in kleineren Abständen voneinander verlegt werden[4]).

durch etwa vorhandene Kessel, Öfen, Feuerungen, ferner die zufällige Berührung mit Werkzeugen, Staffeleien u. s. w. zu berücksichtigen.

Unausschaltbare Parallelzweige kommen in der Regel nur dadurch zustande, daß man des leichteren Spannens wegen oder behufs nachträglicher Verstärkung mehrere dünne Drähte statt eines dicken nebeneinander spannt. Sie sind an einzelnen Stellen miteinander durch verlötete Querdrähte zu verbinden.

Für offen verlegte Leitungen sind folgende Abstände von der Wand oder von Gebäudeteilen vorgeschrieben, § 26 l). § 27 a) Abs. 5, § 28 b), § 29 b).

	Außerhalb von Gebäuden § 26 l)	Bei Wanddurchführung § 27 a) Abs. 5	In Gebäuden für isolierte Leitungen § 29 b)	In Gebäuden für blanke Leitungen § 28 b)
bis 500 Volt	10 cm	—	1 cm	10 cm
„ 1 000 „	10 „	—	2 „	10 „
oberh. 1 000 „	10 „	5 cm	5 „	10 „
bei 2 000 „	10 „	5 „	5 „	10 „
„ 3 000 „	10 „	5 „	5 „	10 „
„ 5 000 „	10 „	5 „	5 „	10 „
„ 6 000 „	10 „	6 „	6 „	10 „
„ 10 000 „	10 „	10 „	10 „	10 „
„ 20 000 „	20 „	20 „	20 „	20 „
„ 30 000 „	30 „	30 „	30 „	30 „

Für die Bemessung der Abstände ist diejenige Spannung maßgebend, welche unter normalen Verhältnissen zwischen Leitung und Wand vorhanden ist.

Die geforderten Abstände berücksichtigen bereits den Durchhang und die Beweglichkeit der Drähte, sie sind vielmals größer, als den beobachteten Durchschlagsspannungen entspricht. Letztere folgen ungefähr der Formel $V = 3300\, d^{2/3}$ Volt. ETZ 1904, S. 7.

In feuchten Räumen sind bei Hochspannung die Abstände zu verdoppeln (§ 41 c)

[4]) Die für Akkumulatorräume und die Leitungen nach den sogenannten Zuschaltezellen und für ähnliche Verhältnisse gemachte Ausnahme ist nur für solche Leitungen gültig, die keine erheblichen Spannungsdifferenzen aufweisen, sie ist darin begründet, daß für diese, meist in großer Anzahl nötigen, Leitungen

120 Niederspannung. § 29. Verlegung mit Glocken etc.

c) Blanke Leitungen außerhalb elektrischer Betriebs- und Akkumulatorenräume sind gegen zufällige Berührung zu schützen[5]).

d) Betriebsmäßig geerdete blanke Leitungen fallen nicht unter die Bestimmungen b) und c) dieses Paragraphen, müssen aber gegen die bei normaler Benutzung des betreffenden Raumes vorauszusetzenden Beschädigungen geschützt sein[6]).

Isolierte Drähte und Schnurleitungen.
§ 29.
Verlegung mit Glocken, Rollen, Ringen und Klemmen.

a) Glocken sollen nur in aufrechter Stellung bezw., wenn eine Neigung nicht zu vermeiden ist, so angebracht werden, daß sich kein Wasser in ihnen ansammeln kann[1]).

b) Glocken, Rollen, Ringe und Klemmen, die zur Verlegung von Draht und Schnurleitungen dienen,

in der Regel nur ein beschränkter Raum zur Verfügung steht. Die großen Querschnitte dieser Drähte werden ihnen in der Regel so viel Festigkeit verleihen, daß die Gefahr einer Berührung ausgeschlossen ist. Benutzt man dabei Rollen auf gemeinsamem Träger, so muß die geringere Isolierfähigkeit der Rollen durch eine bessere Isolation des gemeinsamen Rollenträgers ausgeglichen werden.

Zu beachten ist, daß die elektrodynamische Anziehung und Abstoßung bei hohen Stromstärken Ausbiegungen der Leitungsschienen und infolgedessen gegenseitige Berührung bewirken kann.

[5]) Der Schutz gegen Berührung soll einerseits die Leitungen vor Zerstörung, andererseits die Menschen vor elektrischen Schlägen und Beschädigung bewahren. Auch in Betriebs- und Akkumulatorräumen ist es dringend ratsam, Schutzmaßregeln zu treffen, soweit sie nicht den Betrieb zu sehr beeinträchtigen. Anstrich der Leitungen schützt diese wohl gegen chemische Angriffe, nicht aber die Menschen gegen elektrische Schläge.

[6]) Vergl. auch § 15, § 22 und § 27 b[7]). Der Minimalquerschnitt von 4 qmm gilt auch für die betriebsmäßig geerdeten blanken Leitungen, soweit sie nicht in Rohren liegen.

Bei Anlagen nach dem Dreileitersystem wird in neuerer Zeit häufig der Mittelleiter unmittelbar und dauernd an Erde gelegt; nunmehr ist dies durch § 22 f) vorgeschrieben. Das Gleiche geschieht bei Bahnen und manchmal auf Schiffen mit dem einen Pol einer Zweileiter-Anlage. Da in solchen Fällen die mit dem Erdpol verbundene Leitung und ihre Abzweigungen im allgemeinen ebenfalls das Potential der Erde haben werden, so würde es zunächst widersinnig erscheinen, wenn man diese Leitung ebenso mit Isolierhüllen versehen und an den Befestigungspunkten in gleicher Weise von Erde isolieren würde, wie es für die Leitungen der anderen Pole gefordert wird. Es ist indessen zu berücksichtigen, daß in größerer Entfernung von der absichtlich hergestellten Erdverbindung auch in dem an Erde gelegten Zweig eine merkliche Potentialdifferenz gegen Erde auftreten kann infolge des durch die Belastung bedingten Spannungsverlustes bei ungleicher Beanspruchung der beiden Hälften des Dreileitersystems. Diese wird unter Umständen im stande sein, an Stellen

Hochspannung. § 29. Verlegung mit Glocken etc. 121

c) Betriebsmäßig geerdete blanke Leitungen fallen nicht unter die Bestimmungen dieses Paragraphen, müssen aber gegen die bei normaler Benutzung des betreffenden Raumes vorauszusetzenden Beschädigungen geschützt sein[6]).

Isolierte Drähte und Schnurleitungen.
§ 29.
Verlegung mit Glocken, Rollen, etc.

a) Wegen des zu verwendenden Materials vergl. die §§ 16 und 17.

b) Glocken, Rollen u. s. w., die zur Verlegung von Leitungen dienen, müssen so angebracht werden, daß mangelhafter oder wechselnder Berührung mit der Erde (Gas- oder Wasserleitungen) Funkenbildung zu veranlassen. Noch bedenklicher sind die elektrolytischen Zerstörungen, die bei fortgesetztem Stromübergang aus einem der blanken Leiter auf benachbarte Metallteile unter Vermittelung von feuchtem Holz oder feuchtem Mauerwerk eintreten können. Es empfiehlt sich daher, an allen Stellen, wo ein Stromübergang von dem blanken geerdeten Draht nach der Erde auf Seitenwegen möglich ist, eine gut leitende metallische Erdverbindung herzustellen, an denjenigen Punkten aber, wo eine derartige leitende Verbindung nicht geschaffen werden soll, die Ausbildung unbeabsichtigter Ableitungsströme durch zwischengelegte Isolierstoffe zu verhindern. Der Anschluß der geerdeten Leiter an die letzten Ausläufer von Gas- und Wasserleitungsrohren wird im allgemeinen nicht empfohlen werden können, weil deren Leitfähigkeit namentlich an den Stoßstellen nicht verbürgt ist.

Nachdem seit Jahren ausgedehnte Anlagen mit blankem geerdeten Mittelleiter in mehreren Städten, wie Bonn, Krefeld, Elden, Gladbach, Stuttgart, Xanten im Betrieb sind, ist der Beweis für die Durchführbarkeit des Systems erbracht; doch sind die örtlichen Verhältnisse zu berücksichtigen. Es scheint z. B., daß die Beschaffenheit des Mauerkalkes auf die Haltbarkeit der blanken Drähte von Einfluß ist. Vergl. ETZ 1902, S. 307, 308 und S. 698 unter 8); 1903 S. 1049 N. 65.

Der Schutz der geerdeten blanken Leiter gegen Zerstörung ist stets besonders zu beachten, es dürfen daher auch die letzten Ausläufer nach § 28 a) nicht weniger als 4 qmm Querschnitt haben, sofern sie nicht durch Rohre oder dergl. besonders geschützt sind, wie bei Peschels System, wo sie innerhalb von Metallrohren liegen und deren Leitfähigkeit nur unterstützen sollen.

Sicherungen sind im geerdeten Mittelleiter, soweit er als solcher kenntlich ist, verboten (§ 32 a). Die blanke Verlegung wird in der Regel als hinreichendes Kennzeichen gelten können.

§ 29. [1]) Mantelrollen, die unter Umständen als Ersatz von Glocken dienen, sind ebenfalls so anzuordnen. daß das Wasser abläuft, ohne die Isolierfähigkeit zu beeinträchtigen. ETZ 1904, S. 1115 N. 127.

müssen so angebracht werden, daß sie die Leitungen mindestens 10 mm von der Wand entfernt halten[2]).

c) Bei Führung der Leitungen auf Rollen längs der Wand muß auf höchstens 80 cm eine Befestigungsstelle kommen. Bei Führung an der Decke können den örtlichen Verhältnissen entsprechend größere Abstände ausnahmsweise gewählt werden[3]).

d) Mehrfachleitungen dürfen nicht so befestigt werden, daß ihre Einzelleiter aufeinander gepreßt werden. Metallene Bindedrähte sind bei ungepanzerten Mehrfachleitungen unzulässig. Für Führung der Leitung auf Rollen gilt die Vorschrift unter b)[4]).

e) Mehrfachleitungen dürfen nicht zur Aufhängung von Lampen u. s. w. benutzt werden, soweit sie nicht eine besondere Tragschnur enthalten, vergl. § 21 d)[5]).

§ 30.
Verlegung in Rohren.

a) Papierrohre ohne Metallüberzug dürfen nicht unter Putz verlegt werden[1]).

---

[2]) Zu beachten ist, daß der angegebene Abstand von der Wand an jeder Stelle des Drahtes vorhanden sein muß; es sind also dort, wo die Leitung vorspringende Teile, wie Verzierungen, Türstöcke und dergl., kreuzt oder um vorspringende Ecken geführt wird, die Befestigungsstücke so zu verteilen oder auf die vorspringenden Gegenstände selbst zu setzen, daß die gegebenen Maße überall eingehalten sind. Die geforderten Mindestabstände sind aus der Tabelle in den Erläuterungen zu § 28 unter 3) zu ersehen.

Die geforderten Abstände von der Wand werden bei niedriger und mittlerer Spannung am einfachsten durch entsprechende Auswahl der Größe der Rollen erlangt. Die so festgelegte Größe der Befestigungsstücke regelt von selbst auch zugleich den Abstand der Drähte unter sich, soweit hierfür nicht in § 26 b) für blanke Leitungen schärfere Forderungen aufgestellt sind. Bei höheren Spannungen sind besondere Isolatorstützen oder besondere Tragarme erforderlich. Diese werden jedoch in bezug auf den Abstand der Leitung von ihnen nicht als „Wand" betrachtet, denn in der Nähe der Isolatorstützen ist der Draht unverrückbar befestigt, während gegenüber der freien Wand sein Durchhang und seine Beweglichkeit zu beachten und bei den geforderten Abständen berücksichtigt ist.

[3]) Bei Einhaltung der vorgeschriebenen Abstände der Befestigungsstellen können zwischen diesen noch Eckrollen oder Abstandsstücke nötig werden, die unter Umständen eine besondere Befestigung an der Wand oder eine Bindung des

sie die Leitungen bis 500 V mindestens 1 cm, bis 1000 V mindestens 2 cm; oberhalb 1000 V mindestens 1 cm für je 1000 V, zum wenigsten aber 5 cm von der Wand entfernt halten.[2])

Isolierende Schutzverkleidungen müssen von den Leitungen mindestens 5 cm abstehen[2]).

c) Es ist unzulässig, zwei oder mehr Drähte von verschiedener Polarität oder Phase in eine Klemme zu legen.

d) Bei Führung der Leitungen auf gewöhnlichen Rollen längs der Wand muß auf höchstens 80 cm eine Befestigungsstelle kommen. Bei Führung an der Decke können den örtlichen Verhältnissen entsprechend größere Abstände ausnahmsweise gewählt werden.

e) Mehrfachleitungen dürfen nicht so befestigt werden, daß ihre Einzelleiter aufeinander gepreßt werden. Metallene Bindedrähte sind bei Mehrfachleitungen unzulässig. Für Führung von Mehrfachleitungen auf Rollen gilt die unter b) gegebene Abstandsvorschrift[4]).

f) Mehrfachleitungen dürfen nur dann zur Aufhängung von Bogenlampen und Glühlampen benutzt werden, wenn sie eine besondere Tragschnur enthalten[5]).

§ 30.
Verlegung in Rohren.

a) Rohre dürfen nur für Spannungen bis 500 Volt unter Putz verlegt werden. Alle Rohre sollen einen

---

Drahtes entbehren können. Vergl. S. 52 unter 7) sowie ETZ 1902, S. 1133 N. 24; 1905, S, 702 N. 169.

[4]) Die Bestimmung für Mehrfachleiter hat den Zweck, die Gefahr eines Kurzschlusses zu vermeiden, welche insbesondere bei biegsamen Schnüren vorhanden ist, da diese gegen Druck weniger widerstandsfähig sind als massive Drähte. Metallene Bindedrähte sind zwar sehr bequem zu handhaben, sie schneiden jedoch zu sehr in die Isolierschicht der Leitungen ein, besonders wenn sie — was sehr nahe liegt — durch Zusammenwürgen ihrer Enden mit der Zange gebunden werden, wobei mehr oder weniger starke Verletzungen der Leitung fast unvermeidlich werden. Man verwendet hier am besten in schmale Streifen geschnittenes Isolierband oder Bindeschnur. Auch bei Einfachleitungen ist darauf zu achten, daß die Isolation der Leitung nicht durch den Bindedraht verletzt wird. Man verwendet verzinnten blanken oder umsponnenen Kupferdraht von mindestens 1 qmm Stärke. Die Leitungen sind an den Bindestellen durch eine Umwickelung von isolierendem Stoff besonders zu schützen. In feuchten Räumen setzen metallene Bindedrähte leicht Oxydschichten an, die ihrerseits die Gummihülle der Leitungen angreifen.

[5]) Siehe § 21 d) S. 80. Bei Hochspannung sind Schnurpendel unzulässig (21 d); dagegen können Mehrfachleitungen aus verdrillten massiven Drähten mit Tragschnur benützt werden.

§ 30. [1]) Rohre dienen als Schutz gegen Berührung, gegen mechanische und gegen chemische Beschädigung der Leitungen. Gebräuchlich sind Gummirohre, Papierrohre ohne und mit

b) Drahtverbindungen innerhalb der Rohre sind nicht statthaft[2]).

c) Die lichte Weite der Rohre, die Zahl und der Radius der Krümmungen, sowie die Anzahl und Lage der Verbindungsdosen müssen so gewählt sein, daß man die Drähte leicht einziehen und entfernen kann[3]).

d) Leitungen verschiedener Stromkreise dürfen nicht zusammen in ein und dasselbe Rohr verlegt werden. Im allgemeinen ist es gestattet, 3 Drähte desselben Stromkreises bis zu je 6 qmm Kupferquerschnitt in ein einziges Rohr zu verlegen[4]). Wenn aber Leitungen, welche Wechselstrom oder Mehrphasenstrom führen, in eisernen oder eisenüberzogenen Röhren liegen, müssen sie ohne Rücksicht auf Anzahl und Drahtquerschnitt so zusammengelegt werden, daß die Summe der durch das Rohr gehenden Ströme null ist[5]). Vergleiche außerdem § 26 h[4]).

Metallüberzug, Eisenrohre mit und ohne Isoliereinlage, geschlitzte federnde Eisenrohre.

Sie spielen außerdem eine besondere Rolle in bestimmten Verlegungsarten, indem sie selbst als geerdete metallische Leitung dienen und gleichzeitig den oder die zugehörigen anderen Leiter umschließen.

Wenn Leitungen dem Auge entzogen, also in die Wand verlegt werden sollen, werden sie in der Regel in Rohren verlegt, da Kabel meistens so teuer und andere Verlegungsarten soweit über sie Erfahrungen vorliegen, entweder nicht den nötigen Schutz gewähren, oder eine Nachprüfung nicht gestatten. Vergl. § 26 a unter 1) S. 107, auch ETZ 1904, S. 1115 N. 124. Die Verlegung unter Putz, d. h. in der Wand, ist nur bei Spannungen bis 500 Volt gestattet, weil bei den höheren Spannungen eine größere Übersichtlichkeit und leichtere Beaufsichtigung erstrebt werden soll. Durch diese Bestimmung sind jedoch Durchführungs- und Einführungsrohre auch bei höheren Spannungen nicht ausgeschlossen.

Die Mauerfeuchtigkeit ist den aus Papier bestehenden Rohren und Verbindungsdosen gefährlich, ETZ 1903, S. 1049 N. 72, daher ist der Metallüberzug vorgeschrieben. Dieser kann durch einen Anstrich noch haltbarer gemacht werden. Die Verlegung der Rohre geschieht in der Regel während des Baues, jedoch zweckmäßigerweise nicht früher, als bis der größte Teil der Baufeuchtigkeit bereits aus den Mauern verschwunden ist. Die Drähte sollen erst nach vollständiger Austrocknung eingezogen werden. Werden die Rohre in ungenügend ausgetrocknete Mauern verlegt oder bleiben die Mauern dauernd feucht, so sind dünne Metallmäntel aus Messingblech der chemischen Zerstörung durch den Kalk ausgesetzt, man muß alsdann kräftigere Eisenrohre verwenden.

Der gebräuchliche Messingblechüberzug schützt ferner nicht genügend gegen die Verletzung des Rohres und seiner Leitung durch in die Wand geschlagene Nägel. Wo derartiges zu fürchten ist, insbesondere in Fehlböden, über die ein Parkettboden genagelt wird, sind Panzerrohre oder ein besonderes Eisenschild, z. B. aus Winkeleisen, zu verwenden. Zweifelhaft ist, ob der Hohlraum

Hochspannung. § 30. Verlegung in Rohren. 125

metallenen Körper oder Überzug haben, der so stark ist, daß er den nach den Ortsverhältnissen zu erwartenden mechanischen Angriffen sicher widersteht[1]).

b) Drahtverbindungen innerhalb der Rohre sind nicht statthaft.[2])

c) Die lichte Weite der Rohre, die Zahl und der Radius der Krümmungen, sowie die Anzahl und Lage der Verbindungsdosen müssen so gewählt sein, daß man die Drähte leicht einziehen und entfernen kann[3]).

d) Leitungen, welche Wechsel- oder Mehrphasenstrom führen, müssen so zusammengelegt werden, daß die Summe der durch das Rohr gehenden Ströme Null ist. (Vergl. auch § 26 h.)[4]).

---

eines Fehlbodens als „unter Putz" anzusehen ist. Je nach der Verwendung der über und unter ihm befindlichen Räume kann dort ebensogut volle Trockenheit wie erhebliche Feuchtigkeit herrschen. Sicherer ist es, auch dort Rohre mit Metallüberzug zu verwenden. ETZ 1905. S. 888 N. 174. Gummirohre sind unter Putz zulässig.

[2]) Am besten werden für die Drahtverbindungen sogenannte Verbindungsdosen eingeschaltet; in diesen wird die Verbindung durch Löten oder durch Klemmschrauben ausgeführt, die auf fester Unterlage sitzen. Ist die im Rohre liegende Leitung eine Mehrfachleitung, so ist die letztgenannte Verbindungsart durch § 26 d) Absatz 2 vorgeschrieben. ETZ 1903, S. 1049 N. 64.

[3]) Werden die Rohre nicht zu eng gewählt und wird für passende Führung des Rohrstranges und richtige Anzahl der Dosen gesorgt, so vollzieht sich das Einziehen der Drähte in die fertig verlegten Rohre ohne Schwierigkeit. Ganz fehlerhaft und durchaus unzulässig ist das Verfahren, die Drähte vor der Verlegung in Rohre einzuziehen und diese dann in den Verputz einzulegen. Dieses Verfahren, bei dem jede Nachprüfung der verlegten Drähte unmöglich ist, verleitet die Arbeiter zu Nachlässigkeiten. Vergl. § 26 a unter 1), auch ETZ 1904, S. 1114 N. 112.

Ebenso ist es unzulässig, die Rohre in scharfen Ecken aneinander stoßen zu lassen, da auf diese Weise das Einziehen und Entfernen der Drähte unmöglich ohne Beschädigung durchführbar ist. Auch verführt diese Anordnung dazu, daß die vielen kurzen Rohrstückchen nicht genügend an der Wand befestigt werden, so daß dann nicht das Rohr den Draht, sondern der Draht das Rohr trägt und stützt. Vergl. auch ETZ 1905, S. 888 N. 176.

Bei richtiger Verlegung vollzieht sich dagegen auch das Entfernen der Drähte aus den Rohren behufs Auswechselung zu schwacher oder fehlerhafter Strecken ohne Schwierigkeit. Sollte eine Leitung infolge von Überhitzung im Rohre festgeklebt sein, so kann sie durch mehrmaliges Drillen um ihre Längsachse (etwa mit Hilfe einer Bohrwinde) leicht gelockert werden.

[4]) Mehr als eine zusammengehörige Hin- und Rückleitung sollen in der Regel nicht in dasselbe Rohr gelegt werden. Beim

126 Niederspannung. § 30. Verlegung in Rohren.

e) Rohre für mehr als einen Draht müssen mindestens 11 mm lichte Weite haben.[6])

f) In Metallrohren, auch solchen mit Längsschlitz[7]), ohne isolierende Auskleidung müssen die Drähte mindestens nach § 7 c) isoliert sein[8]).

g) Die Rohre sind so herzurichten, daß die Isolierung der Leitungen durch vorstehende Teile und scharfe Kanten nicht verletzt werden kann[9]).

Anschluß kleiner Drehstrommotoren bedarf es hierzu dreier Drähte. Auch können bei Gleichstromanlagen drei Drähte zusammengehören, wenn sie z. B. zu einer Lampengruppe führen, die von mehreren Punkten aus ein- und ausschaltbar sein soll (sogenannte Wechselschalter oder Gruppenschalter.) Vergl. auch ETZ 1904, S. 424 No. 98.

Wenn mehrere Leitungen gleicher Polarität dicht nebeneinander in demselben Rohre liegen, so kann der Fall eintreten, daß bei Beschädigung der Gummihülle die Metalladern sich berühren, ohne daß die Sicherung schmilzt, weil nicht die volle Betriebsspannung an der schadhaften Stelle wirksam wird; auch kann es vorkommen, daß die drei Leitungen sich so berühren, daß der auf einer bestimmten Strecke von nur einem der drei Leiter geführte Strom doch durch alle drei Sicherungen hindurchgeht, indem diese durch die Berührungsstelle parallel geschaltet sind; wächst dann der Strom, so kann dieser Draht gefährliche Hitzegrade erreichen, ohne daß die Sicherung den Strom unterbricht. Um diese Möglichkeit tunlichst einzuschränken, ist das Zusammenlegen solcher Leitungen auf zusammengehörige Leitungen desselben Stromkreises, z. B. die Hin- und Rückleitung zu einer Lampe (verschiedene Polaritäten) oder zu einem Schalter (gleiche Polaritäten) beschränkt worden. ETZ 1904, S. 424 N. 101; 1905, S. 278 N. 162. Vergl. auch § 33 b S. 141 unter [4]).

Aus dem gleichen Grunde sollte von der nach § 26 h) in Ausnahmefällen zulässigen Zusammenlegung von mehr als drei Leitungen, die auch verschiedenen Stromkreisen angehören können, nur äußerst vorsichtig Gebrauch gemacht werden, und sind dabei die dort vorgeschriebenen Bedingungen streng einzuhalten. Zu diesen Ausnahmen gehören auch größere Beleuchtungskörper, deren Hauptrohr häufig mehrere Leitungen enthält, die verschiedenen Sicherungsgruppen angehören.

[5]) Wechselströme können, wenn nur eine Leitung in einem Metallrohr geführt ist, dieses zum Träger induzierter Ströme machen. Besteht das Rohr aus Eisen, so kommen hierzu noch die magnetischen Erregungen, welche nicht nur einen gewissen Verlust an elektrischer Energie, sondern auch Erwärmungen des Eisenrohres bewirken. Auch Metallrohre aus unmagnetischem Stoff, wie Blei oder Messing, können durch die in ihnen induzierten Ströme Erwärmung erfahren; besonders wenn diesen eine geschlossene Bahn geboten wird. Dabei ist zu beachten, daß solche Ströme unter Umständen über andere Metallteile des Gebäudes, wie Gasrohre, Wasserrohre, eiserne Träger, ihren Schluß finden und dann je nach den obwaltenden Verhältnissen nicht unerhebliche Stärke annehmen können. Da solche Verhältnisse selten zusammentreffen, so ist die Vorschrift, daß bei Wechselstrom stets Hin- und Rückleitung in dasselbe Rohr verlegt werde, auf eiserne oder eisenüberzogene Rohre beschränkt worden, umfaßt aber damit auch sogenannte Stahlrohre; die Magnetisierbarkeit ist entscheidend. Bei Mehrphasenströmen müssen alle zusammengehörigen Leiter in einem

Hochspannung. § 30. Verlegung in Rohren. 127

e) Rohre für mehr als eine Leitung müssen mindestens 15 mm lichte Weite haben.
f) Jede Leitung, die in ein Rohr eingezogen werden soll, muß für sich die der Spannung entsprechende Isolierung haben[5]).
g) Die Rohre sind so herzurichten, daß die Isolierung der Leitungen durch vorstehende Teile und scharfe Kanten nicht verletzt werden kann.[6])

Rohr vereinigt sein. Die Forderung ist auch erfüllt, wenn das Rohr selbst einen der Leiter bildet und die andern zugehörigen einschließt. Vgl. ETZ 1904, S. 813—816, S. 362 N. 82, S. 425 N. 104 a; 1905, S. 278 N. 135, 139, 140.

[6]) Dies gilt auch für einzelne Rohrstücke, sowie für mehradrige Schnüre. ETZ 1903, S. 295 N. 36, 7, S. 434 N. 46; 1904, S. 424 N. 98, S. 1115 N. 118 b.

[7]) Die hier erwähnten Rohre mit Längsschlitz werden neuerdings als Installationsmittel in dem Sinne verwendet, daß die blanke Rohrwandung als geerdeter blanker Rückleiter oder Mittelleiter dienen soll*). Der Schlitz gibt dem Rohr eine gewisse Federkraft, durch welche die an den Stoßstellen ineinander geschobenen Enden leitend aneinander gepreßt werden. Damit bei Verlegung auf oder unter Putz nicht Kalksalze, die durch den Schlitz eindringen, der Gummihülle des Drahtes gefährlich werden, füllt man den Schlitz durch einen Bleistreifen aus; oder man kann die Mauerfugen mit Gips ausfüllen. Im übrigen sind die Rohre ebenso wie andere Rohre mit geringem Gefälle zu verlegen, um das Kondenswasser abzuführen.

[8]) Es liegt in der Natur der Sache, daß eine besser isolierte Drahtsorte nötig ist, wenn die Isolierschicht im Rohre wegfällt.

Für Rohre aus Isolierstoff oder solche mit isolierender Einlage ist keine bestimmte Drahtsorte vorgeschrieben; d. h. es darf bei offener Verlegung der Rohre in trockene Räume und für Spannungen bis 125 Volt jede der in den Vorschriften benannten Sorten isolierter Drähte, also als schwächstisolierte Sorte Gummibanddraht nach § 7 b) oder Gummibandschnur nach § 8 a) in Isolierrohren verlegt werden (§ 38 b, c, d). Liegen die Rohre unter Putz, so ist auch Gummibandschnur nach § 8 a) verboten. Desgleichen wenn die Spannung 125 Volt übersteigt (§ 38 d). Steigt sie über 250 Volt, so ist bis zu 1000 Volt nur noch Gummiaderdraht und Gummiaderschnur zulässig (§ 38 b). Bei Spannungen über 1000 Volt sind Spezialgummiaderleitungen (Normalien No. 7) zu benutzen. Verboten sind nach § 28 b) blanke Drähte, soweit sie nicht betriebsmäßig geerdet sind, sowie die schon in den früheren Vorschriften ausdrücklich für Rohre ausgeschlossenen, in den jetzigen Vorschriften überhaupt nicht mehr erwähnten Drähte, die nur umsponnen und mit geeigneter Masse imprägniert sind. ETZ 1903, S. 1049 N. 68.

Wird in ein Isolierrohr ein blanker geerdeter Draht neben isolierten spannungführenden Drähten verlegt, so müssen die letzteren ebenso isoliert sein, wie wenn sie in einem Rohr ohne isolierende Auskleidung lägen, da in diesem Falle die Isolierschicht des Rohres gegenüber dem geerdeten Draht ohne Wirkung ist. ETZ 1904, S. 1049 N. 69.

[9]) Um Verletzungen zu verhüten, empfiehlt es sich, die Enden der Rohre mit Porzellantüllen auszurüsten. Die Ansammlung von Wasser ist durch passendes Gefälle, dessen tiefste Stelle in eine Dose mündet, leicht zu vermeiden.

---
*) Vgl. ETZ 1902, S. 202, 306, 356, 510.

128 Niederspannung. § 31. Verlegung von Kabeln.

h) Die Rohre sind so zu verlegen, daß sich an keiner Stelle Wasser ansammeln kann[9]).

§ 31.
Verlegung von Kabeln.

a) Bleikabel jeder Art dürfen nur mit Endverschlüssen, Muffen oder gleichwertigen Vorkehrungen, welche das Eindringen von Feuchtigkeit verhindern und gleichzeitig einen guten elektrischen Anschluß gestatten, verwendet werden[1]).

b) Blanke und asphaltierte Bleikabel dürfen nur da verlegt werden, wo sie gegen die im normalen Betriebe zu erwartenden mechanischen Beschädigungen geschützt sind.

Bei blanken Bleikabeln ist außerdem besondere Vorsicht gegen chemische Einflüsse geboten[2]).

c) An den Befestigungsstellen ist darauf zu achten, daß der Bleimantel nicht eingedrückt oder verletzt wird; Rohrhaken sind daher nur bei armierten Kabeln und Panzerleitungen als Befestigungsmittel zulässig.

Der Bildung von Wasser in den Rohren, welche meistens auf Temperaturwechsel zurückzuführen ist (Kondensationswasser), wird auch durch den Verschluß der oberen oder beider Mündungen entgegengewirkt. Würden nämlich beide Enden einer vertikalen Rohrleitung offen sein, so kann leicht ein fortdauernder feuchtwarmer Luftstrom durch die zwischen der oberen und unteren Öffnung vorhandenen Temperatur- und Druckunterschiede entstehen; ist dabei die das Rohr umgebende Mauer kälter als die hindurchströmende Luft, so kann die letztere unter Umständen fortgesetzt Wasser innerhalb des Rohres ausscheiden. Stagniert dagegen die Luft innerhalb des Rohres, so wird sie nur selten erhebliche Mengen von Wasser abgeben, welches, wenn die unteren Enden des Rohrnetzes offen sind, von selbst abfließt. Um erhebliche und schroffe Temperaturwechsel der Rohre zu vermeiden, empfiehlt es sich, letztere tunlichst nicht in die Außenwände der Gebäude zu legen.

[10]) Die leitende Verbindung der Stoßstellen und Erdung der Rohre folgt aus den Forderungen, die für andere metallische Schutzverkleidungen in § 26 i) und k) der Hochspannungsvorschriften aufgestellt sind.

§ 31. [1]) Die Bestimmung unter a) wendet sich gegen das fehlerhafte Verfahren, wonach die vom Bleimantel entblößte litzenartige Kupferseele ohne weitere Vorkehrungen in Klemmschrauben eingeführt wird. Hierbei werden leicht einzelne Drähte der Litze außer Kontakt bleiben; außerdem bietet dies Verfahren der Feuchtigkeit die Möglichkeit, sich zwischen Seele und Mantel festzusetzen. Wo vollständige Endverschlüsse, Kabelschuhe und dergl. nicht benutzt werden, wie bei den Bleikabeln geringeren Querschnittes, ist das Ende der Isolierschicht durch Isolierband etc. sorgfältig zu schützen und das Ende der Drahtlitze zu verlöten.

Hochspannung. § 31. Verlegung von Kabeln. 129

h) Die Rohre sind so zu verlegen, daß sich an keiner Stelle Wasser ansammeln kann[9]).
i) Die Stoßstellen der Rohre sind metallisch zu verbinden, und die Rohre sind zu erden[10]).

§ 31.
Verlegung von Kabeln.

a) Bleikabel jeder Art dürfen nur mit Endverschlüssen, Muffen oder gleichwertigen Vorkehrungen, welche das Eindringen von Feuchtigkeit verhindern und gleichzeitig einen guten elektrischen Anschluß gestatten, verwendet werden[1]).

b) Blanke und asphaltierte Bleikabel dürfen nur da verlegt werden, wo sie gegen die im normalen Betriebe zu erwartenden mechanischen Beschädigungen geschützt sind.

Bei blanken Bleikabeln ist außerdem besondere Vorsicht gegen chemische Einflüsse geboten[2]).

c) An den Befestigungsstellen ist darauf zu achten, daß der Bleimantel nicht eingedrückt oder verletzt wird; Rohrhaken sind daher nur bei armierten Kabeln und Panzerleitungen als Befestigungsmittel zulässig. Vergl. hierzu § 26k).

d) Prüfdrähte sind so anzuschließen, daß sie nur zu Messungen am eigenen Kabel dienen.[3])

Auch sogenannte Gummikabel, d. h. solche, bei denen keine Faserisolierung verwendet ist, sondern die unverseilte Kupferseele unmittelbar von einer dicht anliegenden Gummihülle umgeben ist, können unter Umständen eines besonderen Endverschlusses entbehren.

[2]) Vergl. § 9 a) 4) S. 47.
[3]) Die in die Hochspannungskabel eingebauten Prüfdrähte dürfen nicht zu fremdartigen Zwecken benützt werden, weil sie von den Arbeitsdrähten des Kabels beeinflußt sind. Es wäre z. B. sehr bedenklich, die Prüfdrähte zu Telephongesprächen zu benützen, denn bei nicht völlig symmetrischer Lage zu den Arbeitsdrähten oder bei ungleicher Belastung der letzteren werden in den Prüfdrähten durch Wechselstrom Spannungen induziert, die den Telephonapparat und seinen Benützern gefährlich werden können. Aus dem gleichen Grunde ist es unzulässig, den Prüfdraht eines Hochspannungskabels zu Messungen in Niederspannungsnetz zu verwenden, da er Hochspannung in den Niederspannungskreis einführen könnte. Wenn auch jeder Prüfdraht für sich isoliert ist, so wird seine Isolierschicht doch in der Regel nicht so stark sein, wie die der Arbeitsdrähte.

Stets ist darauf zu achten, daß die freien Enden der Prüfdrähte, auch wenn sie nicht an Meßgeräte angeschlossen sind, ebenso sorgfältig gegen Berührung und unbeabsichtigten Spannungsübergang geschützt werden, wie eine angeschlossene Hochspannungsleitung.

§ 32. [1]) Nach § 22 f sind die neutralen Mittelleiter von Gleichstromdreileitersystemen im Bereich der Niederspannung zu erden. Vergl. Seite 85 unter 8).

[2]) Unter Nulleitung bei Mehrphasensystemen ist diejenige verstanden, welche z. B. bei einer Drehstromanlage manchmal als vierte Leitung zwischen den neutralen Punkten zweier Stern-

Anbringung von Sicherungen, Schaltern und anderen Apparaten.

§ 32.
Anbringung von Sicherungen.

a) Die neutralen oder Nulleitungen bei Mehrleiter-[1]) oder Mehrphasensystemen,[2]) sowie alle betriebsmäßig geerdeten Leitungen dürfen keine Sicherung enthalten.[3]) Ausgenommen hiervon sind isolierte Leitungen, die von einem geerdeten neutralen oder Nulleiter abzweigen und Teile eines Zweileitersystems sind; diese dürfen Sicherungen enthalten. Wird ein solches System nur einpolig gesichert, so müssen die Abzweigungen vom Nulleiter als solche deutlich gekennzeichnet sein. Alle

schaltungen, von der Erzeuger- nach der Verbrauchsstelle führt. Im Bereich der Hochspannung, sowie für Wechselstrombetrieb ist die Erdung der Mittel- oder Nulleiter nicht vorgeschrieben, weil sie meistens wegen Störung von benachbarten Fernsprechbetrieben nicht durchführbar ist. Es werden aber auch Mehrleitersysteme hier fast nicht verwendet, weil die hohe Spannung an sich jene Ersparnis an Leitungskupfer mit sich bringt, die mit den Mehrleitersystemen bezweckt werden soll.

[3]) Würde außer den Außenleitern auch der neutrale Mittelleiter eine stromunterbrechende Sicherung haben, so wäre es nicht sicher zu vermeiden, daß bei einem Kurzschluß zwischen Mittelleiter und einem der Außenleiter nur die im Mittelleiter liegende Sicherung abschmilzt. Es kann dann vorkommen, daß durch Vermittelung des im einen Zweig vorhandenen Kurzschlusses sämtliche Lampen des anderen Zweiges mit der gesamten, zwischen den Außenleitern herrschenden Spannung beansprucht werden. Dabei gehen die Lampen nicht nur zu Grunde, sondern sie zerspringen explosionsartig, so daß Menschen verletzt werden können. Bei Unterbrechung des Mittelleiters wird schon eine ungleiche Belastung beider Zweige eine Spannungserhöhung in dem einen Zweig zur Folge haben, die unter Umständen gefährlich wird.

Das Gleiche wie für Nulleiter gilt für alle betriebsmäßig geerdeten blanken Leitungen, weil durch das Abschmelzen der Sicherung die Spannung in den nicht geerdeten Zweigen der Anlage in unzulässiger Weise erhöht werden kann.

Namentlich ist hier auch auf diejenigen Erdleitungen hinzuweisen, welche bei Hochspannungsanlagen oder gemäß § 44 b) 1 der Niederspannungsvorschriften dazu dienen, die Gestelle, Schutzgehäuse, Schutznetze, Schutzrohre oder andere Metallteile zu erden, um eine Berührung dieser Teile ungefährlich zu machen. Es ist natürlich von der einschneidendsten Wichtigkeit, daß diese Erdungsdrähte jederzeit und unter allen Umständen richtig funktionieren. Sie dürfen daher keine Stellen enthalten, an denen ihr Zusammenhang durch Mißverständnis oder andere Ursachen unterbrochen werden kann.

Anders liegt es bei Meßleitungen, die z. B. zur Isolationsmessung dienen; hier dient die Erdung nicht dem Betrieb, sondern der Prüfung; Erdschlußzeiger und dergl. dürfen daher eine Sicherung in der Erdleitung erhalten. Vergl. § 33 a) S. 138.

Die Bestimmung, wonach die Mittelleiter überhaupt keine Sicherung enthalten dürfen, gilt zunächst uneingeschränkt für diejenigen Strecken der Leitung, welche wirklich den Charakter des im allgemeinen stromlosen, reinen Ausgleichdrahtes haben.

Anbringung von Sicherungen, Schaltern und anderen Apparaten.

§ 32.
Anbringung von Sicherungen.

a) Alle betriebsmäßig geerdeten Leitungen dürfen keine Sicherungen enthalten[3]); dagegen sind alle übrigen Leitungen, welche von der Schalttafel nach den Ver-

---

Werden in einzelnen Teilen der Dreileiteranlage die beiden Hälften des Systems g e t r e n n t geführt, so können von der Trennungsstelle an zweierlei verschiedene Verfahren in Bezug auf die Sicherung des Nulleiters eingeschlagen werden. Das eine läuft darauf hinaus, jeden der Teile für sich als eine Zweileiteranlage zu betrachten. Alsdann wird in jedem Teil sowohl der eine als der andere Pol, also auch der geerdete Pol gesichert und der geerdete Pol braucht nicht als solcher kenntlich zu sein. ETZ 1904, S. 361 N. 75 a, b. Dies ist gerechtfertigt, weil beim Ausbrennen dieser Sicherung auch der Zusammenhang mit dem andern Zweig des Systems gelöst wird, sodaß in der Regel die Arbeitsspannung des einen Zweiges nicht mehr auf den andern übertragen werden kann; denn es wird vorausgesetzt, daß hinter der Sicherung, in Richtung nach den Verbrauchsstellen hin, Stromverbraucher nur nach dem einen Außenpol hin vom Nulleiter, in dem die besprochene Sicherung liegt, sich abzweigen. Der oben geschilderte Fall der Spannungsübertragung könnte hier nur eintreten, wenn einer der in Frage kommenden letzten Ausläufer der einen Hälfte irgendwo mit einem Ausläufer oder einem Hauptstamm der andern Hälfte in Kontakt käme, was in der Regel als ausgeschlossen gelten kann.

Das andere Verfahren setzt das System der einpoligen Sicherung bis in die letzten Ausläufer fort. Damit werden nicht nur Sicherungen und die Arbeit ihrer Montierung gespart, sondern man schafft auch aus der Leitung eine große Zahl von Befestigungs- und Anschlußstellen hinaus, die ja immer am leichtesten zu unsicheren Kontakten, Erwärmungen und dergl. Störungen Anlaß geben. Es besteht aber hierbei die große Gefahr, daß die, beide Pole jedes Zweiges darstellenden, Leitungen beim Einbau der Sicherungen oder infolge einer später vorgenommenen Umschaltung verwechselt werden, sodaß in einzelnen Zweigen die Sicherung nicht mehr im Außenleiter, sondern gerade im Nulleiter sitzt, während der Außenleiter ungesichert ist. Dies ist natürlich eine höchst bedenkliche Sache. Denn wenn jetzt die im Nullleiter gelegene Sicherung ausgebrannt ist und infolgedessen die Lampen erloschen sind, so sind deren Zuleitungen zwar stromlos, dagegen stehen sie am Außenpol unter der vollen Spannung gegen Erde und es kann für den Bedienenden bei der Berührung der Leitung, die für abgetrennt gehalten wird, Gefahr entstehen. Man hat daher das System, wonach der geerdete Nulleiter keine Sicherung enthält, nur dann anzuwenden, wenn die Nulleitung als solche deutlich kenntlich gemacht ist, sodaß eine Verwechselung sicher ausgeschlossen bleibt. Solange die drei Leitungen nebeneinander verlaufen, ist aus der Lage oder mit einfachen

übrigen Leitungen, welche von der Schalttafel nach den Verbrauchsstellen führen, sind durch Abschmelzsicherungen oder andere selbsttätige Stromunterbrecher zu schützen[4]).

b) Mit einziger Ausnahme der Fälle e) und f) sind Sicherungen an allen Stellen anzubringen, wo sich der Querschnitt der Leitungen in der Richtung nach der Verbrauchsstelle hin vermindert[5]).

Untersuchungsmitteln der Nulleiter leicht erkenntlich. Da, wo mehr als drei Leiter eines Stranges oder nur die zwei einer Hälfte nebeneinander liegen, muß man eine scharf hervortretende dauerhafte Farbe oder andere untrügliche Hilfsmittel zur Kennzeichnung benutzen. Von den Berliner E.-W. wird der Mittelleiter als Gummiband,- der andere als Gummiaderdraht verlegt und so eine Kennzeichnung erzielt. Auch die Befestigungsart z. B. durch Krampen kann als Kennzeichen dienen. Wird der Nulleiter blank verlegt, so ist er natürlich hierdurch kenntlich. ETZ 1904, S. 363 N. 88; S. 1115 N. 125.

Daß überall im Verteilungsnetz, wo Nulleitungen oder geerdete Leitungen nicht in Betracht kommen, jeder Pol gesichert werden muß, ist jetzt allgemein anerkannt; doch war es früher vielfach üblich, sich mit einpoligen Sicherungen zu begnügen, wobei diese in der ganzen Anlage durchweg in dem gleichen Pol der Leitung angeordnet wurden. Die Ansicht, daß dieses Verfahren ausreiche, ist indessen unzutreffend. Denn abgesehen davon, daß es schwer kontrollierbar ist, ob die Sicherung wirklich überall in demselben Pole liegt, und daß bei nachträglichen Veränderungen und Erweiterungen leicht Fehler in dieser Richtung entstehen, läßt sich der Nachweis führen, daß eine derartige Anordnung nicht vor Brandgefahr schützt. Bildet sich nämlich ein Kurzschluß zwischen einer dünnen Abzweigung des ungesicherten Pols und der stärkeren Hauptleitung des anderen Pols, so wird der entstehende Strom unter Umständen die ungesicherte dünne Zweigleitung zum Glühen bringen und ihre Isolation in Brand setzen, ohne daß die der Hauptleitung angepaßte stärkere Sicherung schmilzt. ETZ 1904, S. 1116 N. 130.

[4]) Für die anderen Leitungen sind Sicherungen nur für die von der Schalttafel aus weiterführenden Strecken vorgeschrieben. Die unverzweigte Hauptleitung, welche den gesamten Maschinenstrom von der Maschine zum Schaltbrett führt, muß also nicht notwendig gesichert sein. Diese Fassung ist dadurch begründet, daß einerseits ein Kurzschluß des gesamten Maschinenstromes bei den überwiegend benutzten Nebenschlußmaschinen sofort die Feldwickelung stromlos macht, so daß die Gefahr für die Ankerwickelung dadurch von selbst behoben wird. Anderseits ist zu bedenken, daß die plötzliche Unterbrechung des gesamten Stromes, wie sie beim Abschmelzen einer unmittelbar an den Maschinenpolen angeordneten Hauptsicherung eintritt, namentlich bei größeren Maschinenanlagen, eine sehr große Gefahr für die ganze Anlage dadurch herbeiführt, daß die Antriebsmaschine plötzlich entlastet wird. Es springen die Treibriemen ab, die Dampfmaschine „brennt durch". Man muß es daher dem Besitzer oder Installateur der Anlage überlassen, ob er vorzieht, den Anker der Dynamo oder die Dampfmaschine der Gefahr der Zerstörung auszusetzen. (Vergl. ETZ 1902, S. 611.)

Ebenso ist die Frage der Sicherung offen gelassen für die Erregerkreise von Maschinen jeder Art, da auch hier durch Abschmelzen einer Sicherung sehr erhebliche Störungen entstehen können.

Hochspannung. § 32. Anbringung v. Sicherungen. 133

brauchsstellen führen, durch Abschmelzsicherungen oder andere selbsttätige Stromunterbrecher zu schützen[4]).

b) Mit einziger Ausnahme des Falles f) sind Sicherungen an allen Stellen anzubringen, wo sich der Querschnitt der Leitungen in der Richtung nach der Verbrauchsstelle hin vermindert[5]).

Statt der Schmelzsicherungen können selbsttätige Ausschalter verwendet werden; sie sind dort am Platze, wo die Stromunterbrechung häufig vorkommt; sie gestatten ein rascheres Wiederherstellen der Verbindung und vermeiden zu großen Verbrauch an Schmelzstreifen. Andrerseits sind sie teurer in der Anschaffung.

[5]) Hier ist zunächst auf die für Niederspannung unter e) und für alle Spannungen unter f) zugelassenen Ausnahmen hinzuweisen, von denen sehr oft Gebrauch gemacht wird. Im allgemeinen aber ist die Forderung, daß jede Querschnittsänderung einer dem kleineren Querschnitt angepaßten Sicherung bedarf, ohne weiteres durch die Natur der Sache geboten. Wenn anderseits die Rücksichten auf Einfachheit und Übersichtlichkeit auf eine möglichst geringe Zahl und tunlichste Konzentrierung der Sicherungen (§ 32 g) hinweisen und das Bestreben hiernach noch durch die weitere Überlegung unterstützt wird, daß jede Sicherung eine Widerstandvermehrung und einen Punkt geringeren Isolationsvermögens, welcher Beschädigungen leichter ausgesetzt ist, in die Anlage hineinbringt, so ist diesen Gesichtspunkten dadurch Rechnung zutragen, daß man den Querschnitt der Leitungen nicht allzu oft ändert, sondern größere Lampengruppen mit einem und demselben Leitungsquerschnitt einrichtet. Es wird dadurch an manchen Stellen zwar ein stärkerer Draht benutzt werden, als durch die Belastung unbedingt gefordert wäre, doch kommt dies der mechanischen Festigkeit zu gute und gewährt die Möglichkeit, später kleine Vermehrungen der Lampenzahl oder Erhöhungen der Kerzenstärke ohne weiteres vornehmen zu können. Die Installation wird durch das empfohlene Verfahren bedeutend vereinfacht, ohne daß sich die Kosten wesentlich erhöhen.

Andrerseits ist zu beachten, daß bei Ringleitungen und überhaupt dann, wenn mehrere Speiseleitungen in einen gemeinsamen Nutzkreis münden, die Verzweigungsstellen meistens gesichert werden müssen, auch wenn keine Querschnittsänderung eintritt. Dabei ist nach folgenden Gesichtspunkten zu verfahren:
1. Sämtliche Leitungen, denen von beiden Enden Strom zufließen kann, sind beiderseitig mit Sicherungen zu versehen, die dem Querschnitt entsprechen.
2. Die Sicherungen können an einzelnen Leitungen fortbleiben, wenn deren zulässige Betriebsstromstärke mindestens der Summe der Betriebsstromstärken aller übrigen in demselben Punkte zusammentreffenden Leitungen gleich ist.
3. Sind derartigen Leitungen dritte Leitungen abgezweigt, die von keiner weiteren Seite her Stromzufuhr erhalten, so müssen diese nach ihrem Querschnitt gesichert werden, falls ihre zulässige Betriebsstromstärke kleiner ist, als die Summe der Stromstärken, für welche die zum Schutz der Hauptleitung dienenden Sicherungen bemessen sind. (Sengel, ETZ 1902, S. 381.)

134 Niederspannung. § 32. Anbringung v. Sicherungen.

Außerdem sind lösbare Kontakte am festen Teil allpolig zu sichern[6]).

c) Bei Verjüngungsstellen und Abzweigungen kann das Anschlußleitungsstück von der Hauptleitung zur Sicherung, wenn seine einfache Länge nicht mehr als 1 m beträgt, von geringerem Querschnitt sein als die Hauptleitung; es ist aber in diesem Falle von entzündlichen Gegenständen feuersicher zu trennnen und darf nicht aus Mehrfachleitungen hergestellt sein. Beträgt die einfache Länge mehr als 1 m, so muß das Anschlußleitungsstück bis zur Sicherung den gleichen Querschnitt haben, wie die unmittelbar vorangehende Hauptleitung[7]).

Diese Vorschrift bezieht sich nicht auf Schalttafelleitungen und die Verbindungsleitungen von der Maschine zur Schalttafel.

d) Die Stärke der zu verwendenden Sicherung ist der Betriebsstromstärke der zu schützenden Leitungen und Stromverbraucher tunlichst anzupassen. Sie darf jedoch nicht größer sein als nach der Belastungstabelle

---

Bei parallel geschalteten Leitungen, auch wenn sie durch Querdrähte unausschaltbar miteinander verbunden sind, ist jede einzeln geführte Leitung einzeln zu sichern. ETZ 1905, S. 888 N. 175.

[6]) Vergl. die Erläuterungen zu § 12 b) Seite 58—59.

Die Sicherung muß hier allpolig erfolgen, weil die bewegliche Leitung der Gefahr eines Kurzschlusses, namentlich auch der Gefahr eines Erdschlusses durch Berührung mit geerdeten Gebäudeteilen, wie Gasrohren, Heizkörpern usw., in höherem Maße ausgesetzt ist, als eine festverlegte.

Es ist daher ganz unzulässig, gerade in dieser besonders gefährdeten Stelle nur eine einpolige Sicherung zu verwenden, während der übrige Teil des Netzes zweipolig gesichert ist. Die einpolige Sicherung in den Steckdosen, die sich vielfach vorfindet, ist lediglich dadurch zustande gekommen, daß die Steckdose für zwei Sicherungen zu wenig Raum bot. Es ist jedoch besser, die Sicherungen neben die Steckdose zu setzen, wo man bequem Platz hat. Einpolige Sicherungen genügen nur dann, wenn ein Pol des Netzes geerdet und als solcher gekennzeichnet ist, sodaß er nach § 32 a) nicht gesichert werden muß.

Die Sicherung hat am festen Teil zu sitzen; d. h. auf der Seite des festen Teils, nicht auf der des beweglichen. (Vergl. § 12 S. 59.)

Wenn zu der Steckdose nur eine unverzweigte feste Leitung führt, so kann die Sicherung auch in dieser Leitung sitzen, es genügt also im Sinne des § 32 f) die Sicherung, die am Abzweigpunkt liegt, an dem die feste Leitung von der Hauptleitung abgeht. Dagegen darf eine Steckdose nicht von der Erleichterung des § 32 e) Gebrauch machen, muß vielmehr ihre eigene Sicherung haben. ETZ 1930, S. 86 N. 26.

[7]) Die Sicherung selbst hat ihren natürlichen Platz unmittelbar an der Abzweigestelle in der Weise, daß der eine Kontakt der Sicherung mit der Hauptleitung, der andere mit der abzweigenden Leitung verbunden wird. ETZ 1904, S. 1114 N. 111. Ist dies nicht durchführbar, soll die Sicherung z. B. leichter zugänglich gemacht werden, oder ist an der Abzweigestelle kein

Hochspannung. § 32. Anbringung v. Sicherungen. 135

Außerdem sind lösbare Kontakte (vergl. § 12) am festen Teil allpolig zu sichern[6]).

c) Wenn eine Verjüngung eintritt, muß die Sicherung unmittelbar an der Verjüngungsstelle liegen; bei Abzweigungen muß das Anschlußleitungsstück bis zur Sicherung hin den Querschnitt der Hauptleitung haben[7]). Diese Vorschrift bezieht sich nicht auf Schalttafelleitungen und die Verbindungsleitungen von der Maschine zur Schalttafel.

d) Die Stärke der zu verwendenden Sicherung ist der Betriebsstromstärke der zu schützenden Leitungen und Stromverbraucher tunlichst anzupassen. Sie darf jedoch nicht größer sein, als nach der Belastungstabelle

---

Raum vorhanden, so ist zunächst ein Zweigdraht von derselben Stärke wie die Hauptleitung bis zur Sicherung zu führen und hier erst mit der dünneren Zweigleitung zu beginnen. Manchmal läßt sich jedoch auch dies Verfahren nicht streng durchführen, weil die Hauptleitung einen sehr viel größeren Querschnitt besitzt als die abzuzweigende. Es sei z. B. der Fall angenommen, daß eine Steigleitung von etwa 25 qmm einen Raum durchläuft, in welchem eine einzelne Glühlampe eingerichtet werden soll. Dann ist es nicht möglich, in die für eine Lampe bemessene Sicherung die starke Hauptleitung einzuführen und richtig zu befestigen.

In diesem Ausnahmefall ist es nun zugelassen, die von der Hauptleitung nach der Sicherung führenden Drähte vom Querschnitt der dünneren Zweigleitung zu wählen oder eine angemessene Zwischenstufe der Drahtstärke zu benutzen. Da jedoch dieses Zwischenstück alsdann tatsächlich eines vollkommenen Schutzes entbehrt, so sind besondere Maßregeln vorgeschrieben, welche die in dieser Anordnung liegende Gefahr tunlichst vermindern sollen. Es muß nämlich erstlich das ungesicherte Stück so kurz als möglich sein — nicht über 1 m—; zweitens dürfen Mehrleiter nicht verwendet werden, da sie weniger Festigkeit und Widerstandsfähigkeit haben und leichter zu Kurzschluß Anlaß geben als zwei getrennte Leiter; endlich müssen entzündliche Gegenstände fern gehalten werden; es darf also die Befestigung nur auf unverbrennlichen Wänden und Unterlagen geschehen; Holzverschalungen, brennbare Materialien und dergl. müssen durch besondere feuersichere Zwischenlagen dauernd abgeschieden werden. Dieser Schutz muß so beschaffen sein, daß das Zwischenstück im Falle eines Kurzschlusses oder dergl. völlig ausbrennen kann, ohne daß die Gefahr einer Brandstiftung entsteht. Bei Hochspannung darf jedoch von dieser Erleichterung nicht Gebrauch gemacht werden.

[8]) Die Streitfrage, ob die Sicherungen nach dem Querschnitt der Leitungen oder nach der normalen Betriebsstromstärke bemessen werden sollen, ist zu verschiedenen Zeiten verschieden beantwortet worden. Die Sicherheits-Vorschriften hatten früher

und den übrigen Bestimmungen des § 5 für die betreffende Leitung zulässig ist⁰).

e) Mehrere Verteilungsleitungen können eine gemeinsame Sicherung von höchstens 6 A Normalstromstärke erhalten. Querschnittsverminderungen oder Abzweigungen jenseits dieser Sicherung brauchen in diesem Falle nicht weiter gesichert zu werden. Bei größeren Beleuchtungskörpern können ausnahmsweise gemeinsame Sicherungen für höchstens 10 A. Normalstromstärke zugelassen werden, wenn die Spannung nicht mehr als 130 V beträgt⁰).

den ersteren Grundsatz, später ausschließlich den letzteren befolgt, wogegen die neue Fassung die Sicherung nach der Stromstärke vorschreibt, aber auch Ausnahmen zuläßt in der Weise, daß als oberste Grenze der Belastung, die durch den Querschnitt nach § 5 bedingte gilt. ETZ 1905, S. 102 N. 171.

Die Sicherung nach Stromstärken ist durch die häufigere Verwendung höherer Spannungen an den Verbrauchsstellen, sowie durch die gegen früher höhere Strombelastung der einzelnen Drahtquerschnitte, wie sie in § 5 festgelegt ist, begründet; sie steht außerdem im Zusammenhang mit den unter e) und f) zugelassenen Erleichterungen in der Verteilung der Sicherungen. Diese Erleichterungen werden durch die Sicherung nach Stromstärken einigermaßen ausgeglichen.

Bei der größeren zulässigen Strombelastung der einzelnen Leitungsquerschnitte wird es häufiger als früher vorkommen, daß eine Drahtleitung nicht völlig ausgenutzt ist, indem schon der Spannungsverlust in der Leitung die volle zulässige Strombelastung verbietet. Wenn nun unter solchen Umständen nach dem Querschnitt der Leitungen gesichert wäre, so würden bei eingetretenem Erdschluß oder teilweisem Kurzschluß schon sehr erhebliche Überschüsse über die normale Stromstärke den Erdschluß oder Kurzschluß durchfließen, ohne die Sicherung zum Ansprechen zu bringen. Bei der höheren Betriebsspannung machen solche Kurzschlüsse aber Energiemengen frei, die vielleicht die Leitung nicht übermäßig erwärmen, dabei aber an der Kurzschlußstelle selbst, z. B. in einer Lampenfassung ihre volle Wirkung äußern, und bei etwa 200—250 Volt bei weitem größer und gefährlicher sind, als wenn es sich nur um etwa 100 Volt handelt.

Je genauer die Sicherungen der Betriebsstromstärke angepaßt werden können, desto empfindlicher werden sie alle Unregelmäßigkeiten und Störungen in der Anlage zur Anzeige bringen. In der Praxis wird die volle Ausnutzung dieses Kontrollmittels dadurch beschränkt, daß in vielen Anlagen niemals alle installierten Lampen und dergl. gleichzeitig brennen und daß man den bei Bogenlampen und Motoren betriebsmäßig auftretenden Stromschwankungen Rechnung tragen muß.

Bei intermittierendem Betriebe oder schwankenden Stromstärken (kleine Motoren oder hintereinandergeschalteten Bogenlampen) kann die Sicherung meistens nicht nach dem Anlaßstrom (als Dauerstrom betrachtet) gewählt werden; denn wenn der Motor sich festbremst, oder die Lampenkohlen sich verschmoren, so würden die feinen Drähte des Ankers oder dergl. bei dieser Anordnung Schaden leiden.

Eine einfache allgemein giltige Regel für die Bemessung der Sicherung in solchen Fällen gibt es zur Zeit nicht, man muß jeden Fall für sich beurteilen.

Man ist neuerdings bemüht, für solche Zwecke Sicherungen

Hochspannung. § 32. Anbringung v. Sicherungen. 137

und den übrigen Bestimmungen des § 5 für die betreffende Leitung zulässig ist[9]).

e) Bei der Anbringung von Schmelzsicherungen ist darauf zu achten, daß das Durchbrennen derselben keinen Kurz- oder Erdschluß zwischen benachbarten Leitern untereinander oder mit leitenden Gebäudeteilen veranlaßt[13]).

---

zu bauen, die erst nach Verlauf einer bestimmten Zeit der Überlastung ansprechen; denselben Zweck erfüllen die sogen. Zeitrelais.

[9]) Die im § 32 b) aufgestellte Forderung, wonach an jeder Querschnittsverminderung eine Sicherung anzubringen ist, erleidet durch die vorstehende Bestimmung eine Einschränkung, welche im Interesse einfacherer Installation für Niederspannung zugelassen worden ist. Sie wird namentlich bei der Montage von Kronleuchtern Anwendung finden, wo es schon wegen des Raummangels nicht möglich ist, jede einzelne Abzweigung mit einer besonderen, ihr entsprechenden Sicherung auszustatten; es können aber auch sämtliche Lampen in benachbarten Räumen, wenn ihr Stromverbrauch die Grenze von 6 Ampere nicht übersteigt, an eine gemeinsame Sicherung angeschlossen werden. Eine derartige Anordnung erleichtert die Zentralisierung der Sicherungen.

Man kann also mit 6 Amp. bei 100 Volt schon 12 Lampen zu 16 HK, bei 220 Volt schon 24 derartige Lampen durch eine einzige Sicherung speisen. Man kann noch weiter gehen und an dieselbe Sicherung zu 6 Amp. etwa 16 Lampen zu 100 Volt von derselben Größe anschließen; diese verbrauchen etwa 8 Amp., können aber an der 6. Amp.-Sicherung liegen, da diese bei 12 Amp. durchschmilzt. Der Stromkreis würde also mit einer schwächeren Sicherung versehen sein, als normal ist; dies ist aber stets erlaubt. Ebenso kann ein Leitungsquerschnitt von 0,75 qmm, z. B. eine Fassungsader hinter einer Sicherung von 6 Amp. liegen, ohne besonders gesichert zu sein; dabei darf aber die Fassungsader nach § 5 nicht mehr als 4 Amp. führen. ETZ 1902, S. 698 N. 11; 1904, S. 1116 N. 133.

Bei größeren Beleuchtungskörpern empfiehlt es sich, von der zulässigen gemeinsamen Sicherung bis zu 10 Amp. möglichst wenig Gebrauch zu machen. In der Regel wird man größere Kronleuchter schon behufs Regelung der Lichtstärke mit zwei Stromkreisen ausstatten, welche jeder für sich aus- und eingeschaltet werden können. Dann hat natürlich auch jeder seine Sicherung. Die Grenzen von 6 und 10 Amp. dürfen auch bei Benützung von niedervoltigen Lampen (z. B. Osmiumlampen) nicht überschritten werden. Überhaupt darf das Leitungsnetz, welches durch die letzte Sicherung geschützt ist, nicht zu weit ausgedehnt oder verzweigt werden, auch dann nicht, wenn überall derselbe Querschnitt benutzt ist.

[10]) Die unter e) der Niederspannung festgesetzte unter 9) erläuterte Erleichterung ist nur für Niederspannung, nicht für Hochspannung zugelassen, dagegen gilt für beide Bereiche die Vereinfachung unter f), um einer unnötigen Vermehrung der Sicherungen vorzubeugen. Ausgenommen von beiden unter e) und f) angeführten Erleichterungen sind die beweglichen, mit Steckkontakten anzuschließenden Schnurleitungen. § 32b) Abs. 2.

138 Niederspannung. § 33. Anbringung v. Ausschaltern.

f) Bei Querschnittsverkleinerungen sind in den Fällen, wo die vorhergehende Sicherung den schwächeren Querschnitt schützt, weitere Sicherungen nicht mehr erforderlich[10]).

g) Die Sicherungen sind möglichst zu zentralisieren und in handlicher Höhe anzubringen.

h) Wegen Abzweigung biegsamer Leiter zum Anschluß transportabler Lampen, Motoren und Apparate siehe § 26 c) und oben Absatz b)[11]) [12]).

§ 33.
Anbringung von Ausschaltern.

a) Nulleiter und betriebsmäßig geerdete Leitungen dürfen außerhalb elektrischer Betriebsräume entweder gar nicht oder nur zwangläufig zusammen mit den zugehörigen Außenleitern ausschaltbar sein[1]).

---

[11]) Zur Übersicht über die Anforderungen an transportable Stromverbraucher diene folgendes: Sie müssen stets mittels Steckkontaktes oder dergl. angeschlossen werden (§ 26 c); letztere sind am festen Teil allpolig zu sichern (§ 32 b). Gummibandschnur darf nicht verwendet werden (§ 38 d); die Verbindungsstellen sind von Zug zu entlasten (§ 38 e). Schnurpendel und Zuglampen gelten in der Regel nicht als transportable Beleuchtungskörper (§ 26 c, 4), unterliegen also in der Regel nicht diesen Forderungen. ETZ 1904, S. 1116 N. 133. Bei Hochspannung sind transportable Stromverbraucher nur bis 1500 Volt zulässig (§ 12 d). Die beweglichen Leitungen müssen stets eine besondere Schutzhülle haben. Über 1000 Volt sind Schnurleitungen nicht gestattet (§ 8 d); die Steckkontakte müssen besondere Ausschalter haben (§ 33 d); transportable Beleuchtungskörper sind verboten (§ 35 f).

Die Bestimmung des § 32 b) Abs. 2 darf auch nicht dadurch umgangen werden, daß etwa an einen lösbaren Kontakt mehrere bewegliche Schnüre mit je einer oder mehreren Lampen angeschlossen werden. Derartige Bündel von Schnüren verwirren sich leicht und werden dann zerrissen. Liegt die Notwendigkeit vor, eine Gruppe von Lampen beweglich anzuschließen, so sind die Lampen selbst unter sich in starre Verbindung zu bringen; der so gebildete Beleuchtungskörper kann dann mittels Schnur und lösbaren Kontaktes angeschlossen werden. ETZ 1904, S. 294 N. 36.

[12]) Obwohl es sich aus der Fassung des § 32 von selbst ergibt, soll hier doch noch besonders erwähnt werden, daß bei Hintereinanderschaltung von Lampen, wie dies z. B. mit niedervoltigen Glühlampen an Kronleuchtern oder mit Bogenlampen geschieht, nicht jede einzelne Stromverbrauchsstelle besonders gesichert wird, da ja innerhalb eines Stromkreises Querschnittsänderungen nicht vorkommen. Überhaupt sind unnötige Sicherungen zu vermeiden.

[13]) Die Bestimmung unter § 32 e) der Hochspannung ergänzt den § 14 b), in welchem eine solche Bauart der Sicherungen gefordert ist, daß sie ohne Gefahr für ihre Umgebung funktionieren; wenn dieser Bedingung auch in hohem Maße Genüge geleistet werden kann, so ist es doch nötig, auch bei der A n b r i n g u n g der Sicherungen besonders brennbare Stoffe in der Umgebung sowie Metallteile zu vermeiden, auf die der Lichtbogen überspringen könnte.

Hochspannung. § 33. Anbringung von Ausschaltern. 139

f) Bei Querschnittverkleinerungen sind in den Fällen, wo die vorhergehende Sicherung den schwächeren Querschnitt schützt, weitere Sicherungen nicht mehr erforderlich[10]).

§ 33.
Anbringung von Ausschaltern.

a) Nulleiter und betriebsmäßig geerdete Leitungen dürfen außerhalb elektrischer Betriebsräume entweder gar nicht oder nur zwangläufig zusammen mit den übrigen zugehörigen Leitern ausschaltbar sein[1]).

§ 33. [1]) Aus denselben Gründen, die dazu geführt haben, die Sicherungen im Nulleiter zu verbieten (§ 32 a), dürfen dort auch keine Ausschalter sein; oder es muß Vorkehrung getroffen sein, daß bei Unterbrechung des Nulleiters sicher auch die Außenleiter abgeschaltet sind. ETZ 1904, S. 1116 N. 131.

In elektrischen Betriebsräumen ist die zwangsweise Verbindung dieser Schalter nicht immer durchführbar; so z. B. bei größeren Akkumulatorbatterien, wo die Außenleiter vom Mittelleiter durch die ganze Hälfte aller Zellen getrennt sind und die hohen Stromstärken so starke Leitungen erfordern, daß jede mögliche Ersparnis an ihrer Länge angestrebt werden muß. Hier wird von der Schulung der Beschäftigten erwartet, daß sie niemals den Mittelleiter allein ausschalten. Man kann hier den Schalter plombieren oder sonstwie so in geschlossener Lage sichern, daß ein Versuch, ihn zu öffnen, wenigstens zur Aufmerksamkeit zwingt. Ähnliche Verhältnisse wie in Betriebsräumen liegen vor bei den Bühnenregulatoren, die bisher in der Regel im Mittelleiter eines Dreileitersystems angeordnet sind und Ausschalter enthalten. Auch hier wird besonders geschultes Personal vorausgesetzt. Außerdem ist zu fordern, daß die Außenleiter zwangläufig abgeschaltet werden, solange der Bühnenregulator außer Betrieb ist, also nicht unter Aufsicht steht. Beim Neubau von Bühneneinrichtungen kann man den Regulator in die Außenleiter legen, wenn auch dadurch die Konstruktion erschwert wird. Vergl. § 45 a unter 6).

Übrigens hat man „betriebsmäßig geerdete Leitungen" von solchen zu unterscheiden, die nur vorübergehend, etwa zur Vornahme besonderer Messungen an Erde gelegt werden, wie z. B. den Erdungsdraht eines Isolationsprüfers oder die vierte Leitung, die manchmal bei Drehstromanlagen vorgesehen ist, um zeitweilig den neutralen Punkt des Systems an Erde zu legen. Solche Leitungen dürfen, sofern sie zum normalen Betrieb nicht dienen, ausschaltbar sein. Hat man nach den Vorschriften, z. B. nach § 25 c Hochspannung die Wahl zwischen isolierter und geerdeter Aufstellung, so muß die eine oder die andere vollständig durchgeführt werden. Erdungsdrähte dürfen also keine Ausschalter enthalten. Wollte man einen solchen anbringen, so müßte die Maschine isoliert aufgestellt und mit isoliertem Bedienungsgang ausgerüstet werden. ETZ 1902, S. 698 N. 12.

140 Niederspannung. § 33. Anbringung v. Ausschaltern.

b) Alle Ausschalter[2]) mit Ausnahme derjenigen in einzelnen Glühlampen-Stromkreisen müssen, wenn sie geöffnet werden, ihren Stromkreis spannungslos machen[3]) [4]).

c) Ausschalter dürfen nur an den Verbrauchsapparaten selbst oder in fest verlegten Leitungen angebracht werden[5]).

---

[2]) Es ist nützlich, wenn größere Hauptabzweigungen ausschaltbar sind. Man kann so leichter die Prüfung der Anlage in ihren einzelnen Teilen vornehmen oder fehlerhafte Stellen beseitigen, ohne die ganze Anlage außer Betrieb zu setzen; derartige Abschaltungen lassen sich aber in der Regel auch mit Hilfe der Sicherungen vornehmen.

Manchmal empfiehlt sich, die in feuchte Räume führenden Leitungen auszuschalten, solange in ihnen kein Strom benötigt wird, damit unnötige Stromverluste durch die im feuchten Raum vorhandenen Erdschlüsse vermieden werden und Isolationsfehler im übrigen Teil der Leitung durch Abschalten des fehlerhaften Teiles sicherer erkannt werden können. Im § 41 a) ist daher die Abschaltbarkeit für feuchte Räume vorgeschrieben. Besonders in Werkstätten und ähnlichen größeren Räumen ist bei Hochspannung dafür zu sorgen, daß größere Gruppen der Stromverbraucher durch leicht zugängliche Ausschalter stromlos und spannungslos gemacht werden können, damit bei einem Unfall gefahrlos Hilfe geleistet werden kann.

[3]) Durch diese Bestimmung soll erreicht werden, daß ein ausgeschalteter Stromverbraucher gefahrlos berührt und bedient werden kann. Zu diesem Behufe müssen die Ausschalter doppelpolig sein, wenn beide Pole erhebliche Spannungen gegen Erde haben; ist ein Pol des Leitungsnetzes geerdet, so können die Schalter einpolig sein, müssen aber im nicht geerdeten Pol liegen.

Um die Forderung etwas zu erleichtern, sind die einzelnen Glühlampenstromkreise ausgenommen; d. h. wenn ein Schalter nur e i n e n Stromkreis bedient, der nur Glühlampen enthält, so braucht er nicht doppelpolig zu sein; dagegen ist dies bei Hauptschaltern nötig, die mehrere Stromkreise bedienen, welche selbst wieder einzeln abschaltbar sind. Es ist dabei berücksichtigt, daß solche Glühlampenstromkreise in der Regel keine von Hand erfolgende Bedienung der Lampen usw. erfordern. Sind solche Bedienungen dort nötig, so kann man den Hauptschalter öffnen. ETZ 1905, S. 475 N. 163. Natürlich ist der einpolige Schalter bei Benützung einer geerdeten Leitung stets in den nicht geerdeten Pol zu verlegen. Dagegen ist allpolige Ausschaltung stets zu fordern bei Motoren, Bogenlampen usw., die der Regel nach von Hand bedient werden, indem sie Schmieren der Lager, Einstellen der Bürsten, Einsetzen neuer Kohlenstäbe und dergl. erfordern. Die Gefahr der Berührung mit gefährlichen Spannungen hat auch dazu geführt, daß im § 19 c) Hahnfassungen für Spannungen über 250 Volt verboten sind.

Andrerseits ist wohl zu beachten, daß die Forderung des

Hochspannung. § 33. Anbringung v. Ausschaltern. 141

b) Ausschalter für Stromverbraucher[2]) müssen, wenn sie geöffnet werden, ihren Stromkreis allpolig abschalten[3]) [4]).

c) Ausschalter dürfen nur an den Verbrauchsapparaten selbst oder in fest verlegten Leitungen angebracht werden[5]).

d) Bei Spannungen von mehr als 1000 V muß zwischen der bedienenden Person und dem die Kontakte tragenden Teil des Schalters sich ein isolierendes Zwischenstück und eine geerdete Stelle befinden[6]).

e) Steckkontakte zum Anschluß beweglicher Leitungen müssen mittels besonderer Ausschalter abschaltbar sein[7]).

---

§ 33 b) nicht immer auf einfache Weise zu erfüllen ist. So genügt es z. B. bei Transformatoren nicht, den Primärstrom allpolig abzuschalten, sobald sie sekundär an einem Netz liegen, das noch andere Transformatoren enthält. Auch Motoren, deren Erregung abgeschaltet ist, können vom Netz her Spannung haben; dasselbe ist der Fall, wenn ein Motor zwar völlig abgetrennt ist, aber noch in Bewegung ist, sei es, daß er „ausläuft" oder von einer Transmission her oder durch die Last angetrieben wird.

Wird ein Netz oder ein Teil eines Netzes (Hausanschluß) von mehreren Speiseleitungen aus gespeist, so kann ein Schalter in einer der Speiseleitungen das Netz nicht spannungslos machen. Um den Zweck der Bestimmung des § 32 b) völlig zu erreichen, müssen in solchen Fällen Betriebsvorschriften unterstützend eingreifen.

Die Möglichkeit, den Stromkreis der Verbraucher völlig spannungslos zu machen, ist namentlich von Bedeutung in dem Falle, daß eine Person durch Berührung spannungführender Teile betäubt ist, weil nach Unterbrechung der Leitung in allen Polen die Hilfeleistung gefahrlos geschehen kann. § 36 b) ist nicht so zu verstehen, als ob alle Lampen eines Beleuchtungskörpers oder eines Raumes stets gleichzeitig ausschaltbar sein müßten. ETZ 1905, S. 888 N. 173.

[4]) Bei Gelegenheit der Ausschalter ist auch auf die zu ihnen führenden Leitungen hinzuweisen. Beim Abzweigen eines einpoligen Schalters aus der Richtung nach den Lampen heraus wird ein Kurzschluß zwischen der zum Schalter hin und der von ihm weg führenden Leitungsstrecke dadurch besonders gefährlich, daß diesem Kurzschluß stets die Lampe oder ein anderer Stromverbraucher vorgeschaltet bleibt, er bringt daher die Sicherung nicht zum Ansprechen und kann so zu Entzündung Anlaß geben. Hier ist daher besonders sorgfältige Verlegung angezeigt. Zweckmäßig der Vorschlag, mit der dem einen Pol angehörigen Hin- und Rückleitung zum Schalter eng vereinigt ein tot endigendes an den andern Pol angeschlossenes Leitungsstück zu verlegen, so daß bei Verletzung der fraglichen Schalterleitung ein Kurzschluß zu Stande kommt, der die Sicherung auslöst. ETZ 1904, S. 362 N. 87.

[5]) Die oben erwähnte Gefahr steigt noch ganz besonders, wenn derartige Schalterleitungen in Gestalt von beweglichen Schnurleitungen ausgeführt und in der Nähe von entzündlichen Gegenständen wie Betten, Gardinen usw. angeordnet werden. Derartige Einrichtungen, wie sie in Hotels als sogen. Birnenschalter üblich sind, dürfen unter keinen Umständen geduldet werden. Sie lassen

§ 34.
Anbringung von Apparaten, insbesondere auch Widerständen und fest montierten Heizapparaten.

a) Die stromführenden Teile aller in eine Leitung eingeschalteten Apparate müssen bei Verwendung außerhalb elektrischer Betriebsräume derart geschützt sein, daß sie sowohl der Berührung durch Unbefugte entzogen, als auch von brennbaren Gegenständen feuersicher getrennt sind[1]).

---

sich stets ersetzen durch eine rein mechanische Fernschaltung, bei der ein fest angebrachter Schalter durch eine Zugschnur bedient wird. (ETZ 1901, S. 1055.)

[6]) Vergl. § 11 c) der Hochspannung Seite 55 unter 5).

[7]) Bewegliche Mehrfachleitungsschnur ist nach § 8 d) nur bis 1000 Volt, andere bewegliche Mehrfachleiter nach § 7 h) bis zu 1500 Volt gestattet; in Übereinstimmung hiermit sind Steckkontakte und dergl. nur bis 1500 Volt zulässig (§ 12 d).

Die Ausschalter sollen gefahrlose Handhabung des Steckers ermöglichen und außerdem die Berührung der Dose bei abgetrenntem Stecker ungefährlich machen. Vergl. § 12 d) und e) unter 8 und 9, S. 59, 60. ETZ 1905, S. 279 N. 149.

Der Begriff „Steckkontakte" umfaßt nicht die sogen. Stöpsel, die in ähnlicher, jedoch stärkerer, Bauart, wie sie an den Widerstandskästen der Laboratorien bekannt sind, auch in der Starkstromtechnik gelegentlich benützt werden, um zwei nebeneinander oder übereinander liegende Leitungsschienen zu verbinden. Sie sind, wenn für Hochspannung bestimmt, der Vorschrift des § 33 c) unterworfen.

§ 34. [1]) Nach § 10a) u. 10e) muß schon durch die Bauart der Apparate für genügend isolierende, feuersichere Unterlagen der äußeren stromführenden Teile gesorgt sein. Beim Einbau der Apparate ist darauf zu sehen, daß sie nicht in der Nähe brennbarer Stoffe (Holzwände, Vorhänge usw.) angebracht sind und daß solche Gegenstände auch nicht an die Apparate herangebracht werden können. Hierzu dienen einerseits feuersichere Unterlagen, wie Porzellan, Marmor, andererseits Schutzhüllen.

Die Isolierfähigkeit der Unterlagen ist nach den örtlichen Verhältnissen abzustufen. So werden z. B. in sehr feuchten Räumen die Apparate auf Isolierglocken gesetzt. Es ist auch darauf zu sehen, daß die Wirkung der isolierenden Unterlagen nicht durch Schmutz, Wasser, Abfälle, die sich festsetzen, aufgehoben wird.

Zu beachten ist ferner, daß die blanken Kontaktstücke oder Leitungsenden der Apparate unter Umständen durch Vermittelung der Befestigungsschrauben in leitende Verbindung mit der Wand geraten können. (Vergl. ETZ 1902 S. 939.)

Wenn Apparate Holz, Fiber oder dergl. als Bestandteil enthalten, so dürfen sie in feuchten Räumen nicht angebracht werden, da diese Stoffe dort Formveränderungen erleiden.

Hochspannung. § 34. Anbringung v. Apparaten. 143

§ 34.
Anbringung von Apparaten, insbesondere auch Widerständen und fest montierten Heizapparaten.

a) Die stromführenden Teile aller in eine Leitung eingeschalteten Apparate müssen derart geschützt sein, daß sie sowohl der Berührung durch Unbefugte entzogen, als auch von brennbaren Gegenständen feuersicher getrennt sind[1]). Meßapparate, deren Gehäuse nicht an sich gegen die Betriebsspannung sicher isolieren, müssen geerdete Gehäuse haben oder von Schutzkästen umgeben oder hinter Glasplatten verlegt sein, so daß auch ihre Gehäuse gegen Berührung geschützt sind[2]). Auch die an Meßtransformatoren angeschlossenen Meßgeräte unterliegen dieser Vorschrift, wenn nicht die Meßtransforma-

---

Der Schutz vor Berührung durch Unberufene ist insbesondere dort von Wichtigkeit, wo der die Apparate enthaltende Raum einer größeren Anzahl von Menschen zugänglich ist. Es sei hier beispielsweise auf Verteilungsschaltbretter in Wirtschaften und Vergnügungslokalen hingewiesen. Diese müssen, wenn sie nicht in abgesperrten Gelassen untergebracht oder hoch über Handbereich angeordnet sind, mit (womöglich verschließbaren) Schutzkästen umgeben sein. Soll die Einrichtung sichtbar bleiben, so kann eine Glastür angebracht werden. Oft ist es vorgekommen, daß Kleidungsstücke und dergl. auf oder über die Apparate gehängt wurden; in diesem Falle kann leicht ein Metallknopf oder dergl. Kurzschluß verursachen, wenn die Schutzhülle fehlt.

Motoren, Anlasser, Regelungswiderstände werden vielfach in elektrischen Betriebsräumen stehen, daher nach § 25 zu behandeln sein.

In Werkstätten usw. ist entweder durch Schranken oder Verschläge dafür zu sorgen, daß Unbefugte ferngehalten werden, oder es sind Schutzstreifen (z. B. über der Kontaktreihe von Regulierwiderständen) oder völlig abschließende Gehäuse anzuordnen.

[2]) Für die Meßgeräte sind im Bereiche der Hochspannung im wesentlichen dieselben Forderungen gestellt, die nach § 4 b) für Apparate an Schalttafeln gelten.

Die Meßgeräte enthalten oft auf engem Raume zusammengedrängt größere Spannungsdifferenzen, als sie sonst zwischen benachbarten Punkten der Anlage vorkommen. Bei Störungen (atmosphärischen Entladungen und dergl.) kann in ihnen ein Überspringen der Spannung auf das Gehäuse eintreten. Sie sind daher mit besonderer Sorgfalt einzubauen.

[3]) Meßtransformatoren können mit großer Sicherheit gegen den Übertritt der Hochspannung auf die Niederspannungswickelung gebaut werden. Wenn sie in dieser Richtung gemäß § 3 geprüft sind, können die Meßgeräte, die an sie angeschlossen sind, nach Niederspannungsvorschriften behandelt werden. Es ist dabei zu berücksichtigen, daß die Meßtransformatoren selbst in der Regel in das geerdete Eisengerüst der Schalttafel eingebaut sind.

[4]) Die neuere Praxis geht darauf aus, die Hochspannungsapparate so einzubauen, daß die arbeitenden Teile der Berührung völlig entzogen sind und nur die Handgriffe, die davon isoliert

144 Niederspannung. § 34. Anbringung v. Apparaten.

b) Bei Einführung von Leitungen muß der für die Leitung vorgeschriebene Abstand von der Wand gewahrt werden[5]).

c) Widerstände sind auf feuersicherem, gut isolierendem Material zu montieren und mit einer Schutzhülle aus feuersicherem Material zu umkleiden. Sie dürfen nur auf feuersicherer Unterlage, und zwar freistehend, oder an feuersicheren Wänden angebracht werden[6]).

d) Fest montierte Heizapparate und solche Widerstände, bei denen eine Erwärmung auf mehr als Handwärme eintreten kann, sind derart anzuordnen, daß eine Berührung zwischen den wärmeentwickelnden Teilen und entzündlichen Materialien sowie eine feuergefährliche Erwärmung derartiger Materialien nicht stattfinden kann[7]).

---

und bei Schaltern nach § 33 c) noch durch geerdete Zwischenlagen getrennt sind, berührt werden können.

Die Schutzkästen oder Schutzwände können nur wegfallen, wenn durch andere Maßnahmen jede Berührung ausgeschlossen ist; z. B. bei Anbringung in großer Höhe oder wenn für diese Apparate besondere Kammern vorgesehen sind, wie z. B. die Transformatorenräume elektrischer Zentralen, die nur in besonderen Fällen und mit der nötigen Vorsicht von besonders geschultem Personal betreten werden; solche Räume werden zweckmäßig als „Hochspannungskammern" bezeichnet und sind nach § 10 der „Betriebsvorschriften" durch Warnungstafeln zu kennzeichnen, verschlossen zu halten und dürfen während des Betriebes nur von mindestens zwei Personen betreten werden, die besonders dazu ermächtigt und eingehend instruiert sind.

[5]) Der Abstand von der Wand ist für blanke Drähte nach § 28 zu mindestens 10 cm und 1 cm für je 100 Volt vorgeschrieben. Für isolierte Drähte ist nach § 29 bis 500 Volt 1 cm, bis 1000 Volt 2 cm, oberhalb 1000 Volt mindestens 5 cm und 1 cm für je 1000 Volt verlangt. Wenn die Apparate nicht ihrer Bauart nach die Leitung in diesen Abständen halten, so sind geeignet gestaltete isolierende Unterlagen anzuordnen.

Für Hochspannung ist die entsprechende Bestimmung fallen gelassen worden, weil sie zu falscher Auslegung Anlaß gegeben hat. Vergl. § 29 b) unter 2) und § 10 d) unter 8).

[6]) Von einer Festlegung der höchsten Temperatur, welche ein Widerstand erreichen darf, ist in den Vorschriften abgesehen worden, weil ein im normalen Betrieb nur mäßig beanspruchter

Hochspannung. § 34. Anbringung v. Apparaten. 145

toren selbst eine Isolationsprüfung zwischen Hoch- und Niederspannungswicklung, entsprechend den Bedingungen in § 3, bestanden haben[3]).

Bei Sicherungen, Schaltern und anderen Hilfsapparaten müssen alle Teile, welche Spannung annehmen können, soweit sie im Handbereich sind, durch einzelne Schutzkästen oder gemeinsamen Abschluß (z. B. Anbringung hinter einer Schalttafel) gegen Berührung geschützt sein. Diese Bestimmung gilt nicht für Apparate und deren Zuleitungen, soweit sie in besonders dafür bestimmten abgeschlossenen Räumen oder an unzugänglichen Stellen angebracht sind. Vergl. hierzu § 4 b[4]).

b) vakat[5]).

c) Widerstände sind auf feuersicherem, gut isolierendem Material zu montieren und mit einer Schutzhülle aus feuersicherem Material zu umkleiden. Sie dürfen nur auf feuersicherer Unterlage, und zwar freistehend, oder an feuersicheren Wänden angebracht werden[6]).

d) Heizapparate, (nur bis 750 V, vergl. § 13 c) und solche Widerstände, bei denen eine Erwärmung auf mehr als Handwärme eintreten kann, sind derart anzuordnen, daß eine Berührung zwischen Wärme entwickelnden Teilen und entzündlichen Materialien, sowie eine feuergefährliche Erwärmung derartiger Materialien nicht stattfinden kann[7])

Widerstand unter Umständen, die sich nicht immer mit Sicherheit vermeiden lassen, auf kurze Zeit verhältnismäßig starke Erhitzungen erleidet. So kann z. B. der Vorschaltwiderstand einer Bogenlampe infolge des Festschmorens der Lichtkohlen vorübergehend nahezu zur Rotglut erhitzt werden, und es ist praktisch untunlich, die Widerstände so zu bemessen, daß sie auch in solchen Fällen nur mäßige Temperatur annehmen. Vielmehr muß dafür gesorgt werden, daß derartige vorübergehende Erhitzungen gefahrlos verlaufen, indem man brennbare Materialien fernhält. Dabei ist nicht nur eine unmittelbare Berührung mit entzündlichen Stoffen zu verhindern, sondern namentlich auch darauf zu achten, daß die von den erhitzten Drähten aufsteigenden Luftströme nicht unmittelbar an brennbare Stoffe gelangen können. Bei der Umkleidung mit Schutzhüllen ist Bedacht zu nehmen, daß diese nicht zur Ansammlung von Staub, Fasern und dergl. Veranlassung geben. Dies ist auch in solchen Räumen zu beachten, welche nicht betriebsmäßig staubhaltig sind, da erfahrungsgemäß gewisse Mengen von Staub an allen Orten, die nicht regelmäßig gereinigt werden, fast unvermeidlich sind. Man richte daher die Rahmen und Gehäuse der Widerstände so ein, daß größere horizontale Flächen im Innern vermieden werden. Namentlich ist die Bodenplatte des Schutzgehäuses durchbrochen zu gestalten was auch behufs kräftiger Ventilation empfehlenswert ist.

[7]) Plätteisen, Brennscheren, Bratpfannen, Lötkolben, Zigarrenanzünder und dergl. können nicht unter gewissen hohen Temperaturen bleiben, wenn sie brauchbar sein sollen, auch müssen sie zum Teil betriebsmäßig mit entzündlichen Stoffen

146 Niederspannung. § 35. Beleuchtungskörper.

§ 35.
Anbringung von Beleuchtungskörpern.

a) An und in Beleuchtungskörpern darf nur Leitungsmaterial verwendet werden, das mindestens den Normalien des Verbandes entspricht[1]).

b) Wird die Leitung an der Außenseite des Beleuchtungskörpers geführt, so muß sie so befestigt sein, daß sie sich nicht verschieben kann[2]).

c) Beleuchtungskörper müssen so angebracht werden, daß die Zuführungsdrähte nicht durch Drehen des Körpers verletzt werden können[3]).

---

in Berührung kommen. Ihre sachgemäße Handhabung kann nicht Gegenstand dieser Vorschriften sein. Daher ist § 34 d) auf fest montierte Heizapparate beschränkt.

Handwarm heißt ein Körper, wenn man ihn mit ungeschützter Hand dauernd festhalten oder innig berühren kann. Siehe übrigens unter 6).

§ 35. [1]) Werden die Drähte oder Schnüre in die Rohre der Beleuchtungskörper eingezogen, so müssen sie, da diese Rohre keine isolierende Auskleidung haben, nach § 21 b) und 30 f) mindestens Gummiaderdrähte (§ 7 c) sein. Nun hat sich aber ergeben, daß viele Beleuchtungskörper so enge Rohre haben, daß die normalen Sorten der Gummiaderdrähte oder Schnüre nicht mehr Platz finden. Es wurde daher bei Niederspannung für diese engen Beleuchtungskörper eine besondere Drahtsorte unter die Normalien aufgenommen, die Fassungsader (F A), welche im allgemeinen ähnlich gebaut ist, wie die dünnsten Sorten von Gummiaderdraht, wobei aber in der Bemessung der Dicke bis auf das geringste zulässige Maß heruntergegangen wurde. Für Hochspannung ist jedoch diese Drahtsorte nicht zulässig (§ 21 b).

Gummibanddraht (§ 7 b) darf hiernach im Innern von Beleuchtungskörpern ohne isolierende Auskleidung nicht benutzt werden.

[2]) Auch an der Außenseite der Beleuchtungskörper darf nach § 21 b) nur Gummiaderdraht nach § 7 c) oder Fassungsader nach § 7 g) und Nr. 5 der Normalien oder eine gleichwertige Leitung, etwa Gummiaderschnur nach § 8 b), verwendet werden; je nach der Spannung, für welche jede dieser Drahtsorten zulässig ist.

[3]) Es ist nicht vorgeschrieben, daß die Beleuchtungskörper von Erde isoliert sein müssen. ETZ 1904, S. 1115 N. 118 d). Indessen steht es frei, die Vorschriften durch eine solche Bestimmung zu verschärfen, wenn etwa ein Elektrizitätswerk die Isolierung für nötig halten sollte. In der Sicherheits-Kommission des V. d. E. ist die Frage der Isolierung der Beleuchtungskörper zu verschiedenen Zeiten verschieden beantwortet worden. Bei der ersten Aufstellung der Vorschriften war die Isolierung verlangt, jedoch war für besonders schwere Körper die Befestigung an trockenem Mauerwerk zuge-

§ 35.
Anbringung von Bogen- und Glühlampen, sowie auch Beleuchtungskörpern.

a) Die Laternen (Gehänge, Armaturen) von Bogenlampen sind, sofern sie aufgehängt sind, von Erde zu isolieren[4]).

b) Die Lampe muß entweder gegen das Aufzugsseil und, wenn Metallmasten benutzt sind, auch gegen den Mast doppelt isoliert sein, oder Seil und Mast sind zu erden. Bei Spannungen von mehr als 1000 Volt müssen diese beiden Vorschriften gleichzeitig befolgt werden[5]). Stromführende Teile von Bogenlampenkuppelungen müssen gegen den Mast doppelt isoliert und gegen Regen geschützt sein[6]).

c) Bogenlampen müssen während des Betriebes unzugänglich und müssen von Abschaltvorrichtungen abhängig sein, welche gestatten, sie für den Zweck der Bedienung spannungslos zu machen[7]).

lassen; später wurden nicht isolierte Beleuchtungskörper auch bei geerdetem Mittelleiter erlaubt und gleichzeitig für höhere Spannungen die Erdung der Beleuchtungskörper gefordert. Die Gründe für die letztere Maßnahme haben nunmehr dazu geführt, die Isolierung überhaupt nicht mehr zu fordern. Es wird nämlich bei höheren Spannungen die Gefahr, daß am Beleuchtungskörper ein Erdschluß entsteht, überwogen durch die Gefahr, daß bei einem Stromübergang von der Leitung nach dem Metall des Beleuchtungskörpers (Körperschluß) eine den letzteren berührende Person durch elektrische Schläge beschädigt wird, wenn der Beleuchtungskörper isoliert ist. Dazu kommt, daß solche Stromübergänge nach einem isolierten Körper bei der Isolationsmessung nicht entdeckt werden können. Die früher besonders gefürchtete Gefahr, daß bei einem Körperschluß das etwa gleichzeitig zugeleitete Gas sich entzünden könne, ist jetzt wesentlich vermindert, weil für die Drahtleitung besseres Material verlangt wird und weil die neueren Sicherungen wesentlich genauer arbeiten als früher. Das Beste ist, entweder gut isolieren, oder, wo dies nicht dauernd möglich ist, wie in feuchten Räumen, gut zu erden. Bei Installationen mit durchweg geerdetem Mittelleiter kann unter Umständen auch der metallene Beleuchtungskörper als geerdete Leitung dienen, doch ist dies nur nach sorgfältiger Prüfung auf genügende Leitfähigkeit aller Verbindungen zu empfehlen. ETZ 1903, S. 516 N. 58.

Allerdings sind Fälle denkbar, wie etwa der, daß die Drahtleitung den Metallteil eines Gasarmes so berührt, daß der übergehende Strom die eingeschaltete Glühlampe durchfließen muß, also die Sicherung nicht zum Abschmelzen bringen kann. Alsdann kann eine Verbrennung des Gasrohres und Entzündung des ausströmenden Gases eintreten. Doch gehört dazu ein Zusammentreffen von mehreren ungünstigen Umständen, das nicht sehr wahrscheinlich ist.

[4]) Nach § 20 b) sind die Lampen zunächst gegen die Laterne zu isolieren. Bei Aufhängung der Laterne an Drahtseilen ist die Laterne nochmals gegen die Aufhängung zu isolieren, weil immerhin ein Stromübergang auf die Laterne möglich ist. Findet dieser Strom einen Weg über das Aufhängeseil zur Erde, so kann das Seil zum Glühen kommen und reißen, so daß die Laterne herabfällt.

[5]) Die Isolierung der Laterne gegen ihren Tragmast und

das Aufzugseil dient hauptsächlich dazu, Personen, welche den Aufzug bedienen, oder Mast oder Seil berühren, vor der Wirkung eines Stromüberganges oder übergetretener Ladungen zu schützen. Daher kann die Isolierung der Laterne bis zu Spannungen von 1000 Volt gegen Erde auch durch Erdung von Mast und Seil ersetzt werden. Übersteigt aber die Spannung gegen Erde 1000 Volt (wie bei Reihenschaltung von Bogenlampen vorkommt), so wird die Isolierung allein nicht mehr als ausreichend erachtet; denn sie kann besonders durch Witterungseinflüsse beeinträchtigt sein; auch die Erdung für sich ist nicht immer und an jedem Mast so auszuführen, daß sie bei unmittelbarem Übergang des vollen Stroms absolute Gefahrlosigkeit herbeiführt. Mit Rücksicht darauf, daß am Lampenaufzug betriebsmäßig hantiert werden muß, wird daher ein möglichst hohes Maß von Sicherheit durch Vereinigung der beiden Schutzmittel angestrebt. Beim Bau und bei Aufstellung der Aufzugvorrichtung ist darauf zu achten, daß das Seil nicht stromführend wird, wenn es etwa aus der Rolle springt. Hierdurch sind mehrfach Unfälle entstanden.

[6]) Bei abkuppelbaren Bogenlampen bieten die blanken Kontaktstücke Gelegenheit zum Übertritt der Spannung, die durch passend gestaltete doppelte Isoliervorrichtungen unschädlich zu machen ist.

[7]) Um die Bogenlampen während der Bedienung sicher spannungslos zu machen, können die Schalter der einzelnen Lampen derart angeordnet sein, daß die Lampe nicht herabgelassen werden werden kann, solange der Schalter geschlossen ist. Doch sind solche Einrichtungen nicht vorgeschrieben. Größere Lampenstromkreise werden meistens von einer Zentralstelle aus eingeschaltet. Es sind zwar auch bei dieser Anordnung Vorrichtungen der genannten Art (magnetische Sperrung der Aufzugswinde) denkbar, doch wird im allgemeinen durch Betriebsvorschriften dafür zu sorgen sein, daß das Einsetzen der Kohlenstifte usw. nur bei abgeschalteter Lampe erfolgt. § 35 c) fordert nur die Möglichkeit der Abschaltung.

[8]) Glühlampen sollen in Hochspannungskreisen überhaupt tunlichst vermieden werden. Sind sie, z. B. bei Straßenbeleuchtung, an metallischen Beleuchtungskörpern (Wandarme) angeordnet, so sind diese nach § 35 k), soweit sie zugänglich sind, zu erden. Etwaige Schutzrohre für die Leitungen sind außerdem nach § 30 i) zu erden. Hieraus ergibt sich folgerichtig, daß bei zugänglichen Glühlampen auch die metallischen Schutzkörbe,

d) Die etwa vorhandenen metallischen Außenteile von Glühlampenarmaturen müssen geerdet oder so angebracht sein, daß sie nur mittels besonderer Hilfsmittel, wie Leitern usw., zugänglich sind[8]).

e) Bei Serienbeleuchtungen muß in oder neben jeder Lampe, einerlei ob Bogen- oder Glühlampe, eine Vorrichtung angebracht sein, welche, im Falle die Lampe erlischt, dafür sorgt, daß an den Zuführungskontakten der Lampe selbst keine Spannungszunahme von mehr als 100 % auftritt[9]).

f) Transportable Beleuchtungskörper sind nicht gestattet[10]).

g) An und in Beleuchtungskörpern muß mindestens Gummiaderleitung verwendet werden[11]).

h) Bei zugänglichen Beleuchtungskörpern dürfen die Leitungen nur innen geführt werden.

Reflektoren usw. mit Erde zu verbinden sind; dabei werden alle die genannten Metallteile unter sich leitend verbunden.

[9]) Die Drosselspulen oder Nebenschlüsse, wie sie bei Serienschaltung von Lampen üblich sind, haben, außer ihrer Wirkung für den Betrieb, in bezug auf die Sicherheit die Bedeutung, daß sie das Erlöschen der ganzen Lampenreihe verhindern, wodurch es vermieden wird, daß man fälschlicherweise den Stromkreis für abgeschaltet und ungefährlich ansehen kann. Die Drosselspulen sollen so bemessen sein, daß die Spannung an der einzelnen Lampe sowohl während des normalen Betriebs, als bei stromloser Lampe in den Grenzen der Niederspannung (250 Volt) bleibt.

Die im Bahnbetrieb übliche Reihenschaltung ohne Drosselspulen kommt hier nicht in Betracht, da für elektrische Fahrzeuge besondere Vorschriften bestehen; soweit jedoch Wohnräume, Geschäftsräume und dergl. von Bahnzentralen aus mit Strom versorgt werden, ist in ihnen die Verwendung von mehr als 600 V nach § 38 b) Hochspannung verboten. Unter dieser Spannung sind bei Reihenschaltung Vorrichtungen nach § 35 e) vorgeschrieben. ETZ 1905, S. 279 N. 145.

[10]) Bekanntlich sind bewegliche Lampen der Beschädigung in besonders hohem Maße ausgesetzt; mit der Gefahr der Beschädigung der Lampe, ihres Trägers und ihrer Zuleitung wächst auch die Gefährdung der Menschen, die sich der Lampe bedienen. Wenn man bewegliche Leitungen und die zugehörigen Steckkontakte bis zu 1500 Volt zugelassen hat, (§ 7 d) (§ 12 d), so geschah dies mit Rücksicht auf bewegliche Motoren, die bei Anlagen mit solchen Spannungen nicht zu entbehren sind. Dagegen besteht kein Hindernis, zu reinen Beleuchtungszwecken die Spannung mittels Transformator oder Umformer herabzusetzen; es ist ferner unstreitig, daß Lampen weit sorgloser gehandhabt werden, als Motoren, daher größere Gefahr bieten. Dies ist besonders auch zu beachten in Räumen, die von Bahnzentralen aus mit Strom von mehr als 250 Volt gegen Erde versorgt werden. So weit es sich nicht um den Betrieb der Bahn selbst und ihrer Betriebsstätten handelt, welche den besonderen Bahnvorschriften unterliegen, ist die bewegliche Lampe verboten.

[11]) Hiernach ist Fassungsader bei Hochspannung verboten, wie schon im § 21 b) ausgesprochen. Die Gummiaderleitung ist nur bis 1000 Volt geeignet; darüber hinaus sind Spezial-Gummiaderleitungen erforderlich (§ 7).

§ 36. [1]) Unter Leitungen jeder Art sind die in den §§ 5—9

150 Niederspannung. § 36. Elektr. Betriebsräume.

4b. Die Behandlung verschiedenartiger Räume.

§ 36.
Elektrische Betriebsräume.

a) In elektrischen Betriebsräumen sind Leitungen jeder Art[1]), auch blanke Leitungen zulässig, letztere besonders in Form von Kupferschienen oder massivem Kupferdraht mit Anstrich, welcher die Polarität oder Phase kenntlich macht[2]).

b) Sicherungen, Ausschalter oder sonstige Apparate dürfen auch ohne Schutzkasten verwendet werden, doch ist in allen Fällen dafür Sorge zu tragen, daß durch etwaige beim Betrieb auftretende Feuererscheinungen weder Menschen noch brennbare Stoffe gefährdet werden[3]).

c) Leitungen bedürfen keiner Verkleidung[4]).

d) Aus- und Umschalter brauchen nicht Momentschalter zu sein[5]).

§ 37.
Akkumulatorenräume.[1])

a) In Akkumulatorenräumen ist für Lüftung zu sorgen[2]).

---

behandelten Drahtsorten verstanden. Soweit nicht die dort einzeln aufgeführten Drahtsorten in der besonders vorgeschriebenen Beschaffenheit zur Verwendung gelangen, ist § 7 g) zu beachten.

[2]) Hinter Schalttafeln ist die Bezeichnung der Polarität nach § 4 d) vorgeschrieben. Der Anstrich braucht nicht die gesamte Oberfläche zu bedecken.

[3]) Soweit es der Betrieb zuläßt, sind indes auch in Betriebsräumen Gehäuse zu empfehlen. Stets müssen die Gehäuse nach § 11 c) aus nicht leitendem Material bestehen oder durch eine haltbare Isolierschicht gegen den Übergang von Funken und Lichtbogen auf das Gehäuse geschützt oder so mit Isoliermasse überzogen sein, daß sie gefahrlos berührt werden können.

[4]) Soweit es der Betrieb erlaubt, sind auch hier Verkleidungen (§ 26 b) zu empfehlen, siehe 6).

[5]) Bereits bei §§ 11 a) ist erwähnt, daß in Betriebsräumen Schalter vorkommen, die nur nach Unterbrechung des Betriebsstromes ausgeschaltet werden; ebenso kommen dort Schalter vor, die absichtlich einen Lichtbogen beim Ausschalten erzeugen um die Wirkungen der Selbstinduktion abzuschwächen.

[6]) Bei Hochspannung ist in Gebäuden durch § 26 i) für alle nicht betriebsmäßig geerdeten Leiter eine Schutzverkleidung vorgeschrieben. In Betriebsräumen ist eine wesentliche Erleichterung gestattet, indem die Verkleidung auch ersetzt sein

Hochspannung. § 36. Elektr. Betriebsräume. 151

i) Beleuchtungskörper müssen so angebracht werden, daß die Zuführungsdrähte nicht durch Drehen des Körpers verletzt werden können.

k) Zugängliche Beleuchtungskörper sind nur bis 600 V gestattet. Ihre Metallkörper müssen geerdet sein. Es ist nicht gestattet, ein und denselben Beleuchtungskörper für Gas und Elektrizität zu benutzen.

4b. Die Behandlung verschiedenartiger Räume.

§ 36.
Elektrische Betriebsräume.

a) In elektrischen Betriebsräumen sind blanke Leitungen zulässig, besonders in Form von Schienen oder massivem Draht mit Anstrich, welcher die Polarität oder Phase kenntlich macht[2]).

b) Isolierte Leitungen für Spannungen unter 1000 V bedürfen keiner Verkleidung. Isolierte Leitungen für Spannungen über 1000 V und blanke Leitungen für jede Spannung müssen entweder der Berührung unzugänglich angeordnet oder durch Abschluß in besonderen Räumen oder durch Verkleidung vor Berührung geschützt sein[6]).

§ 37.
Akkumulatorenräume.[1])

a) In Akkumulatorenräumen ist für Lüftung zu sorgen[2]).

---

kann durch unzugängliche Anordnung, wie z. B. Anordnung in großer Höhe oder hinter abschließenden Barrieren, Gittern oder dergl., sowie auch durch Abschluß in besonderen Räumen, wie es z. B. die Transformatorkammern mancher Hochspannungsanlagen sind.

Bei isolierten Leitungen für Spannungen unter 1000 Volt kann in Betriebsräumen auch von diesen Schutzmaßregeln, ebenso wie von der Verkleidung abgesehen werden; dennoch wird man auch hier durch zweckmäßige Anordnung, die der Schulung des Personals entspricht, zufällige Berührung auszuschließen suchen.

§ 37. [1]) Art und Verlegung der Leitungen in Akkumulatorenräumen ist durch § 36 bestimmt. Es kommen hauptsächlich blanke Leitungen in Betracht, für die § 28 maßgebend ist.

[2]) Die Gefahr, daß das bei der Ladung entwickelte Gas zu einer Explosion Anlaß gebe, ist nicht so groß, wie sie häufig dargestellt wird. Indessen sind vereinzelte Fälle von Entzündung dieser Gase festgestellt. Größere Mengen entwickeln sich in der Regel nur bei den ersten Ladungen neu aufgestellter Batterien oder dann, wenn infolge eingetretener Störungen ein Nachformieren nötig wird. In diesen Fällen ist auf eine sehr gute Lüftung besonders zu achten. Für die gewöhnlichen, betriebsmäßigen Ladungen genügt es in der Regel, wenn während derselben eine

152 Niederspannung. § 38. Trockene Räume.

b) Die einzelnen Zellen sind gegen das Gestell und letzteres ist gegen Erde durch Glas, Porzellan oder ähnliche nicht hygroskopische Unterlagen zu isolieren. Es müssen Vorkehrungen getroffen werden, um beim Auslaufen von Säure eine Gefährdung des Gebäudes zu vermeiden[3]).

c) Zur Beleuchtung von Akkumulatorenräumen darf nur elektrisches Glühlicht verwendet werden[4]).

d) Die Batterien müssen derart angeordnet werden, daß bei der Bedienung eine zufällige gleichzeitige Berührung von Punkten, zwischen denen eine Spannung von mehr als 250 V herrscht, nicht erfolgen kann[5]).

§ 38.
Trockene Räume ohne leicht entzündlichen Inhalt.

a) In trockenen Räumen sind alle Arten von Leitungen zulässig, wobei sämtliche Vorschriften der §§ 25 bis 35 zu beachten sind[1]).

In bewohnten Räumen darf jedoch mit Ausnahme

Reihe von Fenstern geöffnet ist, oder wenn gegenüberliegende Fenster oder andere Abzugsöffnungen so bedient werden, daß Zug entsteht. Die Entwickelung von Schwefelsäurebläschen, welche die Atmungsorgane angreifen, während der Ladung ist nicht zu vermeiden. Doch muß die Lüftung derart sein, daß in angemessener Zeit nach der Ladung ein längeres Verweilen im Batterieraum möglich ist.

[3]) Von einer ziffermäßigen Festsetzung bestimmter Isolationswerte ist abgesehen worden, wie auch die Bestimmungen des § 2 sich nur auf das Leitungsnetz beziehen. Der Grund liegt darin, daß die Isolationsgröße während der Ladung oder bei raschen Temperaturschwankungen großen Veränderungen unterworfen ist, infolge der auf der Außenseite der Zellen und des Gestelles sich niederschlagenden Flüssigkeitströpfchen. Es muß aber im Interesse der Sicherheit darauf gesehen werden, daß bei normalem Zustand des Akkumulators eine gute Isolation vorhanden ist, und zwar können sehr wohl Werte erreicht werden, welche den in § 2 für die Leitungsanlage festgesetzten entsprechen. Damit dies erreicht werde, sind statt der Isolationswerte bestimmte Isolationsmittel verlangt. Diese gewährleisten auch, daß die oben erwähnten Erniedrigungen der Isolation wieder verschwinden, sobald normale Verhältnisse eingetreten sind. Aus Glas gefertigte Akkumulatorzellen besitzen vielfach angegossene Glasfüße. Diese gelten als isolierende nicht hygroskopische Unterlagen im Sinne des § 37. Es kommt hier nämlich hauptsächlich darauf an, daß die Übergangsflächen, welche dem Strom einen Weg zur Erde bieten können, möglichst verkleinert sind, und daß der übergespritzten oder kondensierten Flüssigkeit die Möglichkeit gegeben ist, wieder zu verdunsten.

Die Vorkehrungen gegen die Folgen ausgelaufener Säure

Hochspannung. § 38. Trockene Räume.

b) Die einzelnen Zellen sind gegen das Gestell und letzteres ist gegen Erde durch Glas, Porzellan oder ähnliche nicht hygroskopische Unterlagen zu isolieren. Es müssen Vorkehrungen getroffen werden, um beim Auslaufen von Säure eine Gefährdung des Gebäudes zu vermeiden[3]).

c) Zur Beleuchtung von Akkumulatorenräumen darf nur elektrisches Glühlicht verwendet werden[4]).

d) Die Batterien müssen mit einem isolierenden Bedienungsgang umgeben und so angeordnet sein, daß bei der Bedienung eine zufällige gleichzeitige Berührung von Punkten, zwischen denen eine Spannung von mehr als 250 V herrscht, nicht erfolgen kann[5]).

Die Bestimmungen c) und d) finden keine Anwendung auf die sogenannten Hochspannungsbatterien von Laboratorien.

§ 38.
Trockene Räume ohne leicht entzündlichen Inhalt.

a) In trockenen Räumen sind alle in §§ 7 bis 9 der Vorschriften für höhere Spannung zugelassenen Leitungsmaterialien verwendbar, wobei sämtliche Vorschriften der §§ 25 bis 35 zu beachten sind[1]).

---

bestehen am besten in einem Asphaltbelag des Fußbodens. Dieser Belag muß aber auch an den Umfassungswänden sorgfältig abgedichtet, unter Umständen dort auf entsprechende Erstreckung in die Höhe geführt sein und wird zweckmäßig Gefälle und Ablaufrinne erhalten.

[4]) Selbstverständlich darf hier unter Glühlicht nur das im Vakuum glühender Körper verstanden werden; nicht etwa Nernstlicht, da letzteres ja nicht gegen die Umgebung abgeschlossen ist, also keine Sicherheit gegen die Entzündung brennbarer Gase bietet.

Überglocken über den Glühlampen sind nicht vorgeschrieben, aber zu empfehlen.

Während der Überladung, z. B. während der fortgesetzten Formierungsladungen dürfen überhaupt brennende Flammen, wie Lötlampen, brennende Zündhölzer, nicht in den Akkumulatorraum gebracht werden. Dies ist durch § 9 a der „Betriebsvorschriften" festgelegt.

[5]) Durch geeignete Aufstellung kann die Forderung leicht erfüllt werden. In vielen Fällen genügt eine kurze, in den Bedienungsraum vorspringende Scheidewand, etwa eine Glastafel von verhältnismäßig kleinen Abmessungen, um eine zufällige gleichzeitige Berührung beider Pole zu verhüten.

§ 38. [1]) Der Ausdruck „alle Arten von Leitungen" soll alle in den Vorschriften behandelten bezeichnen. Für solche, die nicht ausdrücklich als zulässig erklärt sind, gilt § 7 g), wonach sie dieselbe Probe aushalten müssen, wie die Gummiaderdrähte der Normalien.

[2]) Über geerdete blanke Drähte in Gebäuden vergl. § 28 unter 6) Seite 120.

[3]) Die Grenze von 250 Volt soll die höchste Spannungsdifferenz

154 Niederspannung. § 39. Feuergefährliche Räume.

von betriebsmäßig geerdeten Leitern kein blanker Draht benützt werden²).

b) Für Drähte ist in Anlagen von mehr als 250 V Gebrauchsspannung nur Isolation nach § 7 c) zulässig³).

c) Gummiaderschnur darf sowohl fest verlegt, als auch zum Anschluß beweglicher Stromverbraucher verwendet werden. Bei fester Verlegung ist die Schnur im Handbereich und an gefährdeten Stellen nach § 26 b) zu schützen.

d) Gummibandschnur darf nicht unter Putz und nicht für Spannungen von mehr als 125 V fest verlegt werden; als Anschlußleitung für transportable Stromverbraucher ist sie nicht zu verwenden⁴).

e) Bei Schnüren jeder Art müssen die Anschluß- und Verbindungsstellen vom Zug entlastet und es müssen die einzelnen Drähte jedes Leiters, wenn sie nicht Kabelschuhe oder gleichwertige Verbindungsmittel erhalten, an den Enden mit einander verlötet sein. Verbindungen von solchen Schnüren unter sich (ausgenommen in und an Beleuchtungskörpern), oder zwischen Schnüren und anderen Leitungen dürfen nicht durch Verlötung, sondern müssen durch Verschraubung auf isolierender Unterlage hergestellt sein⁵).

Bei Verbindung von Schnüren mit einzelnen frei gespannten Drahtleitungen kann die isolierende Unterlage fortfallen⁶).

§ 39.
Feuergefährliche Betriebsstätten.¹)

a) Die Umgebung von Dynamomaschinen, Elektromotoren, Transformatoren, rotierenden Umformern,

---

bezeichnen, die in den einzelnen Teilen der Anlage vorkommen kann. Werden daher z. B. die beiden Hälften eines Dreileitersystems von etwa 2×130 Volt getrennt geführt, so ist in jedem Zweig auch Gummibanddraht zulässig, diejenigen Räume dagegen, in welchen beide Zweige vorhanden sind, wo also Spannungsdifferenzen bis 260 Volt vorhanden sein können, dürfen nur mit Gummiaderdraht ausgerüstet werden. Es ist dies eine der wenigen Bestimmungen, die innerhalb des Gebietes der Niederspannung eine weitere Abstufung der Spannung voraussetzen. Vergl. ETZ 1902, S. 940 unter 17 und S. 1133 unter 23.

⁴) Ungeeignete Verwendung von Gummibandschnur hat schon zu vielen Schäden Anlaß gegeben. Es empfiehlt sich daher, ihre Verwendung tunlichst zu beschränken. ETZ 1903, S. 298 N. 36 b); 1905, S. 278 N. 141, S. 279 N. 152. Dagegen ist Gummibandleitung unter Putz zulässig. ETZ 1905, S. 474 N. 158. Übrigens ist durch die Normalien (vergl. Nr. 3 I.) ein besseres Material gewährleistet, als es bisher vielfach in Verwendung war.

Natürlich ist Gummibandschnur an gefährdeten Stellen

b) In Wohnräumen dürfen Lampen und Konsumapparate im Anschluß an Netze oder Maschinen von mehr als 600 V überhaupt nicht angebracht werden. Etwa durchgehende Hochspannungsleitungen müssen außer Handbereich liegen und außerdem durch Verkleidungen geschützt sein⁷).

§ 39.
Feuergefährliche Betriebsstätten.¹)

a) Spannungen über 1000 V sind in feuergefährlichen Betriebsstätten nicht zulässig.

und im Handbereich mindestens ebenso zu schützen wie Aderschnur.

⁵) Vergl. § 10 c) und § 26 d) unter 7) Seite 50, 51 und 111.

⁶) Der zuletzt erwähnte Fall betrifft die Ausnahme, daß man gezwungen ist, fest auf den Wänden montierte Unterlagen zu vermeiden, weil die Wände starken Erschütterungen ausgesetzt sind. Alsdann kann von den frei gespannten Drahtleitungen eine Schnur mittels Klemmschrauben oder ähnlicher Hilfsmittel in der Weise abgezweigt werden, daß die Drahtleitung gleichzeitig den mechanischen Träger der Klemmschraube bildet.

⁷) Es empfiehlt sich sehr, in Wohnräumen überhaupt nur Niederspannung, d. h. nicht mehr als 250 Volt gegen Erde zu verwenden. Die meisten Einrichtungen entsprechen auch dieser Bedingung. Höhere Spannungen kommen hauptsächlich dort vor, wo Wohnhäuser von Bahnanlagen aus mit Strom versorgt werden. Im Interesse der Sicherheit sollte jedoch darnach gestrebt werden, auch in diesen Fällen die Spannung durch Umformer, Transformatoren oder Akkumulatoren herabzusetzen.

§ 39. ¹) Unter feuergefährlichen Betriebsstätten sind nament-

156 Niederspannung. § 40. Explosible Räume.

Widerständen usw. muß von entzündlichem Material frei gehalten werden können²).

b) Bei Anordnung von Sicherungen, Schaltern und ähnlichen Apparaten, in denen betriebsmäßig Stromunterbrechung stattfindet, ist besonders auf sichere Schutzhüllen aus isolierendem Material zu achten³).

c) Bogenlampen mit offenem Lichtbogen müssen metallene Ascheteller haben, welche im Betrieb in ihrer Lage festgehalten sind⁴).

d) Für festverlegte Leitungen sind nur Leitungen nach § 7 b) bis g), über 250 V Gebrauchsspannung nur solche nach § 7 c) und f), sowie Kabel zulässig. Die Drahtleitungen müssen in Rohren verlegt werden⁵).

e) Für bewegliche Leitungen ist nur biegsame Mehrfachleitung nach § 8 b und d) zulässig.

§ 40.
Explosionsgefährliche Betriebsstätten und Lagerräume
mit Ausnahme von Schlagwettergruben¹).

a) In solchen Räumen dürfen Dynamomaschinen, Elektromotoren, Transformatoren, Umformer und Wider-

---

lich Werkstätten verstanden, in denen entzündliche Stoffe verarbeitet werden oder lagern. Hierher gehören z. B. Tischlerwerkstätten, Baumwollspinnereien, Sägewerke und ähnliche Räumlichkeiten. Vergl. § 3 g) Seite 28.

²) Soweit irgend möglich, empfiehlt es sich, nur Niederspannung zu verwenden, da jedoch für Motoren die Spannungen bis 250 Volt zu ungünstigen Anordnungen führen, hat man auch Hochspannung bis zu 1000 Volt zugelassen. Stets wird man darnach trachten, die Maschinen, Motoren usw. überhaupt nicht in denselben Räumen aufzustellen, welche die leicht entzündlichen Stoffe enthalten. Ist dies unvermeidlich, so werden Motoren, Transformatoren, Widerstände am besten, ebenso wie nach § 40, in feuersichere Hüllen eingeschlossen. Natürlich leidet darunter ihre Ventilation. Die Motoren, Transformatoren usw. mit besonderen Ventilationsröhren auszurüsten, die von staubfreier Luft durchströmt werden, wird meistens nicht möglich sein. Man muß daher dafür sorgen, daß die Motoren usw. so groß gewählt werden, daß die im Betrieb vorkommenden Belastungen keine gefährliche Erwärmung hervorbringen können. Sind Staub oder Fasern nicht zu befürchten, so kann auch eine offene Aufstellung der Motoren usw. gewählt werden, doch sind Schranken und dergl. vorzusehen, die verhindern, daß brennbare Stoffe mit den elektrischen Betriebsmitteln in Berührung kommen. Vergl. § 25 a) Seite 99 und über Widerstände § 13 und § 34.

³) Über Schalter vergl. § 11 c). In Betriebsstätten ist besonders darauf zu achten, daß die Gehäuse der Schalter nicht durch die im Betrieb nötigen Hantierungen schwerer Werkstücke und Werkzeuge zerbrochen werden. Hier werden daher vielfach Gehäuse aus Metall am Platze sein, die aber im Sinne des § 11 c) mit isolierendem Überzug oder isolierender Einlage versehen sein müssen.

Hochspannung. § 40. Explosible Räume. 157

Die Umgebung von Dynamomaschinen, Elektromotoren, Transformatoren, rotierenden Umformern, Widerständen usw. muß von entzündlichem Material freigehalten werden können[2]).

Bei Anordnung von Sicherungen, Schaltern und ähnlichen Apparaten, in denen betriebsmäßig Stromunterbrechung stattfindet, ist besonders auf sichere Schutzhüllen aus isolierendem Material zu achten[3]).

c) Bogenlampen mit offenen Lichtbogen müssen metallene Aschenteller haben, welche im Betriebe in ihrer Lage festgehalten sind[4]).

d) Es sind nur Leitungen nach § 7 c), d), e), g) und h) (darunter auch Panzeradern) und Kabel zulässig.

Festverlegte Drahtleitungen müssen in Rohren verlegt sein[5]).

§ 40.
Explosionsgefährliche Betriebsstätten und Lagerräume.

In solchen Räumen ist Hochspannung nicht zulässig[6]).

---

[4]) Bogenlampen mit „offenen Lichtbogen" sind hier im Gegensatz zu Dauerbrandlampen hervorgehoben. Natürlich müssen sie die gewöhnliche Schutzglocke haben, in der die Aschenteller festgehalten werden (vergl. § 20). Dauerbrandlampen, welche außer der äußeren Glocke noch eine innere, den Lichtbogen einschließende Glaskammer besitzen, bedürfen auch hier keiner besonderen Aschenteller.

Damit die Aschenteller in ihrer richtigen Lage festgehalten werden, hat man sie z. B. in der Mitte mit einer nach unten hervorragenden Ausbauchung versehen, die durch ihr Gewicht die richtige Lage des Tellers sichern soll. Diese Maßnahme hat sich indessen als ungenügend erwiesen. Vielfach wird ein zuverlässigeres Festhalten des Tellers gefordert. Auch wenn Vorrichtungen zum Festhalten der Teller vorgesehen sind, ist das Personal scharf auf richtige Handhabung derselben zu kontrollieren. Vergl. § 20.

Glühlampen, die mit Staub, Fasern, Spänen in Berührung kommen können, oder auf denen eine Ablagerung solcher Stoffe möglich ist, sind nach § 19 e) mit Überglocken auszurüsten.

[5]) Je nach der Art des Betriebes sind die Schutzrohre bei Niederspannung einfach oder gepanzert zu wählen; bei Hochspannung sind nur Metallrohre oder mit Metall überzogene Rohre zulässig.

Die Grenze von 250 Volt, oberhalb deren Gummibandleitung verboten ist, steht in Übereinstimmung mit § 38 b); die Spannung von 250 Volt bezieht sich nicht auf die ganze Anlage, sondern auf deren einzelne Teile. Ein bestimmter Raum, in welchem 250 Volt Spannungsdifferenz nicht überschritten wird, darf also Gummibandleitung erhalten, auch wenn in den übrigen Teilen der Anlage größere Spannungsdifferenzen vorkommen. (ETZ 1902, S. 1133.)

stände nur in besonderen luft- und staubdichten Schutzkästen aufgestellt werden[2]).

b) Ausschalter und Sicherungen dürfen in denselben nicht angebracht werden[3]).

c) Blanke Leitungen und Mehrfachleitungen sind unzulässig.

d) Drahtleitungen müssen Isolierung nach § 7 c) haben und in Rohre eingeschlossen sein.

e) Es sind nur Glühlampen zulässig, welche im luftleeren Raume brennen[4]). Dieselben müssen mit dicht schließenden Überglocken, welche auch die Fassung dicht einschließen, verwendet werden[5]).

§ 41.
Feuchte Räume.[1])

a) Die nach feuchten Räumen führenden Leitungen müssen abschaltbar sein[2]).

b) Blanke Leitungen müssen in einem Abstand von mindestens 10 cm von einander und 10 cm von der Wand auf Porzellanglocken oder auf gleichwertigen Isolatoren verlegt werden. Sie sollen mit einem in der Feuchtigkeit haftenden und haltbaren Anstrich versehen sein[3]).

---

§ 40. [1]) Für Bergwerke gelten Sondervorschriften, die auch Hochspannungsanlagen umfassen. Siehe § 46.

Was als explosionsgefährlicher Raum zu betrachten ist, muß von Fall zu Fall je nach Art des Betriebs und der vorkommenden Stoffe entschieden werden. ETZ 1902, S. 948 No. 18; 1904, S. 425 N. 105. Es gehören hierher Sprengstofffabriken, gewisse Teile von Gasfabriken, Benzinwäschereien, unter Umständen auch Getreidemühlen, Baumwollspinnereien, Bronzefabriken und dergl.

[2]) Derartige Schutzkasten sind nur so lange wirksam, als sie wirklich luftdicht bleiben. Neuestens hat man mit Erfolg versucht, Maschinen mit durchbrochenen Wandungen zu versehen, die vermöge ihrer besonderen Gestaltung abkühlend auf die im eingeschlossenen Raum erfolgenden Explosions- und Verbrennungserscheinungen wirken und diese hindern, sich zu verbreiten.

[3]) Ausschalter und Sicherungen sind außerhalb der gefährlichen Räume und tunlichst zentralisiert anzuordnen. Durch Benutzung stärkerer Leitungsquerschnitte in den Abzweigen, so daß Querschnittsänderungen im Innern der gefährlichen Räume vermieden werden, ist dies erreichbar.

[4]) Nernstlampen, die ihrer Natur nach freien Zutritt der Umgebungsluft erfordern, sind in explosionsgefährlichen Räumen unzulässig. Ebenso sind Bogenlampen verboten, da sie sich nicht explosionssicher abschließen lassen.

[5]) Die Fassungen der Glühlampen sind in der Regel nicht kräftig genug, um das Gewicht der Überglocke zu tragen und ihre sichere, dicht schließende Befestigung zu ermöglichen. Da außerdem gerade in der Fassung gefährliche Erhitzung auftreten kann, so müssen die Überglocken über die Fassungen reichen.

[6]) Hochspannung darf nicht verwendet werden. Es dürfen auch nicht Hochspannungsleitungen durch die explosiblen Räume durchgeführt werden.

Hochspannung. § 41. Feuchte Räume. 159

§ 41.
Feuchte Räume.[1])
a) Die nach feuchten Räumen führenden Leitungen müssen abschaltbar sein[2]).
b) Blanke Leitungen dürfen nicht verwendet werden. Oberhalb 1000 V sind nur Kabel zulässig[4]).

---

§ 41. [1]) Was als feuchter Raum zu betrachten ist, kann nur von Fall zu Fall entschieden werden. ETZ 1904, S. 1115 N. 123 c. Es gibt Räume, die zwar nicht stets feucht sind, z. B. gewöhnliche Hausküchen, Badezimmer in Privatwohnungen, in denen es aber trotzdem zweckmäßig ist, e i n z e l n e der für feuchte Räume vorgeschriebenen Sonderbestimmungen einzuhalten, z. B. G u m m i a d e r statt G u m m i b a n d zu verwenden. ETZ 1904, S. 424 No. 97. Nach § 2 e) werden von den in feuchten Räumen verlegten Teilen der Installation nicht dieselben Isolationsgrößen gegen Erde verlangt, wie sie sonst allgemein gefordert werden. Bei sorgfältiger Ausführung sind sie indessen auch hier erreichbar, wenn sie auch nicht jederzeit aufrecht erhalten werden können. Es empfiehlt sich, den häufig als Begleiter der Feuchtigkeit auftretenden Schmutz möglichst zu bekämpfen, indem z. B. in bestimmten Zeiträumen die Isolierglocken, die Sockel der Apparate, sowie Lampenfassungen und Beleuchtungskörper abgewischt oder abgewaschen werden.

Die Bestimmungen über feuchte Räume können auch als Anhaltspunkte für die Anbringung von Lampen und Apparaten im Freien gelten, wofür besondere Bestimmungen nicht getroffen sind. Vergl. S. 90 unter 13 sowie ETZ 1904, S. 362 N. 80; 1905, S. 474 N. 159.

[2]) Um die Isolationsgröße nach § 2 in den übrigen Teilen der Anlage richtig zu messen, ist dies nötig. Es ist ferner zu beachten, daß in den feuchten Räumen häufiger Schäden an der elektrischen Einrichtung eintreten werden, als in den übrigen Teilen der Anlage. Die Behebung solcher Schäden wird erleichtert, wenn die Leitungen leicht abtrennbar sind. Bei Hochspannung ist durch die Abschaltbarkeit die Versuchung vermindert, Reparaturen während des Betriebes vorzunehmen.

Die schlechtere Isolation in den feuchten Räumen kann einen merklichen Stromverlust zur Folge haben; dieser wird vermindert, wenn die Räume nur so lange angeschaltet sind, als

160 Niederspannungen. § 42. Ätzende Dünste.

c) Isolierte Drahtleitungen müssen eine Isolierung nach § 7 c) haben[5]).

d) Bei beweglichen Lampen muß die Doppelleitung durch eine starke schmiegsame Umhüllung gegen Beschädigung geschützt sein[7]).

e) Apparate sind nach Möglichkeit nicht in feuchten Räumen unterzubringen; läßt sich dies nicht vermeiden, so sind dieselben gleichwertig wie die Leitungen zu isolieren[8]).

f) Bei offen verlegten Leitungen für Gebrauchsspannungen über 250 V ist der Schutz gegen Berührung besonders zu beachten[9]).

§ 42.
Räume mit ätzenden Dünsten[1]).

In Räumen, in welchen ätzende Drähte auftreten, sollen außer Kabeln nur blanke Leitungen verwendet werden, die durch einen geeigneten Überzug (Verkleidung oder Anstrich, z. B. mit Porzellan-Emaillack) gegen chemische Beschädigung geschützt sind. Auch die Kabel

---

wirklich Strom gebraucht wird. Es ist nicht ausgeschlossen, daß auf diese Weise auch die elektrolytische Zerstörung einzelner Installationsmittel merklich verzögert wird. Vergl. die Erläuterungen zu § 33.

[3]) Vergl. § 28 b). Wie dort angegeben, müssen die Entfernungen der Drähte unter sich bei größeren Spannweiten auch mehr als 10 cm betragen.

In manchen Fällen sind Leitungen von Eisendraht oder verzinntem Eisendraht zu empfehlen.

Als Anstrich ist Ölfarbe, Asphaltlack, Emaillack zu empfehlen. Unter Umständen ist Bleiüberzug der Kupferleitungen vorteilhaft. Über sogen. Hackethaldraht siehe ETZ 1903, S. 172.

[4]) Nach § 28 bei Hochspannung blanke Leitungen nur soweit zulässig, als sie entweder betriebsmäßig geerdet sind, oder als Kontaktleitungen (bis 1000 Volt) dienen, oder in Betriebs- und Akkumulatorenräumen liegen. In feuchten Räumen fallen also auch diese sämtlichen Verwendungsgebiete von blanken Leitungen weg. Es ist vielmehr mindestens Gummiaderdraht oder eine noch besser isolierte Drahtsorte zu verwenden. Mit Spannungen von mehr als 1000 Volt wird man feuchte Räume überhaupt nicht installieren. Sind Leitungen durch feuchte Räume durchzuführen, so empfiehlt es sich, stets Kabel zu verwenden, wie dies oberhalb 1000 Volt vorgeschrieben ist.

[5]) Faserhüllen und Gummibandisolierung werden in feuchten Räumen in der Regel nicht auf die Dauer standhalten. Die oft mit ätzenden Stoffen vermischte Feuchtigkeit setzt sich leicht zwischen Draht und seine Umhüllung und führt dann auch die Zerstörung des Leiters selbst herbei; oft unbemerkt und rascher als bei blankem Draht mit glatter Oberfläche. Panzerleitung (§ 7 f u. § 8 d) ist in feuchten Räumen im allgemeinen nicht zu empfehlen. ETZ 1904, S. 1116 N. 134.

[6]) Es ist besonders wichtig, hinreichend große Glocken- oder Rollen-Isolatoren anzuwenden.

[7]) Außer Umhüllungen aus Leder, Segeltuch und dergl. sind

Hochspannung. § 42. Ätzende Dünste. 161

c) Die in § 29 b) vorgeschriebenen Wandabstände sind für feuchte Räume zu verdoppeln[9]).

d) Apparate sind nach Möglichkeit nicht in feuchten Räumen unterzubringen; läßt sich dies nicht vermeiden, so sollen sie gleichwertig wie die Leitungen vom Gebäude isoliert sein[8]).

e) Der Schutz gegen Berührung (vergl. § 26 b) und i) ist besonders zu beachten[10]).

§ 42.
Räume mit ätzenden Dünsten[1]).

Spannungen über 1000 V sind nicht zulässig.

Unter 1000 V sind nur Kabel zulässig, welche je nach Art der Dünste gegen chemische Angriffe geschützt sein müssen[2])[3]).

---

namentlich Gummischläuche mit oder ohne Einlage aus Hanf oder Metall zum Schutze der Leitungsschnüre zu empfehlen.

[8]) Vergl. § 10 unter 3). Es gibt jetzt für die meisten der gebräuchlichen Apparate Ausführungsformen, die den Verhältnissen feuchter Räume Rechnung tragen. So z. B. Schalter, deren Unterlagen als Isolierglocken ausgebildet sind, Lampenfassungen ähnlicher Art.

[9]) In feuchten Räumen ist die Gefahr, daß Menschen durch den Strom verletzt oder getötet werden, weit höher als in trockenen, da der Widerstand der Personen gegen Erde hier in der Regel durch den feuchten Fußboden merklich vermindert ist und außerdem ein Pol der Leitungsanlage häufig weniger gut gegen Erde isoliert ist. Berührt also ein Mensch den andern Pol, so wird sein Körper von mehr oder weniger starken Strömen durchflossen. Es sind daher die im § 43 angegebenen Hilfsmittel auch in feuchten Räumen sinngemäß und den Umständen entsprechend zu beachten.

Besonders ratsam ist es, an denjenigen Stellen, wo betriebsmäßig eine Handhabung der elektrischen Einrichtung geschieht, also wo Ausschalter oder Motoren, Lampen etc. zu bedienen sind, für einen trockenen und isolierten Standpunkt der bedienenden Person zu sorgen. Sei es, daß man vollständige Bedienungsgänge oder Bedienungsstände herstellt, die auf Porzellanglocken oder Glasfüßen, Glasprismen usw. ruhen, oder daß man sich mit Gummimatten oder einigen trocken gehaltenen Brettern begnügt.

[10]) Bei Hochspannung ist in feuchten Räumen peinlichst genau dafür zu sorgen, daß die Leitungen durch Schutzverkleidung gegen jede unmittelbare Berührung geschützt sind. Sind die Schutzverkleidungen von Metall oder mit Metall überzogen, so ist sorgfältig auf leitenden Zusammenhang dieser Metallteile und gute Verbindung mit Erde zu achten. Die Stoßstellen der Rohre sind leitend zu verbinden. Der gute Zustand dieser Verbindungen sowie der Erdungsleitungen ist so oft als möglich zu

sind je nach der Art der Dünste gegen chemische Angriffe
zu schützen²).

§ 43.
Durchtränkte Räume¹).

Diejenigen Teile von industriellen und gewerblichen
Betrieben, in denen erfahrungsgemäß durch ungewöhn-

---

prüfen; namentlich sind die Erdungsleitungen vor Beschädigung
zu schützen.

§ 42. ¹) Derartige Räume werden zunächst in chemischen
Fabriken anzutreffen sein, auch Stallungen fallen oft unter diese
Klasse. Zementfabriken, Gerbereien und andere Betriebe werden
zwar nicht gerade ätzende Dämpfe, aber ätzenden Staub oder
ätzende Flüssigkeiten enthalten. Sie sind sinngemäß ebenso
wie die genannten Räume zu behandeln.

²) Kalk und kalkhaltige Laugen greifen das Gummi der
Isolierung scharf an; ebenso das Blei der Kabel. Auch organische
Fettsäuren, ferner Essigsäure und andere organische Stoffe sind
dem Blei gefährlich. Vergl. § 9 unter 4).

³) Da die ätzenden Stoffe nicht nur die Leitungen, sondern
ebenso die Schalter, Fassungen und dergl. angreifen, so empfiehlt
es sich, höhere Spannungen, die bei Beschädigung der Isolation
den Menschen gefährlich werden können, in solchen Räumen
tunlichst zu vermeiden.

§ 43. ¹) Für Räume der bezeichneten Art waren in der früheren
Fassung der Vorschriften zahlreiche Sonderbestimmungen vorgesehen, die am Schlusse der Niederspannungsvorschriften als
Anhang A aufgeführt waren. Bei der vorliegenden Fassung ist
ihr Inhalt, soweit er überhaupt erhalten blieb, teils unter § 40
(feuchte Räume), teils in § 43 aufgenommen worden.

Daß diese Räume in den Vorschriften besonders hervorgehoben sind, ist auf folgendes zurückzuführen:

Ganz im Gegensatz zu sonstigen langjährigen und mannig-
faltigen Erfahrungen haben sich im Jahre 1896 in einer einzelnen
Fabrikanlage (einer Melasseentzuckerungsanstalt) vier Unglücksfälle mit tötlichem Ausgange ereignet, obwohl der dort benutzte
Drehstrom eine Spannung von 250 Volt zwischen je zwei Leitungen
nicht überstieg*).

Da die erwähnte Spannung dort ohne Umformung durch
die Maschine selbst erzeugt wurde und es nach den ausführlichen
Untersuchungen der Sachlage ganz ausgeschlossen erscheint,
daß eine höhere Spannung dort aufgetreten sei, so mußte man
zu der Überzeugung kommen, daß doch auch niedrig gespannte
Ströme gefährlich werden können, wenn sie unter besonders ungünstigen Umständen auf den menschlichen Körper einwirken.
Diese besonderen Umstände konnten im vorliegenden Falle
nur darin gesehen werden, daß die in der Fabrik verarbeiteten
ätzenden Stoffe alkalischer Natur den Isolierwiderstand der
Arbeiter gegen Erde erheblich herabgesetzt haben, indem sie
namentlich den Widerstand der Fußbekleidung und des Fußbodens stark vermindern und so den Übergang des Stromes auf
den Körper und durch diesen zur Erde wesentlich erleichtern.
Nach den späteren Messungen ist der maßgebende Widerstand
in den abnormen Betrieben durchschnittlich dreißigmal kleiner,
als in normalen Verhältnissen. Es kam dazu, daß die Arbeiter

---

*) ETZ Bd. 18, S. 785, 1897.

§ 43.
Durchtränkte Räume[1]).
In durchtränkten Räumen ist Hochspannung nicht zulässig.

teilweise barfuß gingen, während anderseits einzelne Teile der elektrischen Einrichtung durch die alkalischen Stoffe in ihrem Isolationsvermögen stark beeinträchtigt waren*).

Eine bedeutungsvolle Bestätigung erhält diese Auffassung durch die von Professor H. F. W e b e r in Zürich angestellten Versuche**).

Hiernach ist die einseitige Berührung von Leitungen mit hoher Spannung dann ungefährlich, wenn die berührende Person gut vom Erdboden isoliert ist, also z. B. gute trockene Fußbekleidung trägt; während schon Wechselstromspannungen von 30 bis 50 Volt äußerst schmerzhafte Erscheinungen im Gefolge haben, wenn die Person mit nackten Füßen auf feuchtem Boden steht oder mit beiden Händen Drähte verschiedener Spannung fest erfaßt werden, besonders wenn der Übergangswiderstand der Haut durch Feuchtigkeit vermindert ist, wobei also ein erheblicher Strom den Körper wirklich durchfließt.***)

In der überwiegenden Mehrzahl der Anlagen wird es möglich sein, eine derartige Häufung ungünstiger Umstände, daß die Anwendung der Sonderbestimmungen des § 43 unumgänglich ist, zu vermeiden. Auch in Betrieben, welche ätzende Stoffe benützen, oder bei denen feuchte Räume nicht vermieden werden können, lassen sich vielfach deren schädliche Einflüsse von vornherein einschränken. Gelingt es z. B., die Räume trocken zu halten, so können auch ätzende Stoffe weder auf die Isolation der elektrischen Einrichtungen, noch auf den menschlichen Körper in so hohem Maße schädlich einwirken, wie bei dauernder hochgradiger Feuchtigkeit. Die Feuchtigkeit selbst kann, wo sie nicht zu vermeiden ist, durch Anlage von Senkgruben, Ablaufrinnen, erhöhte Standplätze, unter Benutzung geeigneten Materials, wie Zement, Asphalt usw., auf bestimmte enge Grenzen beschränkt werden. Die Benutzung wasserdichter und glatter Fußböden und Wände gestattet auch in Verbindung mit etwas Sorgfalt und Mühe eine zeitliche Beschränkung des feuchten Zustandes. Mit andern Worten: Wo es irgend möglich ist, soll man die durchtränkten Räume zeitweise, z. B. alle Wochen, gründlich auswaschen und trocknen lassen. Es erscheint auch nicht ausgeschlossen, der Herabsetzung des Isolationswiderstandes dadurch entgegenzutreten, daß man die Körperteile, welche meistens den Stromübergang vermitteln, also namentlich Hände und Füße, entsprechend bekleidet. Wenn auch das Tragen von Handschuhen — die, wenn sie völlig wirksam sein sollen, aus Gummi bestehen müßten — nicht überall durchführbar ist, so dürfte es doch in fast allen Fällen möglich sein, in Betracht kommenden Personen mit gutem Schuhzeug auszurüsten. Das Tragen von Gummischuhen oder Überschuhen aus Gummi, oder von Schuhen mit Gummisohlen innerhalb der feuchten Räume kann als ein äußerst wirksames und leicht durchführbares Schutz-

---
*) ETZ Bd. 19, S. 711, 1898.
**) Ebenda: Bd. 18, S. 615, 1897.
***) Ebenda: Bd. 20 S. 601, 1899.

164 Niederspannung. § 44. Schaufenster, Warenhäuser.

lich starke oder gutleitende Feuchtigkeit die dauernde Erhaltung normaler Isolation erschwert und der Widerstand des Körpers der darin beschäftigten Personen gegen Erde erheblich vermindert wird, werden abgekürzt als durchtränkte Räume bezeichnet.

a) Für durchtränkte Räume gelten die Vorschriften des § 41 und außerdem die folgenden Zusatzbestimmungen[2]).

b) An geeigneten Stellen sind Tafeln anzubringen, welche in deutlich erkennbarer Schrift vor der Berührung der elektrischen Leitungen warnen[3]).

c) Lampen, die ohne besondere Hilfsmittel zugänglich sind, müssen isolierende und feuchtigkeitsbeständige Armaturen haben. Hahnfassungen sind verboten[4]).

d) Bogenlampen müssen während des Betriebes unzugänglich sein und dürfen während der Bedienung nicht unter Spannung stehen[5]).

§ 44.
Schaufenster, Warenhäuser und ähnliche Räume, in welchen leicht entzündliche Stoffe aufgestapelt sind.

a) Für Beleuchtungen, welche ihren Standort nicht wechseln, müssen die Leitungen, soweit sie mit den leicht entzündlichen Stoffen in Berührung kommen können, bis in die Lampenträger bzw. in die Anschlußdosen vollständig durch Rohre geschützt sein[1]).

b) Beleuchtungskörper, welche ihren Standort wechseln, sind entweder[2])

---

mittel bezeichnet werden. In bestimmten Fällen wird es sich empfehlen, derartige Fußbekleidung durch Betriebsordnung zu erzwingen.

Es sei ferner daran erinnert, daß bei sorgfältiger Benutzung der vorhandenen Hilfsmittel auch unter ungünstigen Umständen eine sehr hohe Isolation der elektrischen Einrichtungen aufrechterhalten werden kann. Eine gute Isolation der Anlage wird im allgemeinen die bei Berührung eines Spannung führenden blanken Teiles in Wirkung tretende Spannung auf einen kleinen Bruchteil derjenigen herabsetzen, die bei vorhandenem Erdschluß auftreten kann.

[2]) Eine bestimmte Festlegung derjenigen Betriebe, in welchen die Bestimmungen des § 43 Anwendung finden müssen, läßt sich im allgemeinen nicht geben. Hierfür kann nur die besondere Sachlage in jedem einzelnen Falle maßgebend sein.

[3]) Zur Ergänzung der Warnungstafeln gehört eine entsprechende Belehrung des Personals.

[4]) Es muß einerseits dafür gesorgt werden, daß die ätzende Feuchtigkeit nicht in die Lampenfassungen eindringen kann, da sie dort leicht Stromübergänge nach der Außenwand der Fassung erzeugt. Andererseits ist diese Außenwand der Berührung zu entziehen. Beides wird durch dicht schließende Überglocken erreicht, die aus dem letzteren Grunde isolierende Fassung haben müssen. Wo Ausschalter innerhalb der bedenklichen Räume sein müssen, empfiehlt es sich, möglichst dicht abgeschlossene und von Isolierstoff umgebene zu verwenden.

§ 44.
Schaufenster, Warenhäuser und ähnliche Räume, in welchen leicht entzündliche Stoffe aufgestapelt sind.

In Schaufenstern, Warenhäusern und ähnlichen Räumen, in welchen leicht entzündliche Stoffe aufgestapelt sind, ist Hochspannung nicht zulässig.

---

[5]) Da Betriebsvorschriften, welche das Abschalten der Bogenlampen vor ihrer Bedienung fordern, oft nicht eingehalten werden, so empfiehlt es sich, den Ausschalter mit der Aufzugskurbel für die Lampen so in Verbindung zu bringen, daß das Herablassen nicht erfolgen kann, ehe der Strom ausgeschaltet ist. Noch einfacher wird die Forderung durch jene Bauart erfüllt, bei der die Bogenlampe durch das Herablassen selbst von der Zuleitung abgetrennt und erst in hochgezogener Stellung wieder angeschaltet wird. Vergl. auch § 20 b).

§ 44. [1]) Alle Bestimmungen des § 44 beziehen sich nur auf s o l c h e Schaufenster, Warenhäuser usw., die leicht entzündliche Stoffe in größeren Mengen enthalten. Sie gelten also z. B. nicht für Kaufläden mit Porzellan- oder Eisenwaren. Soweit beim Erbauen von Läden und Warenhäusern deren besondere Verwendungsart nicht vorhergesehen werden kann, wird man gut tun, die Installation so einzurichten, daß dem § 44 nachträglich genügt werden kann. ETZ 1902, S. 1133, No. 25.

Der besonders vollständige Schutz der Leitungen rechtfertigt sich durch die Erfahrung, daß die Leitungen durch das Aufstapeln der Waren, durch das Ansetzen von Leitern und dergl. besonders der Verletzung ausgesetzt sind. Die Erfahrung lehrt auch, daß die Leitungen an keiner Stelle der Berührung mit den Waren völlig entrückt sind, denn letztere häufen sich zeitweise bis an die Decke.

[2]) Die beweglichen Beleuchtungskörper und ihre Zuleitungen sind stärkerer Abnützung unterworfen und unterliegen auch

166 Niederspannung. § 44. Schaufenster, Warenhäuser.

1. mit metallumhüllter Mehrfachleitung oder
2. mittels besonders geschützter Mehrfachleitung ohne Metallmantel abzuzweigen.

Im Falle 1 ist das eine Ende der Metallumhüllung mit dem Metallmantel der Fassung leitend zu verbinden, das andere Ende ist mittels Hilfskontaktes an eine geerdete Hilfsleitung anzuschließen. Dieser Kontakt muß so beschaffen sein, daß er beim Einschalten früher als die Stromkontakte geschlossen wird. Die drei Kontakte müssen gegeneinander unverwechselbar sein.

Die metallenen Gebäudeteile und Lampenträger des betreffenden Raumes sind mit der Hilfsleitung ebenfalls leitend zu verbinden. Der Querschnitt der Hilfsleitung muß mindestens gleich dem der betreffenden Abzweigleitung sein. Die Hilfsleitung darf keine Sicherung enthalten und muß geerdet sein[3]).

In Anlagen mit einem geerdeten Leiter gilt die Verbindung mit diesem als Erde.

Im Falle 2 sind nur Leitungen mit einer Isolierung mindestens nach § 8 b) dieser Vorschriften zulässig. Diese müssen ferner zum Schutz gegen mechanische Beschädigung mit einem Überzug aus widerstandsfähigem Material (z. B. Segeltuch, Leder, Hanfschnurumklöppelung) versehen sein[4]).

c) Sämtliche Schalter, Anschlußdosen und Sicherungen müssen an solchen Plätzen fest montiert sein, an welchen sie vor der Berührung mit leicht entzündlichen Stoffen sicher geschützt sind, und müssen mit widerstandsfähigen Schutzkasten umgeben sein[5]).

d) Mit einer beweglichen Leitung darf nur je ein Beleuchtungskörper angeschlossen werden[6]).

e) In Schaufenstern ist Bogenlichtbeleuchtung ohne besonderen Schutz nicht zulässig, es müssen vielmehr die Bogenlampen entweder außerhalb der Schaufenster angebracht werden oder durch Glasplatten, Glaswände oder dergl. von den Auslagen derart getrennt sein, daß etwa herabfallende Kohlenteilchen die ausgestellten Gegenstände nicht erreichen können[7]).

f) Die Aschenteller der Bogenlampen mit offenem Lichtbogen müssen aus Metall bestehen und im Betrieb in ihrer Lage festgehalten sein[8]).

---

schwereren Mißbräuchen als feste. Sie sind daher besonders strengen Vorschriften unterworfen.

[3]) Die Metallumhüllung soll bewirken, daß bei Verletzung der Leitung ein möglichst inniger Stromschluß gegen die geerdete Metallhülle hergestellt und dadurch die Sicherung zur Wirksamkeit gebracht wird.

Es ist gut, wenn die Metallhülle die Leitung so dicht umgibt, daß sie einen allseitig geschlossenen Panzer bildet, der selbst gegen mechanische Beschädigungen schützt, hierzu eignet sich z. B. auch ein Metallschlauch, wie er zum Schutz von Gummischläuchen üblich ist.

Ein besonders bei Schaufensterdekorationen häufig geübter Mißbrauch ist der, daß die beweglichen Leitungen mit Stecknadeln durchstochen werden, um sie in gewissen Lagen festzuhalten, wodurch häufig Kurzschluß entsteht.

⁴) Die Umhüllung und die stärkere Gummiisolation soll gegen mechanische Beschädigungen, besonders auch gegen den unter 3) erwähnten Mißbrauch schützen.

⁵) Auch gegen diese Bestimmung wird häufig verstoßen, indem Schalter oder Sicherungen, oft sogar kleinere Schaltbretter beim Aufstapeln der Waren mit letzteren bedeckt werden. Am besten ist es, diese Apparate auf Verteilungsschaltbrettern zu konzentrieren und diese etwa noch mit Glaskasten vor der Berührung mit brennbaren Stoffen zu schützen.

⁶) Vergl. § 32 unter 11), Absatz 2, Seite 138.

⁷) Die Bogenlampen sind häufig durch herausfallende glühende

§ 45.
Theater.

Für Theaterinstallationen[1]) gelten die Vorschriften der Abteilung „I. Niederspannungsanlagen"[2]), soweit diese nicht durch die nachfolgenden Sonderbestimmungen abgeändert werden[3]).

I. Allgemeine Bestimmungen.

a) Die elektrischen Leitungsanlagen sind von der Hauptschalttafel ab in Gruppen zu unterteilen[4]). Dreileiteranlagen sind, soweit tunlich, von den Hauptschalttafeln ab in Zweileiterzweige, bestehend aus Mittel- und Außenleiter, zu unterteilen[5])[6]).

Kohlen infolge unachtsamer Bedienung oder fehlerhaften Betriebes gefährlich geworden. Auch Dauerbrandlampen und Bogenlampen für indirekte Beleuchtung sind, trotzdem sie etwas mehr Sicherheit bieten als gewöhnliche Bogenlampen, nur unter den Bedingungen unter e) zulässig. Ebenso bleiben diese Bedingungen auch dann in Kraft, wenn die Bedienung der Lampen außerhalb der Schaufenster erfolgt. ETZ 1902, S. 941 N. 19; 1903, S. 516 N. 55, 56; 1904, S. 361 N. 76.

[8]) Bogenlampen mit offenem Lichtbogen sind hier als Gegensatz zu Dauerbrandlampen so genannt. Letztere bedürfen keines besonderen Aschentellers, da sie außer der bei allen Bogenlampen geforderten äußeren Schutzglocke noch eine besondere den Lichtbogen eng umschließende Kammer haben. Die Aschenteller aus Glas, Porzellan und dergl. sind zu sehr zerbrechlich, daher hier ebenso wie im § 39 c) verboten. Richtige Bedienung der Bogenlampen und ihrer Aschenteller ist sehr wichtig. Vergl. § 20 a) und § 39 c).

§ 45. [1]) Besondere Vorschriften für Theater sind zuerst in der ETZ 1900 S. 665 veröffentlicht worden. Ebenso wie Theater sind der Regel nach auch Zirkusgebäude, Konzertsäle Ballsäle, Häuser für Varietevorstellungen und ähnliche Zwecke zu behandeln. Eine Abgrenzung ist nur unter Würdigung der Betriebsart von Fall zu Fall möglich.

Für Theater wird von den meisten Behörden keine andere als elektrische Beleuchtung zugelassen,. Es ist zweifellos, daß die elektrische Beleuchtung allen anderen Beleuchtungsarten in der Feuersicherheit weit überlegen ist, vorausgesetzt, daß sie sachgemäß ausgeführt ist und ebenso gehandhabt wird.

[2]) Höhere Spannungen, als die durch den Geltungsbereich der Niederspannungsvorschriften abgegrenzten (S. 8), dürfen in Theatern nicht verwendet werden. Also nicht mehr als 250 Volt gegen die Erde, nicht mehr als 500 Volt zwischen irgend zwei Leitungen.

[3]) Sonderbestimmungen für Theater sind aus zwei Gründen notwendig. Zunächst, weil es sich um große Menschenmengen handelt, für die nicht nur die unmittelbare Brandgefahr, sondern auch die aus einer Panik entstehenden Folgen zu fürchten sind. Zum andern, weil in den Theatern, besonders im Bühnenraum, verhältnismäßig große Lichtmengen auf engem Raum zusammengedrängt gebraucht werden und dieser Gebrauch behufs Erzielung der Bühnenwirkungen ein eigenartiger ist, der die elektrische Einrichtuung in besonders hohem Maße beansprucht; namentlich sind mechanische Beschädigungen durch die Bewegung der Be-

§ 45.
Theater.

In Theatern ist Hochspannung nicht zulässig.

leuchtungskörper selbst, sowie durch die Bewegung der Bühnenrequisiten und der Personen zu fürchten.

⁴) Die Unterteilung soll es unmöglich machen, daß durch eine im Verbrauchsgebiet vor sich gehende Störung, z. B. Kurzschluß und Abschmelzen einer größeren Sicherung, die ganze Anlage außer Betrieb gesetzt wird, so daß allgemeine Dunkelheit eintreten würde.

⁵) Die Ausführung der Abzweige in Gestalt von Zweileiteranlagen bewirkt, daß die beiden Zweige weniger voneinander abhängig sind, als wenn sie sich eines gemeinsamen Mittelleiters bedienen. Eine Unterbrechung dieses Mittelleiters könnte im letzteren Falle sehr gefährliche Folgen haben. Vergl. S. 130 unter 3). Der Mittelleiter ist nach § 22f zu erden. ETZ 1904, S. 361 N. 74.

Außerdem macht es die Trennung möglich, daß man die beiden Hauptzweige auf verschiedenen Wegen dem Verbrauchsgebiete zuführt. Man wird z. B. die eine Hauptleitung auf der rechten, die andere auf der linken Seite des Hauses führen, damit ein örtlich begrenzter Unfall (Brand, Wasser, Zerstörung durch Gewalt) nur e i n e n Hauptleiter treffen kann. Im Verbrauchsgebiet werden die letzten Ausläufer beider Zweige so geführt, daß beim Unterbrechen eines Hauptzweiges niemals irgend ein Raum völlig dunkel werden kann, jedoch sind unmittelbare Kreuzungen der beiden Hälften, sowie die Berührung von Beleuchtungskörpern, die an zwei verschiedenen Hälften liegen, zu vermeiden.

⁶) Die Teilung in Zweileiterzweige ist auch vor der Anschlußstelle des Bühnenregulators vorzunehmen, dessen Regelungswiderstände meistens in den vom Mittelleiter abzweigenden Leitungspol liegen, da diese Anordnung die im Regulator selbst vorkommenden Spannungen gegen Erde auf das kleinste Maß bringt und die Leitungsführung wesentlich vereinfacht. Die am Regulator vorhandenen Endausschalter der einzelnen Stromkreise können bei dieser Anordnung der Forderung (§ 33 b), daß sie mit dem zugehörigen Außenleiter zugleich geöffnet werden, nicht genügen. Es besteht die Absicht, diese Ausnahme von § 33 b bei einer Neufassung der Vorschriften ausdrücklich zuzulassen, wenn andere Schalter vorhanden sind, die es gestatten, alle Stromkreise des Regulators allpolig abzuschalten. Wenn auch jetzt Bühnenregulatoren ausgeführt sind, die die erwähnte Forderung (§ 33 b) erfüllen, so ist diese Bauart doch um so viel verwickelter, das es fraglich erscheint, ob sie im ganzen größere Sicherheit bieten.

170 Niederspannung. § 45. Theater.

b) In Räumen, die mehr als drei Lampen erhalten, sowie in sämtlichen Korridoren, Treppenhäusern und Ausgängen sind die Lampen an mindestens zwei getrennt gesicherte Zweigleitungen anzuschließen[7]). Die Schalter und Sicherungen sind möglichst zu zentralisieren und dürfen dem Publikum nicht zugänglich sein[8]).

c) Falls eine elektrische Notbeleuchtung eingerichtet wird, müssen deren Lampen an eine oder mehrere räumlich und elektrisch von der Hauptanlage unabhängige Stromquellen angeschlossen werden[9])[10]).

II. Bestimmungen für das Bühnenhaus.

Für die Installationen des Bühnenhauses (Bühne, Untermaschinerien, Arbeitsgalerien und Schnürboden, Garderoben[1]) und sonstige Bühnennebenräume) gelten

Fortsetzung auf S. 171.

---

[7]) In Treppenhäusern legt man zweckmäßig eine Steigleitung an die Außenwand (Fensterseite), die andere, dem zweiten Zweig des Dreileiternetzes angehörige, an die Innenwand. Es werden dann die aufeinander folgenden Lampen abwechselnd an die eine und an die andere Hauptleitung angeschlossen.

[8]) Die Zentralisierung ermöglicht rasches Auffinden und vereinfacht die Bedienung, sie erhöht so die Sicherheit. Es empfiehlt sich, nicht nur die Schaltbretter durch Türen (Glastüren) und dergl. vor dem Publikum abzuschließen, sondern sie womöglich an solchen Orten aufzustellen, zu denen das Publikum überhaupt nicht Zutritt hat, damit die Bedienung auch während eines Gedränges des Publikums ungehindert bleibt.

[9]) Als Stromquelle für die Notbeleuchtung darf nicht eine zu der Hauptbeleuchtung gehörige Akkumulatorenbatterie dienen, d. h. es dürfen nicht Hauptbeleuchtung und Notbeleuchtung von derselben Batterie gespeist werden; auch darf nicht während der Notbeleuchtung die Batterie mit der Lademaschine verbunden sein. Doch ist es von einzelnen Behörden als genügend sicher anerkannt, wenn eine besondere für alle Notlampen gemeinsame Akkumulatorenbatterie außerhalb der Betriebszeit des Theaters von der Hauptstromquelle geladen und während der Vorstellungen ausschließlich auf die Notbeleuchtung entladen wird; vorausgesetzt ist dabei, daß die Batterie örtlich genügend getrennt von der Erzeugerstelle aufgestellt ist. Derartige zentralisierte Stromquellen für die Notbeleuchtung finden sich in Theatern zu Dresden, Hamburg, Karlsruhe. Andere Aufsichtsstellen verlangen größere Unabhängigkeit der einzelnen Lampen; z. B. in der Weise, daß jede Lampe eine besondere, mit ihr örtlich vereinigte kleine Akkumulatorenbatterie besitzt. Die einzelnen Batterien können etwa zur Ladung hintereinander geschaltet sein. Während des Betriebs der Notbeleuchtung sind sie jedoch einzeln von dieser Verbindungsleitung abzuschalten, damit sie nicht durch einen Kurzschluß in dieser Leitung entladen werden können. Diese Abschaltung kann zwangläufig mit dem Einschalten der Lampen verbunden werden.*)

[10]) Im übrigen wird das Logenhaus (Zuschauerraum) nach den Vorschriften für Niederspannungsanlagen installiert.

[1]) Unter Garderoben sind hier die für das Bühnenpersonal

---

*) Vgl. ETZ 1904, S. 426, S. 563 u. S. 606.

In Theatern ist Hochspannung nicht zulässig.

Fortsetzung von S. 170.

außer den vorerwähnten allgemeinen noch die folgenden Zusatzbestimmungen:

a) Schalttafeln und Bühnenregulatoren sind derart anzuordnen, daß eine unbeabsichtigte Berührung durch Unbefugte ausgeschlossen ist[2]).

b) Bei Zuleitungen zu Beleuchtungskörpern mit Farbenwechsel genügt für die Bemessung der gemeinschaftlichen Rückleitung der $1^{1}/_{2}$ fache Querschnitt einer Leitung für eine Farbe[3]).

c) Ungeerdete blanke Leitungen sind (abgesehen von m 4) nicht zulässig[4]). Flügdrähte und dergleichen dürfen zur Stromführung nicht benutzt werden[5]).

d) Fest verlegte Draht- und Schnurleitungen sind

Fortsetzung auf S. 172.

---

bestimmten zu verstehen, sofern sie mit der Bühne in ein- und demselben Haus liegen; sind sie brandsicher von der Bühne getrennt, so gelten sie nicht als zum Bühnenhaus gehörig. Die Garderoben für das Publikum gehören zum Logenhaus.

[2]) Dem Publikum ist das Bühnenhaus der Regel nach unzugänglich. Aber auch das Bühnenpersonal scheidet sich in Befugte und Unbefugte. Eine vollständige Abschließung der Schalter und Regler, wie sie unter I b) gegenüber dem Publikum gefordert wird, ist auf der Bühne nicht durchführbar, weil während des Betriebes eine fortdauernde Bedienung der Schalter stattfindet. Dagegen müssen Vorkehrungen getroffen sein, um unbeabsichtigte Berührung zu vermeiden. Namentlich müssen die Schalter und Regler auch gegen Berührung und Beschädigung geschützt sein, die beim Hin- und Hertragen der Kulissen und Requisiten möglich sind. Größere Regler und Schalter werden gewöhnlich in besonderen, nur für sie bestimmten Örtlichkeiten aufgestellt, alsdann genügt es, wenn das Betreten dieses Raumes den Unbefugten verboten ist. In dieser Hinsicht müssen hier Betriebsvorschriften ergänzend eingreifen.

[3]) Diese Erleichterung ist zugestanden, weil alle Farben wohl niemals gleichzeitig in voller Stärke angewendet werden. Selbst wenn beim Farbenwechsel mehrere Farben gleichzeitig gespeist und dabei die Beanspruchung der gemeinsamen Rückleitung etwas höher werden sollte, als dem $1^{1}/_{2}$ fachen Querschnitt entspricht, so tritt dies nur für kurze vorübergehende Zeitabschnitte ein. Bei der großen Zahl von eng nebeneinander geführten Leitungen ist die zugelassene Herabsetzung des Querschnittes von Bedeutung.

[4]) Geerdete blanke Leitungen müssen gegen Zerreißen sowie gegen chemische Angriffe gesichert sein. Sei es, daß dies durch ihre Stärke und die Art ihrer Verlegung, sei es, daß es durch besondere Schutzhüllen geschieht.

Ungeerdete blanke Leitungen sind auch in den allgemeinen Niederspannungsvorschriften (§ 38 a) in bewohnten Räumen nicht erlaubt.

[5]) Neben Flugdrähten kommen hier hauptsächlich auch horizontal ausgespannte Aufhängedrähte für Requisiten in Betracht. Natürlich dürfen auch umgekehrt Leitungsdrähte nicht zum Aufhängen von Gegenständen benützt werden; einerlei ob die Leitungsdrähte blank oder isoliert sind.

Fortsetzung von S. 171.

nur zulässig, wenn sie in Metallrohren oder in Isolierrohren mit Metallüberzug verlegt werden[6]).

e) Mehrfachleitungen zum Anschluß beweglicher Bühnenbeleuchtungskörper müssen aus Gummiaderlitzen[7]) bestehen und durch eine starke, schmiegsame, nicht metallische Umhüllung gegen mechanische Beschädigung geschützt sein[8]).

Die Befestigung der biegsamen Leitungen an ihren Kontaktstücken ist derart auszuführen, daß auch bei roher Behandlung an der Anschlußstelle ein Bruch nicht zu befürchten ist[9]).

Die Anschlußstücke sind mit der Schutzumhüllung so zu verbinden, daß die Kupferseelen an der Anschlußstelle von Zug entlastet sind[10]). Steckkontakte müssen innerhalb widerstandsfähiger, nicht stromführender Hülle liegen und so angeordnet sein, daß zufällige Berührung der stromführenden Teile verhindert wird[11]).

Fortsetzung auf S. 173.

---

[6]) Die fest verlegten Leitungen stehen hier nicht nur im Gegensatz zu den biegsamen Leitungen zum Anschluß beweglicher Apparate, sondern auch zu den unter g) erwähnten vorübergehend gebrauchten Szenerie-Installationen.

Die Vorschrift, alle festen Leitungen in Metallrohre oder mit Metall überzogene Rohre zu verlegen, ist eine wesentliche Verschärfung gegen frühere Vorschläge, welche auch offene Verlegung mit flammensicherer Umhüllung oder mit flammensicherem Anstrich zuließen. Sie ist gerechtfertigt, weil die sogenannten flammensicheren Umhüllungen entweder überhaupt nicht, oder nicht auf die Dauer wirksam sind, weil sie ferner der Feuchtigkeit nicht widerstehen, daher besonders bei Anwendung und Proben des Regenapparates auf und unter der Bühne Schaden leiden, endlich weil die Rohre einen guten mechanischen Schutz bieten, der im Bühnenhaus besonders notwendig ist. In trockenen Räumen sind auch Panzeradern (§ 7 f u. § 8 d) geeignet. Nichtarmierte Bleikabel bedürfen stets eines weiteren Schutzes.

[7]) Bewegliche Bühnenbeleuchtungskörper sind sowohl die mit begrenzter Ortsveränderung (Kulissen, Oberlichter) als die mit unbegrenzter (Versatz u. dergl.). Über die Beschaffenheit der Gummiaderlitze siehe Normalien 3, II. Bei der starken Benützung dieser Mehrfachleitungen ist auf besondere Biegsamkeit der Seele zu sehen, damit nicht durch Bruch der Einzeldrähte Erhitzung oder Funkenbildung eintritt.

[8]) Fast alle Kulissen, Soffitten, Oberlichter, Versatzstücke und dergl. werden in Theatern beweglich sein, sind daher mittels biegsamer Mehrfachleitung anzuschließen. Die Benützung m e t a l l i s c h e r Schlauchumhüllungen als geerdete Mittelleiter ist bei biegsamen Leitungen bedenklich, weil die Mittelleiter bei den vielfachen Regulierungen der Lichtstärken oft erhebliche Ströme führen, so daß in ihnen beträchtliche Spannungsdifferenzen auftreten, die z. B. bei einer Schleifenbildung des Schlauches oder bei Berührung seiner Metallhülle mit eisernen Konstruktionsteilen (Träger, Fahrschienen für Kulissen) Funkenbildung und Erhitzung bewirken können. Dagegen dürfte gegen geerdete Metallhüllen, die jedoch nicht betriebsmäßig zur Stromführung dienen, kein Bedenken bestehen.

[9]) Die richtige Ausführung dieser Vorschrift erfordert besondere Erfahrung. Es ist nötig, daß die Biegsamkeit der Leitung

In Theatern ist Hochspannung nicht zulässig.

Fortsetzung von S. 172.

f) Mit einer beweglichen Leitung darf nur je ein Beleuchtungskörper angeschlossen werden[12]).

g) Für vorübergehend gebrauchte Szenerie-Installationen kann von der Erfüllung der Allgemeinen Vorschriften für die Verlegung von Leitungen ausnahmsweise[13]) abgesehen werden, wenn Gummiaderdraht verwendet wird, die Verlegungsart jegliche Verletzung der Isolierung ausschließt und diese Installation während des Gebrauches unter besonderer Aufsicht steht. In diesem Falle sind Drahtschellen für Einzelleitungen zulässig und Durchführungstüllen entbehrlich[14]).

h) Die stromführenden Teile sämtlicher Apparate im Bühnenraum[1]) (Bühne, Untermaschinerien, Arbeitsgalerien und Schnürboden) brauchen nur gegen zufällige Berührung geschützt zu sein. Blanke Stromführungs-

Fortsetzung auf S. 174.

gegen das Kontaktstück hin ganz allmählich geringer wird, so daß das letzte Stück der Leitung mit dem Kontaktstück selbst vollkommen steif zusammenhängt. Praktisch wird dies z. B. durch Umwickeln mit Bindfaden in geeigneter Weise erzielt.

[10]) Nach § 26 c) der allgemeinen Vorschriften dürfen biegsame Leitungen an festverlegte nur mittels lösbarer Kontakte angeschlossen werden. Dies ist in Theatern bisher nicht durchgeführt. Es soll auch durch die Sonderbestimmungen für Theater nicht verlangt werden. Vielmehr tritt die obige Bestimmung an Stelle jener Vorschrift. Auch die Entlastung von Zug ist in § 38 e) allgemein verlangt. Vergl. S. 109 unter 5) und S. 112 unter 10). Die Forderung ist hier wiederholt, weil sie bei der Größe der bewegten Massen ganz besonders wichtig ist. Bei Kulissen und dergl. ist häufig die Bewegung durch ein besonderes Seil begrenzt und dadurch bereits eine Entlastung des Anschlußleiters herbeigeführt.

[11]) Es genügt, wenn die Hülle etwa in Gestalt einer Manschette genügend weit über die stromführenden Teile vorsteht. Die Hülle kann aus Metall bestehen.

[12]) Diese Bestimmung ist gleichlautend mit der für Schaufenster im § 44 d) der allgem. Vorschr. festgesetzten. Vergl. S. 166 und S. 138 unter 11). Sind mehrere bewegliche Beleuchtungskörper an eine feste Leitung anzuschließen, so werden Versatzkästen benützt, welche Verteilungsschienen und mehrere Anschlußdosen enthalten.

[13]) Nur a u s n a h m s w e i s e kann abgesehen werden. Durch diese, dem Bühnenmeister zugestandene Erleichterung wird er indessen nicht von der Verantwortung für seine Anordnungen entbunden. Bei allen elektrischen Installationen, die auf der Bühne für Sonderzwecke gemacht werden, sollte sachverständiger Rat eingeholt und zuverlässige besondere Fachaufsicht geübt werden.

[14]) Drahtschellen sind den Krampen ähnlich, jedoch so geformt, daß eine Verletzung des Drahtes beim Befestigen der Schelle nicht möglich ist. Sie sollten indes auch bei der hier zugestandenen ausnahmsweisen Verwendung stets mit einer weichen isolierenden Einlage benützt werden.

[1]) Zum Bühnen r a u m rechnen nicht: die Garderoben der Schauspieler, die Gänge zwischen diesen, die Werkstätten und

174 Niederspannung. § 45. Theater.

Fortsetzung von S. 173.

kontaktplatten sind zulässig, müssen aber, solange sie unter Spannung stehen, bewacht und nach Gebrauch sofort ausgeschaltet werden[2]).

i) Die Sicherungen der Anschlußleitungen für Bühnenbeleuchtungskörper (Oberlichter, Kulissen, Rampen, Versatz- und Effektbeleuchtung) sind im fest verlegten Teil der Leitung anzubringen[3]); in diesem Falle genügt für jeden Körper je eine Sicherung für alle Lampen einer Farbe. In den Beleuchtungskörpern selbst sind Sicherungen nicht zulässig[4]).

k) Bei Regulierwiderständen, die an besonderen, nur dem Bedienungspersonal zugänglichen Stellen angebracht sind, ist eine Schutzhülle aus feuersicherem Material entbehrlich[5]).

l) Sämtliche Glühlampen in Arbeitsräumen, Werkstätten, Garderoben, Treppen und Korridoren müssen mit Schutzkörben oder Schutzgläsern[6]) versehen sein,

Fortsetzung auf S. 175.

dergl. Vergl. auch II. a). Obwohl der Bühnenraum nicht als elektrischer Betriebsraum angesehen werden kann, ist doch eine Erleichterung gegenüber § 24 a) der Niederspannungs-Vorschr. zugelassen. In der Ausführung dürfte es sich empfehlen, zwischen den verschiedenen Gattungen von Theatern einen Unterschied zu machen. Was in einem Theater mit ständigem Personal unbedenklich ist, wird nicht für jede beliebige Varietebühne zu empfehlen sein.

[2]) Es sind hier z. B. jene Platten gemeint, die dazu dienen, einen beweglichen Gegenstand oder eine Person mittels an ihr befestigter Stromschlußstücke beim Aufstellen auf die Platten in den Stromkreis einzuschalten.

[3]) Dieselbe Bestimmung gilt allgemein gemäß § 32 b) (S. 134 und S. 58 unter 3) u. 4). Sie wird in den Theatern auch auf jene beweglichen Beleuchtungskörper ausgedehnt, die nicht mit Steckkontakten angeschlossen sind

[4]) Es dürfen also innerhalb der einzelnen Beleuchtungskörper Querschnittsänderungen vorkommen, ohne daß eine Sicherung angebracht ist. Kulissen, Oberlichter und dergl., die oft eine sehr große Zahl von Lampen tragen, sind so unzugänglich, daß eine Auswechselung einer Sicherung an dem Beleuchtungskörper sehr erschwert ist; außerdem würden Sicherungen innerhalb der Beleuchtungskörper der Gefahr ausgesetzt sein, durch die häufigen Bewegungen locker zu werden, sich zu erhitzen, herauszufallen, oder beschädigt zu werden, andererseits sollen die Sicherungen möglichst weit von dem Personal, das sich auf der Bühne bewegt, (oft in brennbarer Kleidung), entfernt sein, damit beim Funktionieren der Sicherung jede Gefahr ausgeschlossen ist. Die Bemessung der Sicherung kann bei Steckern nicht nach dem Strombedarf der wechselnden angeschlossenen Versatzstücke u. dergl. geschehen, sondern sie richtet sich nach der Stromstärke, für die der Stecker gebaut ist.

[5]) Hier ist also eine Ausnahme vom § 13 a) der allgem. Vorschriften zugelassen. Es empfiehlt sich, von dieser Ausnahme nur in dringenden Fällen und mit Vorsicht Gebrauch zu machen; denn die Möglichkeiten, durch die ein Widerstand eträchtliche Erwärmung erfahren kann, sind ebenso vielgestaltig wie die, daß irgend ein brennbarer Dekorationsgegenstand oder dergl. durch Umfallen oder andere unbeabsichtigte Bewegungen mit

Niederspannung. § 45. Theater. 175

In Theatern ist Hochspannung nicht zulässig.

Fortsetzung von S. 174.
welche nicht an der Fassung, sondern an den Lampenträgern befestigt sind.
  m) Die Bühnenbeleuchtungskörper und deren Anschlüsse (Oberlichter, Kulissen, Rampen, Effekt- und Versatzbeleuchtungen) müssen folgenden Bedingungen entsprechen:
  1. Die Spannung zwischen irgend zwei Leitern eines Beleuchtungskörpers darf 250 V nicht übersteigen[7]).
  2. Holz ist weder als Isolier-, noch als Konstruktionsmaterial zulässig[8]).
  3. Die Beleuchtungskörper sind mit einem Schutzgitter zu versehen[9]).
  4. Innerhalb der Beleuchtungskörper sind blanke Leiter dann zulässig, wenn sie gegen zufällige Berührungen geschützt sind[10]).

Fortsetzung auf S. 176.

einem solchen Widerstand in Berührung kommt. Meistens wird auch die nötige Ventilation trotz der feuersicheren Schutzhülle erreichbar sein.

[6]) Schutzgläser und Schutzkörbe können durch geschickte Bauart ohne Beeinträchtigung ihres Zweckes dekoriert oder dekorativ ausgestaltet sein. Hiervon kann mit Vorteil z. B. in Künstlergarderoben Gebrauch gemacht werden.

[7]) Vergl. die Bemerkung 2) Seite 168 dieser Sondervorschriften. Für Bühnenbeleuchtungskörper ist demnach eine engere Spannungsgrenze gesetzt, als für die übrige Beleuchtung (in Garderoben, Gängen, Zuschauerraum usw.). Bei einer Dreileiteranlage von mehr als 2×125 Volt dürfen z. B. nicht beide Zweige in ein und denselben Beleuchtungskörper eingeführt werden. Die Beschränkung rechtfertigt sich durch die Rücksicht sowohl auf die mechanische Beanspruchung der Bühnenkörper, als auf die Eindrücke, denen das Publikum z. B. beim Durchschmelzen einer Sicherung auf der Bühne, bei entstehendem Kurzschluß usw. ausgesetzt werden kann.

[8]) Die viel benutzten aus Holzlatten roh zusammengestellten Beleuchtungskörper sind nach jeder Richtung hin als unzulässig zu bezeichnen. Holz widersteht dem Feuer ebenso schlecht wie in elektrischer Hinsicht dem Wasser. Seine leichte Bearbeitbarkeit begünstigt außerdem unsachgemäße Arbeit Unberufener. Wenn die Feuersicherheit erreicht werden soll, welche der elektrischen Beleuchtung ihrer Natur nach zukommt, so muß verlangt werden, daß die elektrischen Einrichtungen auch mit demselben Maß von Arbeits- und Geldaufwand bedacht werden, das man jeder anderen Beleuchtungsart ohne Einwand zukommen lassen würde.

[9]) Die Schutzgitter müssen gut und sicher befestigt sein, da die sonst bei bewegten Beleuchtungskörpern leicht Kurzschluß hervorrufen können. Vergl. auch die folgende Bestimmung. Die Schutzgitter müssen Lampen und Drähte schützen und zwar wirksam. Sie müssen z. B. so stark sein, daß sie nicht durch Anstoßen anderer Körper, Requisiten und dergl. wie dies auch im ordnungsmäßigen Bühnenbetrieb unvermeidlich ist, eingedrückt werden oder so nutzlos werden.

[10]) Da die Lampen meist sehr nahe aneinander sitzen, so läßt

176 Nieder- und Hochspannung. § 46. Bergwerke.

Fortsetzung von S. 175.

5. Die Oberlichter sind isoliert aufzuhängen[11]).
6. Bühnenscheinwerfer und Projektionsapparate sind mit einer Vorrichtung zu versehen, welche das Herabfallen glühender Kohlenteilchen verhindert[12]).

§ 46.
Bergwerke.*)
Nieder- und Hochspannung.

Für die unter Tage liegenden Teile elektrischer Bergwerksanlagen gelten die der verwendeten Spannung entsprechenden allgemeinen Vorschriften für elektrische Starkstromanlagen, sofern sie nicht durch die nachstehenden Bestimmungen abgeändert werden[1]).

Allgemeines.

Für die Ausführung der Anlage ist zwischen schlagwetterfreien und Schlagwettergruben zu unterscheiden.

Fortsetzung auf S. 177.

sich mit blanken Drähten oder Schienen in der Regel eine solidere Bauart durchführen, als mit isolierten. Diese Drähte müssen hinreichend kräftig gewählt und entsprechend befestigt sein, um mit den Metallteilen des Beleuchtungskörpers (Blechschirm und Schutzgitter) nicht in Berührung zu kommen. Durch die Bauart des Körpers oder durch das Schutzgitter muß zufällige Berührung ausgeschlossen sein,. Die blanken Drähte sind nur für das Innere der gemäß m 3) abgeschlossenen B ü h n e n beleuchtungskörper zugelassen; nicht für andere oder an anderen Orten angebrachte Beleuchtungskörper.

[11]) Da die Galerien und andere Gebäudeteile oft aus Eisen bestehen, so könnten die Drahtseile, die die Oberlichter tragen, zu Kurzschlüssen Anlaß geben, wenn sie nicht vom Beleuchtungskörper isoliert sind. Für die isolierte Aufhängung gibt es jetzt zahlreiche Hilfsmittel, wie sie als Abspannisolatoren und dergl. im elektrischen Straßenbahnwesen gebräuchlich sind.

Die Vorschrift in 5 soll nicht verbieten, den Beleuchtungskörper zu erden, doch soll hierzu nicht das Tragseil benutzt werden. Vergl. die Bestimmung über Bogenlampen § 20b).

[12]) Dieselbe Bestimmung gilt allgemein für Bogenlampen, besonders auch für sogenannte Blitzlampen (§ 20 a). Obwohl durch die bessere Qualität der heutigen Kohlenstifte die Gefahr des Herabfallens vermindert ist, empfiehlt es sich doch, sehr vorsichtig zu sein. Wenn irgend möglich, sind die Scheinwerfer durch Glasfenster abzuschließen.

---

*) An der Aufstellung dieser Bestimmungen haben außer den Mitgliedern der Sicherheitskommission namentlich folgende Herren mitgewirkt: Baum, Budde, Erhardt, Ferber, Graubner, Kapp, Koch, Meyersberg, Nürnberg, Passavant, Philippi, Pohl, Rittershaus, Sattig, Schröder, Schulthes, Seidel, Seubel, Weber, Wilking.

Der Inhalt und die Fassung der Bergwerksvorschriften unterliegen z. Zt. der Durchsicht durch das Bergwerkskomitee des V. d. E., in welchem die Bergbehörden der deutschen Staaten vertreten sind. Es besteht aus den Herren: Baum, Braubach, Cleff, Dittmar, Ehring, Ehrhard, Fischer, Goetze, v. Groddeck, Hirsch, Kalthauner, Koerfer, Meinel, Plauer, Pohl, Philippi, Rittershaus, Soenger, Vogel, Weber, Winkhaus.

Ein abgeschlossenes Ergebnis dieser Beratungen liegt z. Zt. noch nicht vor, doch konnten viele dort erörterte Gesichtspunkte in dieser Ausgabe der Erläuterungen berücksichtigt werden.

Über andere bergpolizeiliche Vorschriften siehe von Groddeck. ETZ 1904, S. 393.

Nieder- und Hochspannung.

Fortsetzung von S. 176.

Als Schlagwettergruben werden diejenigen Gruben angesehen, die von der zuständigen Bergbehörde als solche bezeichnet sind. Nicht durch Schlagwetter gefährdete Teile von Schlagwettergruben sind unter Vorbehalt der Genehmigung durch die Bergbehörde zu behandeln wie schlagwetterfreie Gruben[2]).

Für schlagwetterfreie elektrische Betriebsräume*) finden nur die allgemeinen Vorschriften, nicht aber die folgenden besonderen Bestimmungen Anwendung[3]).

Schlagwetterfreie Gruben.
Leitungen.
Schächte[4]) und einfallende Strecken von mehr als 45° Neigung.

a) Es sind nur armierte Kabel zulässig, bei denen die Armatur aus verzinkten Eisen- oder Stahldrähten besteht[5]). Die Drahtarmatur muß genügende Zugfestig-

Fortsetzung auf S. 178.

§ 46. [1]) Folgende Umstände erfordern in Bergwerken besondere Berücksichtigung: die Feuchtigkeit, die räumliche Beschränktheit, die Schlagwetter.

Den verwendeten Isolierstoffen ist besondere Aufmerksamkeit zu widmen. Häufig unterliegen sie in Bergwerken nicht nur dem Einfluß der Feuchtigkeit, sondern sie werden auch durch saure oder salzige Grubenwässer, ebenso durch ätzende Gase, die sich aus den Sprengstoffen bilden, angegriffen. Letzteres ist besonders im ausziehenden Luftstrom zu beachten. Drahtisolierungen, isolierende Unterlagen und dergl. werden daher, soweit solche Einwirkungen in Frage kommen, mit Überzügen von Ölfarbe, Teeranstrich, Lack und ähnlichen Schutzmitteln versehen, welche je nach Umständen in passenden Zeiträumen zu erneuern sind. Glatte Porzellanisolatoren müssen zeitweise gereinigt werden (Kohlenstaub, Salzstaub).

[2]) Die Bergbehörde entscheidet, welche Gruben oder welche Teile von solchen als schlagwettergefährlich anzusehen sind. In einzelnen Bezirken wird hierüber ein besonderes Verzeichnis geführt. In anderen wird ein Unterschied zwischen beiden Arten von Gruben nicht gemacht.

Der Bergbehörde steht es außerdem zu, für einzelne Gruben oder Örtlichkeiten in ihnen schärfere Bestimmungen zu treffen, oder aber sie von der Einhaltung bestimmter Vorschriften zu entbinden. Bei Neufassung der Vorschriften sollen nicht mehr Schlagwettergruben und schlagwetterfreie Gruben, sondern nur noch schlagwettergefährdete und schlagwetterfreie Grubenräume unterschieden werden.

[3]) Die Stromerzeugungsanlagen werden in der überwiegenden Mehrzahl der Fälle über Tage liegen. Doch kommen auch kleinere Stromerzeugermaschinen unter Tage vor. Der Hauptsache nach werden die elektrischen Betriebsräume in Bergwerken Unterstationen oder motorische Anlagen sein. Wenn irgend möglich, wird man solche Betriebsräume durch Auswahl der Örtlichkeit, Abschlüsse und dergl. den schädlichen Einflüssen des Berg-

---

*) Als elektrische Betriebsräume gelten Räume, welche wesentlich zur Erzeugung, Umformung oder Verteilung elektrischer Ströme dienen und in der Regel nur instruiertem Personal zugänglich sind. [§ 3e).]

Nieder- und Hochspannung.

Fortsetzung von S. 177.

keit haben, um beim Einhängen das Kabel in einer Fabrikationslänge frei tragen zu können.

Es sind auch Kabel ohne inneren Bleimantel zulässig, vorausgesetzt, daß die den Bleimantel vertretende Hülle diesem an Widerstandsfähigkeit mindestens gleich kommt[6]).

Wenn die Tropfwasser oder die Grubenwetter die Umhüllung stark angreifende Bestandteile enthalten, so müssen die Kabel einen äußeren Bleimantel oder einen anderen geeigneten Schutz gegen die betreffenden chemischen Einflüsse erhalten[7]).

Die Befestigung des Kabels erfolgt außer in Bohrlöchern[8]) mittels breiter Schellen aus imprägniertem Holze in Abständen von nicht mehr als 6 m[9]).

Fortsetzung auf S. 179.

---

werksbetriebes zu entziehen trachten. Doch ist dies nicht immer durchführbar; namentlich sind feuchte Aufstellungsorte von Motoren, z. B. zum Betriebe von Pumpen, nicht immer vermeidbar.

[4]) Auch Bohrlöcher gelten als Schächte.

[5]) Blanke Leitungen in Schächten sind bedenklich, weil einerseits Ausbauchungen oder Verschiebungen der Wände, andrerseits das Verschmutzen der Isolatoren durch Kohlenstaub, Salzkrusten usw. zu fürchten ist. Auch Beschädigung der Leitung durch einfallende Werkstücke ist nicht überall ausgeschlossen. Das gleiche gilt für nicht armierte Kabel und einfach isolierte Drähte. Ausnahmen sind in Sonderfällen denkbar und können von der Bergbehörde besonders zugelassen werden.

[6]) Um das Gewicht der Kabel zu vermindern und so ohne übermäßig starke Armatur auszukommen, hat man bei Bergwerkskabeln vielfach den Bleimantel durch eine innere Schutzhülle aus Gummi oder Okonit ersetzt.

[7]) Gefährlich für die Eisen- oder Stahldrähte der Armatur sind in erster Linie ein Schwefelsäuregehalt, dann aber auch andere Salzgehalte der Grubenwässer, ferner salpetersaure Dämpfe, die als Verbrennungsprodukte des Dynamits auftreten. Als Schutz ist auch hier Anstrich mit Ölfarbe oder Steinkohlenteer zu empfehlen, der rechtzeitig zu erneuern ist.

[8]) Frei einhängende Kabel sind in Schächten nur während des Abteufens oder für provisorische Zwecke gestattet. Für den Dauerbetrieb sind freihängende Kabel wegen der Gefahr des Reißens bedenklich. Nur in Bohrlöchern, wo für eine Befestigung durch Schellen kein Platz vorhanden ist, dürfen Kabel dauernd frei eingehängt werden, sofern die Anordnung Sicherheit bietet, daß beim Reißen des Kabels kein Schaden entstehen kann. Bei nicht zu großen Teufen (bis etwa 150 m) hat sich die Anordnung bewährt, die Stromverteilung oberirdisch auszuführen und die einzelnen Gebrauchsstellen mittels Bohrlöchern durch Abzweigungen nach unten zu speisen. Gelegentlich sind Kabel in solche Bohrlöcher mit Asphalt eingegossen worden. Dies hat den Nachteil, daß sie nicht mehr entfernt werden können.

Bei Befestigung der Kabel mittels Schellen empfiehlt es sich manchmal, die Kabel nicht völlig geradlinig zu führen, um den so entstehenden Längenüberschuß über die gerade Strecke bei nachträglichen Verstärkungen oder Abänderungen der Ver-

Nieder- und Hochspannung. § 46. Bergwerke. 179

Nieder- und Hochspannung.

Fortsetzung von S. 178.

Auf die beim Abteufen und für provisorische Zwecke verwendeten Leitungen finden die obigen Bestimmungen keine Anwendung.

Horizontale und einfallende Strecken von weniger als 45° Neigung.

b) Blanke Leitungen. Es sind blanke Leitungen, soweit sie nicht betriebsmäßig geerdet sind, nur als Fahrleitungen für elektrische Bahnen zulässig. Wird die Bahnstrecke auch von der Mannschaft befahren[1]), so darf der Fahrdraht der zufälligen Berührung nicht zugänglich sein[2]).

c) Isolierte Drahtleitungen[3]). Isolierte

Fortsetzung auf S. 180.

---

zimmerung ausnützen zu können. Bei Neufassung der Vorschriften ist beabsichtigt, auch Eisenschellen zuzulassen, da sie das Erden des Kabelmantels erleichtern.

⁹) Neuerdings ist betont worden, daß bei geneigten (nicht seigeren) Schächten die Abstände kleiner zu wählen sind als bei senkrechten. In letzteren kann unter Umständen das Maß von 6 m überschritten werden. Die Oberbergämter können hier, wie in andern Punkten Ausnahmen zulassen, wenn wie Abstände mit Rücksicht auf die Einstriche nicht einzuhalten sind und die Kabel größere Entfernungen der Befestigungspunkte aushalten können.

¹) „Befahren" steht hier im bergmännischen Sinne. Es bedeutet also sowohl begehen zu Fuß, als befahren mit Wagen. Die Vorschrift bezieht sich nicht auf Strecken, die nur ausnahmsweise durch einzelne Steiger befahren werden.

²) Durch blanke Leitungen sind mehrfach Todesfälle vorgekommen. Ist die Leitung genügend hoch angeordnet, so daß weder von der Sohle aus, noch von den durch Personen benutzten Wagen aus Berührung stattfinden kann, so sind weitere Schutzvorrichtungen in der Regel nicht erforderlich. Immerhin ist zu beachten, daß auch Berührung vermittels der Werkzeuge (Gezähe) eintreten und gefährlich werden kann. Zufällige Berührung kann auch durch Schutzleisten ausgeschlossen werden. Ebenso durch Dächer über den Mannschaftswagen, wenn ein Begehen zu Fuß nicht stattfindet. Auch eine Abtrennung der Bahnstrecke vom Wege der Mannschaft durch Geländer kann dienlich sein. Das notwendige Maß des Schutzes hängt von den Betriebsvorschriften über das Befahren der Bahnstrecke ab und es kann die Wirksamkeit der Schutzvorrichtungen durch entsprechende Betriebsvorschriften verstärkt oder ergänzt werden. Neuerdings wird es bei Spannungen des Fahrdrahtes von weniger als 250 Volt Gleichstrom oder 150 Volt Wechselstrom für genügend erachtet, wenn das Vorhandensein des Fahrdrahtes durch geeignete Signallampen gekennzeichnet ist.

³) Für die Bestimmung unter c) Abs. 1 ist neuerdings folgender Inhalt vorgeschlagen: In trockenen und mäßig feuchten Grubenräumen sind für feste Verlegung isolierte Drahtleitungen nur bis Spannungen von 500 Volt gegen Erde zulässig. Sie müssen eine Isolierung nach § 7 c haben. Soweit sie mehr als 250 Volt Gleichstrom und 150 Volt Wechselstrom

180 Nieder- und Hochspannung. § 46. Bergwerke.

Nieder- und Hochspannung.

Fortsetzung von S. 179.

Drahtleitungen dürfen nur verwendet werden bis zu Spannungen von 250 Volt gegen Erde und 500 Volt gegeneinander. Sie müssen eine Isolierung nach § 7 c) der Abteilung I Niederspannung haben[4]). Bei Spannungen von mehr als 125 Volt gegen Erde muß der Abstand der Leitung von der Sohle mindestens 3 m betragen[5]). Bei geringerer Spannung als 125 Volt gegen Erde ist Verlegung in geringerer Höhe zulässig, sofern die Leitung gegen Berührung ausreichend geschützt ist[6]).

Die Leitungen müssen auf Isolierglocken oder gleichwertigen Isolatoren (Mantelrollen usw.) verlegt werden und

bei Spannweiten von mehr als 6 m mindestens 20 cm
,, ,, ,, 4 bis 6 ,, ,, 15 ,,
,, ,, ,, 2 ,, 4 ,, ,, 10 ,,
,, ,, ,, höchstens 1 ,, ,, 5 ,,

voneinander und in allen Fällen mindestens 5 cm von der Seitenwand bezw. Firste entfernt sein[7]).

Die Leitungen sind nach der Verlegung mit einem feuchtigkeitsbeständigen, die Isolierung konservierenden Anstrich zu versehen. Der Anstrich ist jährlich zu erneuern[8]).

Fortsetzung auf S. 181.

---

führen, müssen sie bis zur Höhe von 2 m gegen Beschädigung geschützt sein. In nassen Grubenräumen sind isolierte Drahtleitungen nur zum Anschluß der (transportablen und nichttransportablen) Stromverbraucher an die Kabel zulässig.

[4]) Die Beschaffenheit der Leitungen nach § 7 c) (Gummiaderleitungen) ist in den Normalien 2 II beschrieben. Bei höheren Spannungen sind ausschließlich Kabel zulässig.

[5]) Die zulässigen Verlegungsarten lassen sich unter Berücksichtigung des vierten Absatzes und des § d) auch so kennzeichnen:

Für alle Höhenlagen und alle Spannungen bis 250 Volt gegen Erde sind armierte Kabel oder Verlegung von Gummiaderdrähten in Eisen- oder Stahlröhren zulässig.

Bis zu 3 m Höhe über dem Erdboden dürfen außerdem Gummiaderdrähte auf Isolierglocken oder gleichwertigen Isolatoren, jedoch nur mit Schutzverkleidung und nur für Spannungen bis 125 Volt gegen Erde benutzt werden. Bei mehr als 3 m Abstand vom Erdboden sind Isolierglocken oder dergl. auch ohne Schutzverkleidung und bei Spannungen bis 250 Volt gegen Erde zulässig.

Für höhere Spannungen als 250 Volt gegen Erde sind nur armierte Kabel zulässig.

[6]) Der Schutz gegen Berührung soll einerseits die Leitungen vor Verletzung, anderseits die Personen vor den Strömen der Leitungen schützen. Es ist zu beachten, daß die Gummiisolierung durch die Grubengase zerstört werden kann.

[7]) Außerhalb der Bergwerke ist bei Niederspannung für blanke Leitungen in Gebäuden und in feuchten Räumen ein Abstand von 10 cm von der Wand vorgeschrieben (§ 28 u. § 41); für isolierte Leitungen 1 cm (§ 29 b).

Was hier Seitenwand genannt ist, wird bergmännisch als Ulme oder Stoß angesprochen.

Nieder- und Hochspannung. § 46. Bergwerke. 181

Nieder- und Hochspannung.

Fortsetzung von S. 180.

Außer der vorstehend angegebenen offenen Verlegung ist bei Spannungen bis 250 Volt gegen Erde auch eine solche in nach Möglichkeit geerdeten Eisen- oder Stahlröhren zulässig, wobei die obigen Vorschriften über Abstand der Leitungen usw. nicht zu berücksichtigen sind. Die Stoßstellen der Rohre sind elektrisch leitend anzuordnen oder elektrisch leitend zu überbrücken. In feuchten Räumen ist für entsprechend gute Abdichtung der Rohre Sorge zu tragen[8]).

d) K a b e l. Bei einer Spannung von 125 bis 500 V zwischen zwei Leitungen und geringerer Höhenlage der Leitung als 3 m[1]), sowie bei höherer Spannung als 500 V und beliebiger Höhenlage sind armierte Kabel zu verwenden. Das Kabel muß entweder asphaltiertes Bleikabel sein oder es muß eine inbezug auf chemische Einflüsse gleich widerstandsfähige Umhüllung haben[2]). Bei Befestigung der Kabel ist darauf zu achten, daß das Kabel nicht beschädigt oder verdrückt wird[3]). Soweit es sich um Befestigung an Seitenwänden oder Firsten handelt, dürfen die Abstände der Befestigungspunkte voneinander

Fortsetzung auf S. 183.

---

[8]) Als Anstrich dient Emaillack, Ölfarbe, Steinkohlenteer. Er ist nötig zum Schutz gegen saure und salzige Tropfwasser und gegen saure Grubengase (Verbrennungsprodukte des Dynamits). Die Erneuerung hat unter Umständen (z. B. im ausziehenden Wetterstrom) in kleineren Zeiträumen, etwa alle 1—2 Monate, zu erfolgen. Es ist vorgeschlagen, die Bestimmungen über den Anstrich der Leitungen fallen zu lassen.

[9]) Vergl. unter 5). Über Verlegung in Rohren siehe außerdem § 30. Die Erdung der Rohre ist für Hochspannungsanlagen (§ 30 i) unbedingt vorgeschrieben. Sie soll zunächst gegen Schläge durch statische Ladungen schützen, ferner die Berührung der Rohre auch für den Fall ungefährlich machen, daß etwa die Drahtisolierung schadhaft geworden ist; endlich soll die Erdung der Rohre bewirken, daß eine derartige schadhafte Stelle in der Drahtisolierung möglichst rasch einen völligen Kurzschluß herbeiführt, so daß die Sicherungen durchschmelzen. Damit die beiden zuletzt genannten Zwecke sicher erreicht werden, muß das Leitvermögen der Rohre und der Stoßstellen im richtigen Verhältnis zum Querschnitt des Drahtes und zu der Größe der überhaupt möglicherweise auftretenden Stromstärken stehen. Vergl. § 30) und § 22), Seite 83.

Über Abdichten der Rohre siehe § 30 unter 9). Seite 127.

[1]) Bei Spannungen bis 250 Volt gegen Erde sind auch Eisen- oder Stahlrohre in beliebiger Höhenlage zulässig. (§ 46 b), Abs. 4). Die Höhengrenze von 3 m soll in Zukunft auf 2 m ermäßigt werden.

[2]) Z. B. Gummikabel, Okonitkabel, ohne inneren Bleimantel (vergl. § 46 a), Abs. 2). Die Art der jeweils wirksamen chemischen Einflüsse ist zu beachten.

[3]) Zur Befestigung dienen breite Schellen aus imprägniertem Holz, wie für Schächte im § 46 a), Abs. 4) vorgeschrieben, auch Schellen und Laschen aus Eisen oder Leder von etwa 5 cm Breite; Eisenlaschen sind gegen Zerstörung durch Rost zu schützen.

Nieder- und Hochspannung.

Fortsetzung von S. 181.

höchstens 3 m betragen⁴). In Strecken, die unter einem starken Gebirgsdruck stehen, ist eine bewegliche Aufhängung der Kabel zulässig, die so beschaffen sein muß, daß dadurch Beschädigungen der Kabel nicht verursacht werden. Die Armatur der Kabel ist nach Möglichkeit zu erden⁵).

Es ist unzulässig, stationäre Kabel ungeschützt direkt auf der Sohle zu verlegen⁶).

e) Biegsame Leitungen⁷). Biegsame Leitungen zum Anschluß beweglicher Apparate dürfen nur bei Spannungen bis 500 Volt zwischen zwei Leitungen Verwendung finden und müssen den Forderungen des § 8 c) (gepanzerte Stromleitungen) der Abteilung I Niederspannung genügen oder eine mindestens gleichwertige Umhüllung erhalten. Werden solche Leitungen auf Trommeln aufgewickelt, so ist der Durchmesser der Trommeln so groß zu wählen, daß die Umhüllung auch bei häufigem Auf- und Abwickeln nicht beschädigt wird.

Schalttafeln und Apparate.

f) Schalttafeln⁸).

1. Die Schalttafeln einschließlich des Gerüstes und der Umrahmung müssen aus feuersicherem, nicht hygroskopischem Material bestehen. Wenn Tropfwasser auftritt, müssen die Apparate in geeigneter Weise dagegen geschützt werden⁹).

Fortsetzung auf S. 183.

---

⁴) In Schächten sind 6 m das Mindestmaß. Auf der Sohle (vergl. Abs. 2) sind größere Abstände unter Umständen zulässig.

⁵) Die Erdung der Armatur ist zum Schutz gegen statische Ladungen empfohlen. Je trockener und je weniger leitfähig der Erdboden ist, um so mehr ist auf künstliche Erdung Bedacht zu nehmen. Zur Erdung können die Fahrschienen elektrischer Bahnen (mit Schienstoßverbindung) dienen, ferner Wasserspritzrohre und dergl. Ausgediente Förderseile werden oft als besondere Erdleitungen verlegt.

Bei Verlegung der Kabel sowie aller Leitungen ist die Induktionswirkung zu beachten, die sie auf Signalleitungen, Zündleitungen und dergl. ausüben können. Als Regel gilt, daß jene Zündleitungen usw. in sich geschützt werden, z. B. durch bifilare Verlegung.

⁶) Dagegen empfiehlt sich die Verlegung im Erdboden, soweit nicht in steigenden Strecken bei druckhaftem Gebirge (quellender Sohle) Beschädigung der Kabel auch hierbei zu befürchten ist. Zweckmäßig ist die Verlegung auf der Sohle in Lutten oder unter ähnlichen Schutzverkleidungen.

⁷) Solche Leitungen werden namentlich zum Betriebe von Bohrmaschinen gebraucht. Wenn irgend möglich, ist die Panzerhülle der biegsamen Leitung zu erden.

⁸) Auch Schaltgerüste, Schaltkästen u. dergl. sind unter denselben Bedingungen wie Schalttafeln zulässig.

⁹) Auch Stoffe wie Marmor oder Schiefer behalten nicht immer genügendes Isoliervermögen, wenn sie dauernd der Feuchtigkeit ausgesetzt sind. Die einzelnen benutzten Stücke sind

Nieder- und Hochspannung. § 46. Bergwerke. 183

Nieder- und Hochspannung.

Fortsetzung von S. 182.

2. Für Schalttafeln bis zu einer Spannung von 500 Volt zwischen zwei Leitungen, wenn sie nicht in besonderen Betriebsräumen liegen, gelten die Vorschriften für höhere Spannungen bis 1000 Volt[10]).

3. Die Abzweigungen von den Hauptkabeln haben möglichst an Verteilungstafeln zu erfolgen; jede Abzweigung ist in allen Polen zu sichern und abschaltbar zu machen[11]).

Elektrische Maschinen und Zubehör.

g) Elektrische Maschinen.

1. Die Maschinen müssen eine gegen Feuchtigkeit besonders widerstandsfähige Isolation erhalten. (Nach längerem Stillstand mit Strom austrocknen.)[1])

Wenn die Spannung eines Poles gegen Erde mehr als 250 V beträgt, so sind alle stromführenden Teile gegen Berührung zu schützen.

Maschinenräume sind möglichst trocken zu halten, insbesondere sind Pumpenkammern vom Sumpf möglichst abzuschließen[2]).

2. Wo Tropf- oder Spritzwasser auftreten, sind die Maschinen und Zubehör dagegen ausreichend zu schützen[3]).

3. Haben die Maschinenkammern den Charakter von durchtränkten Räumen (§ 43 der Abteilung I Niederspannung), so sind dort die Maschinen mit einem isolierenden Bedienungsgang zu umgeben[4]).

Fortsetzung auf S. 184.

---

mit Vorsicht auszuwählen. Es ist vorgeschlagen, in nassen Räumen, sowie bei Spannungen über 250 Volt die Verwendung von Marmor zu verbieten. Die nicht polierten Flächen sind anzustreichen. Neben dem Tropfwasser ist das Kondenswasser zu beachten. Geschlossene Apparate können von letzterem oft nicht freigehalten werden; alsdann ist es oft besser, auf den luftdichten Abschluß zu verzichten, um dem Kondenswasser einen Ablauf zu verschaffen.

[10]) Der Ausdruck „höhere Spannungen" bedeutet „Hochspannung" im Sinne der allgemeinen Sicherheitsvorschriften. Sämtliche Bestimmungen des § 4 der Hochspannungsvorschriften finden daher Anwendung.

[11]) Die Abschaltbarkeit ist auch in den Niederspannungsvorschriften für feuchte Räume vorgeschrieben (§ 41a). Sie kann mittels der Sicherungen bewirkt werden, wenn diese bequem und gefahrlos zu handhaben sind.

[1]) Als Isolierstoffe für Wickelungen und Kommutator kommen namentlich Schellack und Glimmer in Betracht.

[2]) Die Durchführung ist nicht immer möglich.

[3]) Auch auf den Schutz gegen Kohlenstaub und Salzstaub ist zu achten. In dieser Hinsicht sind geschlossene Maschinen vorzuziehen, die auch weniger leicht Beschädigungen ausgesetzt sind In allen Fällen sind die Maschinen in angemessenen Zwischenräumen im Innern zu reinigen.

[4]) Vielfach ist es nicht möglich, die Maschinen selbst isoliert aufzustellen oder sie dauernd vom Erdboden isoliert zu erhalten.

Nieder- und Hochspannung.

Fortsetzung von S. 183.

Beleuchtungsanlagen.
h. Glühlampen.

1. Glühlampen dürfen nur mit dicht schließenden Überglocken, die auch die Fassung umschließen, verwendet werden. Wo die Entfernung bis zur Sohle[1]) weniger als 2 m beträgt, müssen die Überglocken noch durch einen Schutzkorb aus Drahtgeflecht gegen mechanische Beschädigung geschützt sein.

2. Die Leitungseinführungen an den Beleuchtungskörpern sind so abzudichten, daß Feuchtigkeit ins Innere der Überglocken nicht eindringen kann[2]).

3. Die Verwendung einer höheren Spannung gegen Erde als 250 V durch Hintereinanderschaltung von Glühlampen ist nur bei solchen Stromkreisen zulässig, welche ihren Lichtstrom von einer Bahnleitung entnehmen; dabei muß der Schutzkorb geerdet sein, und die Lampen dürfen nicht unter Spannung ausgewechselt werden[3]).

Fortsetzung auf S. 185.

Andererseits soll beobachtet worden sein, daß Maschinen, deren Gestell geerdet ist, in nassen Kalibergwerken elektrolytische Zerstörungen erleiden. Es bleibt daher der Würdigung des Einzelfalles überlassen, ob die Maschinengestelle geerdet oder von Erde isoliert werden. Der Nutzen des isolierenden Bedienungsganges wird vielfach bestritten, da sich seine Wirksamkeit nicht aufrecht erhalten lasse.

In manchen Bergwerken ist der isolierende Bedienungsgang für alle Motoren vorgeschrieben.

Über Zweck und Wirkung des Bedienungsganges vergl. § 4 b) der Hochspannungsvorschriften unter 8) Seite 33—37 und § 25 unter 8) Seite 102.

[1]) Diese Entfernung ist hier zwischen den Glühlampen und jenem Niveau zu messen, auf dem die Arbeiter verkehren. Wenn also über der natürlichen Sohle eine sogenannte Fahrsohle oder sonst ein künstlicher Standplatz oder Verkehrsweg, Arbeitsgerüst oder dergl. eingebaut ist, so müssen die Schutzkörbe auch an den in der Nähe angebrachten Glühlampen vorhanden sein. Es ist vorgeschlagen worden, die Forderung des Schutzkorbes fallen zu lassen, dagegen eine pendelnde Aufhängung der Lampen zu empfehlen, die einem Zerbrechen der Birnen bei leichten Stößen vorbeugt.

[2]) Die Abdichtung ist nur für die Einführungsstellen vorgeschrieben, sie soll in erster Linie Tropfwasser abhalten. Die Bildung von Kondenswasser im Innern der Überglocken kann in der Regel nicht ausgeschlossen werden.

[3]) Höhere Spannungen an Glühlampen sind zunächst wegen der physiologischen Gefahr bedenklich; außerdem bringt es die Hintereinanderschaltung mit sich, daß beim Erlöschen einer Lampe größere Strecken dunkel werden, was in den Bergwerken vermieden werden soll. Nur als Ausnahme ist die Hintereinanderschaltung im Anschluß an Bahnanlagen zugelassen. Die Erdung der Schutzkörbe kann dort durch Anschluß an die Fahrschienen erfolgen. An Stelle der Bestimmung h 3) ist folgender Inhalt vorgeschlagen: „Die Verwendung einer höheren

Nieder- und Hochspannung.

Fortsetzung von S. 184.

4. Schnurpendel sind unzulässig.

i) B o g e n l a m p e n. Bogenlampen dürfen nicht an ihren Stromzuleitungen aufgehängt werden. Sie müssen während des Betriebes der zufälligen Berührung entzogen sein und dürfen während der Bedienung nicht unter Spannung stehen[4]).

Schlagwettergruben[1]).

Zu den für schlagwetterfreie Gruben vorstehend angegebenen Vorschriften treten für Schlagwettergruben nachfolgende Bestimmungen:

Leitungen.

k) Blanke Leitungen sind nur zulässig, wenn sie betriebsmäßig geerdet sind und nicht zur Stromabnahme durch schleifende oder rollende Kontakte dienen[2]).

Fortsetzung auf S. 186.

Spannung als 500 Volt Gleichstrom und 150 Volt Wechselstrom gegen Erde ist unzulässig. Bei Spannungen über 250 Volt gegen Erde müssen alle äußeren Metallteile an Beleuchtungskörpern und Schutzverkleidungen geerdet werden." Dies soll für Glühlicht und Bogenlicht gelten. Damit würde der Anschluß von Lampen an Bahnanlagen mit mehr als 500 Volt ausgeschlossen sein; es müßte im gegebenen Falle eine besondere Lichtleitung eingerichtet werden.

[4]) Die Bestimmung stimmt überein mit der für durchtränkte Räume in den allgemeinen Vorschriften für Niederspannungsanlagen gültigen (§ 43 d), vergl. S. 162.

Die Bogenlichtbeleuchtung breitet sich in Bergwerken mehr und mehr aus. Unter anderm hat sie sich vor Ort mehrfach bewährt. In Schlagwettergruben sind Bogenlampen nach § 46 s) nicht zulässig.

[1]) Siehe S. 177 unter 2). Die Bergbehörden unterscheiden nach dem Schlagwettergehalt der Grubenluft mehrere Stufen der Gefährlichkeit. Vom rein elektrotechnischen Standpunkt aus besteht unter einem Gehalt von $0,5 \%$ keine Gefahr. Vergl. Goetze, ETZ 1906 S. 4.

[2]) Die Verwendung blanker Leitungen ist schon in schlagwetterfreien Gruben stark eingeschränkt wegen der Gefahr, daß sie durch Arbeiter unmittelbar oder unter Vermittelung von Werkzeugen berührt werden können, was elektrische Schläge und unter Umständen Lebensgefährdung zur Folge hat (§ 46 l) In Schlagwettergruben tritt hierzu noch die Gefahr der Zündung. Denn sehr leicht treten bei Berührung der blanken Drähte mit Werkzeugen oder metallischen Werkstücken Erdschlüsse oder Kurzschlüsse auf, die von Funken begleitet sind.

Bei geerdeten Leitungen (z. B. beim geerdeten Mittelleiter eines Dreileitersystems oder bei der geerdeten Rückleitung einer Bahnanlage) sind Funken weniger zu fürchten, da bei ihrer Berührung mit Werkzeugen oder dergl. der hierbei entstehende Erdschluß größeren Widerstand bieten wird, als der bereits durch die künstliche Erdung des Leiters hergestellte. Es ist jedoch auch in diesem Falle Vorsicht in der Verwendung blanker Lei-

Nieder- und Hochspannung.

Fortsetzung von S. 185.

l) **Isolierte Drahtleitungen**, wie in c) erwähnt, dürfen fest verlegt nur in Eisen- oder Stahlrohren Verwendung finden. Vergl. e) Abs. 4[3]).

m) **Kabel** der in d) beschriebenen Art sind als festverlegte Leitungen in allen nicht unter k) und l) genannten Fällen zu verwenden; Verlegung nach d)[4]).

Schalttafeln und Apparate[1]).

n) Die **Verteilungstafeln** sind nach Möglichkeit in den frischen Wetterstrom zu legen.

o) Die **Ausschalter, Umschalter** und **Sicherungen** sind luftdicht in kräftige Gehäuse einzukapseln[2]). *Fortsetzung auf S. 187.*

---

tungen geboten. Sie muß einen Querschnitt besitzen, der den auftretenden Strömen angepaßt ist, und die Erdung muß an so vielen Stellen und mit derartig guter Erdverbindung ausgeführt sein, daß erhebliche Spannungsdifferenzen nicht auftreten können.

Elektrische Bahnen mit blanken Fahrleitungen können bis jetzt noch nicht so eingerichtet werden, daß die bei der Stromentnahme oder Stromabgabe auftretenden Funken vermieden oder unschädlich gemacht sind. Es bestehen zwar Bestrebungen in dieser Richtung, z. B. der Vorschlag, die Laufrolle in ein Gehäuse einzuschließen und die stromführende Berührungsstelle zwischen Rolle und Fahrleitung mit schlagwetterfreier Luft zu bespülen. Sollte sich eine derartige oder ähnliche Anordnung bewähren, so steht es zunächst den Bergbehörden zu, sie in Schlagwetterstrecken zuzulassen. Vergl. auch die Bestimmungen über Motoren, § 46 q) u. r.).

Zurzeit sind jedoch von elektrischen Bahnen nur die mit Akkumulatoren betriebenen in Schlagwetterstrecken zulässig.

Zu beachten ist, daß elektrische Funken nicht nur in Schlagwettergruben, sondern auch beim Vorhandensein von entzündlichem Kohlenstaub gefährlich werden können.

[3]) Die metallischen Schutzrohre sowie die Armatur der Kabel sind in Schlagwettergruben besonders sorgfältig zu erden.

[4]) Auch biegsame Leitungen sind unter den Bedingungen des § 46 e) zulässig; doch sind sie besonders sorgfältig vor Beschädigung zu bewahren; der metallische Schutzmantel ist ebenso wie bei Kabeln zu erden. Vergl. auch § 46 p).

[1]) An Stelle der Absätze n) bis r) ist folgendes vorgeschlagen: „Es dürfen nur schlagwettersichere Maschinen, Schalttafeln, Schaltkästen, Apparate u. dergl. verwendet werden."

[2]) Der luftdichte Abschluß gegen Schlagwetter ist nicht dauernd zu erreichen. Durch die Temperaturschwankungen ändert sich der Druck der eingeschlossenen Luftmenge und es werden die Gase der Umgebung eingesaugt; dazu kommt die Diffusion, welche durch die gebräuchlichen Dichtungsmaterialien meistens nicht völlig verhindert wird. Tritt innerhalb der Kapseln eine Explosion auf, so wird, wenn das entzündete Gasgemenge einigermaßen beträchtlich ist, keine Bauart der Kapsel genügend stark sein, um die Zertrümmerung zu verhüten. Man muß daher vor allem danach trachten, den abgekapselten Luftraum möglichst klein zu halten. Schalter mit Öldichtung haben den Vorteil,

Nieder- und Hochspannung.

Fortsetzung von S. 186.

Die Einkapselung der Sicherungen muß so erfolgen, daß durch das Abschmelzen einer Sicherung keine andere gefährdet und das Herausschlagen eines Flammenbogens mit Sicherheit verhindert wird.

p) S t e c k k o n t a k t e sind mit einer Verriegelung zu versehen, welche das Einstecken und das Herausziehen verhindert, solange die Kontaktstelle unter Strom steht[3]).

Elektrische Maschinen und Zubehör.

q) E l e k t r i s c h e M a s c h i n e n müssen schlagwettersicher gebaut oder schlagwettersicher, z. B. im einziehenden Wetterstrom, aufgestellt sein[4]).

Die Kontaktapparate von Anlassern sind wetter-

Fortsetzung auf S. 188.

---

daß der Abschluß ziemlich sicher und nebenbei nachgiebig ist. Ölschalter können so gebaut sein, daß sie überhaupt keinen Gasraum enthalten. Über Versuche mit offenen Schaltern und Sicherungen vergl. ETZ 1898, S. 47. Siehe auch unter 4).

Moderne Patronen- und Stöpselsicherungen, bei denen der Schmelzdraht mit Schmirgel und dergl. umgeben ist, bieten an sich große Sicherheit. Ihre Bedienung (Auswechselung) darf natürlich nur bei abgeschaltetem Strom erfolgen.

[3]) Derartige Verriegelungen sind bereits in § 12 e) der Hochspannungsvorschriften erwähnt. Sie verhindern, daß beim Herausziehen oder Einstecken ein Funke auftritt, und bewirken außerdem, daß die Steckdose bei ausgezogenem Stecker ohne Gefahr und Funkenbildung berührt werden kann.

[4]) Da die Hauptstromerzeuger in der Regel außerhalb des schlagwettergefährlichen Bezirkes aufgestellt sein werden, kommen im wesentlichen nur Motoren und Umformer in Betracht.

Wie bei Apparaten, so ist auch bei Maschinen der Versuch, die Sicherheit gegen Schlagwetter durch luftdichten Abschluß dauernd und zuverlässig zu erzielen, fehlgeschlagen. Dagegen haben neuere Versuche gezeigt, daß Maschinen, vorläufig in Abmessungen bis etwa 30 PS, schlagwettersicher gebaut werden können, indem man die durchbrochenen Abschlußwände so gestaltet, daß die bei den Teilexplosionen im Innern auftretende Expansion und die damit verbundene Temperaturerniedrigung ausgenützt wird. (Goetze ETZ 1906 S. 4—8.)

Jede Bauart von Maschinen oder Apparaten wird nur nach besonderer Prüfung von den zuständigen Behörden als schlagwettersicher anerkannt werden.

Die explosionssichere A u f s t e l l u n g kann z. B. dadurch verwirklicht werden, daß man dem Motor selbst oder seiner nächsten Umgebung besondere frische Wetter zuführt. Bei Benützung von Preßluft zum Betriebe von Bohrmaschinen bietet sich hierzu Gelegenheit*).

---

*) Über eine Kombination von elektrischem — mit Druckluft — Antrieb für Bohrmaschinen siehe z. B. Zeitschr. d. Ver. d. Ing. 1902, Seite 1945.

Nieder- und Hochspannung.

Fortsetzung von S. 187.

sicher einzukapseln, und zwar so, daß die eingeschlossene Luftmenge möglichst gering ist[4]).

r) Es empfiehlt sich, Motoren und Zubehör möglichst nahe der Sohle aufzustellen[5]).

Beleuchtungsanlagen.

s) Es sind nur Glühlampen zulässig, welche im luftleeren Raum brennen. Dieselben müssen, einerlei in welcher Höhe sie angebracht sind, außer der Überglocke (h) noch einen Schutzkorb aus starkem Drahtgeflecht besitzen[6]).

---

[4]) Auch hier ist nicht luftdichte, sondern wettersichere Einkapselung vorgeschrieben. Eine solche bietet ein Abschluß durch Drahtnetze, die eine Fortpflanzung der Explosion nach außen verhindern, die Explosion im Innern aber gestatten und den eingeschlossenen Gasen freie Ausdehnung zulassen. Damit diese Drahtnetze richtig arbeiten, muß ihre Maschenweite und die abkühlende Fläche der Umhüllung in richtigem Verhältnis zu dem umschlossenen Raum stehen. Wie bei den Sicherheitslampen, ist auch hier eine sorgsame Aufsicht Bedingung für die Wirksamkeit. Es darf nicht so weit kommen, daß durch fortgesetztes Verbrennen der Schlagwetter im Innern des Abschlusses die Drahtnetze dauernd glühen. Eine Beobachtung dieser Verhältnisse ist namentlich bei Beginn der Schicht notwendig, besonders wenn längere Ruhepausen vorhergegangen sind.

Unter Umständen können auch Schlagwetter f i l t e r dienlich sein. Sie sind in der Weise eingerichtet, daß die Grubenluft durch einen mit Drahtnetzen abgeschlossenen Raum hindurchstreicht, innerhalb dessen die brennbaren Bestandteile der Grubenluft durch einen stets glühenden Draht oder durch katalytische Wirkungen (Platinschwamm) zur Entzündung und Verbrennung gebracht werden. Die Einrichtung muß so sein, daß diese Entzündung sich nicht fortpflanzen kann. Die auf solche Weise von ihren brennbaren Bestandteilen befreite Grubenluft wird alsdann den funkenbildenden Kontakten zugeführt.

Die Widerstandsdrähte der Anlasser müssen derart bemessen sein, daß ein Erglühen ausgeschlossen ist. Man wird deshalb stärkere Widerstände verwenden, als in schlagwetterfreier Umgebung nötig ist. Es ist zwar festgestellt, daß rotglühende Drähte eine Entzündung der Schlagwetter weniger leicht bewirken, als Funken. Doch können Holzspäne und dergl., die auf die Drähte fallen und aufflammen, diese Entzündung vermitteln. Vergl. ETZ 1898, S. 47. Außerdem ist sorgfältig darauf zu achten, daß Durchbiegungen der Widerstandsdrähte vermieden werden, weil sie Kurzschlußfunken herbeiführen.

[5]) In der Nähe der Sohle ist der Schlagwettergehalt der Grubenluft in der Regel geringer als in der Höhe.

[6]) Von den im luftverdünnten Raum brennenden Glühlampen ist festgestellt, daß sie bei weniger als 0,6 Amp. Stromstärke und geringerer Spannung als 150 Volt in keinem Falle Zündung der Schlagwetter veranlassen, auch wenn die Glasbirne springt oder zertrümmert wird. Bei höheren Stromstärken oder höheren Spannungen ist die Gefahr größer. Es müssen daher

Nieder- und Hochspannung.

kleine Akkumulatorlampen, die stärkere Ströme verbrauchen, sorgfältig vor Beschädigung geschützt sein.

Bei allen Glühlampen ist auf sorgfältigen festen Bau der Fassungen zu achten und die im § 46 h) vorgeschriebenen Überglocken müssen auch die Fassungen einschließen. Möglichst große Birnen sind anzuwenden, damit beim Zerbrechen eine starke Abkühlung eintritt. ETZ 1898, S. 49.

Glühlampen ohne luftverdünnten Raum, wie Nernstlampen, dürfen nicht verwendet werden. Wenn auch ein wettersicherer Abschluß durch Drahtnetze möglich ist, so sind doch die näheren Bedingungen, welche vielleicht ein gefahrloses Arbeiten gewährleisten, für die einzelnen Arten und Sorten solcher Lampen zurzeit nicht bekannt. Bei Nernstlampen, deren Leuchtkörper eine wesentlich höhere Temperatur aufweisen, als die gewöhnlichen Glühlampen, ist zu bedenken, daß durch fortgesetztes Zuströmen der Schlagwetter ein dauerndes Erglühen der Drahtnetze eintreten kann, so daß die Zündung weitergeleitet wird. Fest angebrachte Glühlampen werden nicht so andauernd beobachtet werden können, wie die tragbaren Davyschen Sicherheitslampen, bei denen für jede Lampe je ein Mann verantwortlich ist.

Bogenlampen sind nicht erlaubt. Bei ihnen ist besonders das Anzünden der Lampen gefährlich, wenn sich in den Ruhepausen die Umgebung der Kohlenspitzen mit brennbaren Gasen gefüllt hat. Auch hier müssen Bauarten, die eine alsdann entstehende Zündung mit Sicherheit gefahrlos machen, noch gefunden werden. Das fortdauernde Brennen der Bogenlampen, insbesondere von Dauerbogenlampen, würde weit weniger Gefahr in sich bergen, da die während des Brennens an den Lichtbogen herantretenden Gase in demselben Maße verbrannt oder zersetzt werden, wie sie eindringen. Dazu kommt noch, daß beden Dauerbrandlampen der Zutritt der Umgebungsluft zum Lichtbogen während des Brennens auf ein Mindestmaß beschränkt ist. Aus diesen Gründen ist es nicht ausgeschlossen, daß eine schlagwettersichere Bauart von Bogenlampen gefunden wird. Es würde alsdann der Bergbehörde zustehen, sie auf Grund besonderer Proben zuzulassen.

§ 47.
Chemische Betriebsstätten.[1])

Für chemische Betriebsstätten gelten die der verwendeten Spannung entsprechenden allgemeinen Vorschriften für elektrische Starkstromanlagen, sofern sie nicht durch die nachstehenden Bestimmungen abgeändert werden.

a) Räume, in denen Substanzen, welche mit Luft explosible Mischungen bilden, erzeugt, verarbeitet oder aufbewahrt werden, sind nicht als explosionsgefährlich im Sinne des § 3h anzusehen, wenn die Erzeugung, Verarbeitung oder Aufbewahrung in Behältern geschieht, die so verschlossen sind, daß betriebsmäßig kein Dampf bzw. Staub oder Fasern in explosionsgefährlicher Menge auftreten können.

Auf solche Räume finden die nachfolgenden Vorschriften b) bis f) Anwendung:

b) Leitungen. Blanke Leitungen und fest verlegte Schnüre nach § 8a und 8c sind nicht gestattet. Die Leitungen müssen in Rohren verlegt werden, wenn die in den Räumen auftretenden Stoffe das Isoliermaterial angreifen.[2]) Sie müssen ferner an den Stellen, wo mechanischer Schutz erforderlich ist, in widerstandsfähige Metallrohre eingezogen sein. Armierte Kabel nach § 9c bedürfen keiner Schutzrohre.

c) Elektrische Maschinen und Widerstände. Auf diese findet die Vorschrift des § 40a Anwendung. Transformatoren bedürfen keiner besonderen luft- und staubdichten Schutzkästen.

d) Ausschalter, Umschalter und Sicherungen sind luftdicht in kräftige Gehäuse einzukapseln.

Die Einkapselung der Sicherungen muß so erfolgen, daß durch das Abschmelzen einer Sicherung keine andere gefährdet und das Herausschlagen eines Flammenbogens mit Sicherheit verhindert wird.

e) Steckkontakte sind mit einer Verriegelung zu versehen, welche das Einstecken und das Herausziehen verhindert, solange die Kontaktstelle unter Strom steht.

f) Lampen. Es sind nur Glühlampen zulässig, welche im luftleeren Raume brennen. Dieselben müssen mit dicht schließenden Überglocken, welche auch die Fassung dicht einschließen, verwendet werden. Betreffend Handlampen siehe § 19f. Dieselben müssen einen Schutzkorb haben.

---

[1]) Der Inhalt des § 47 ist im Jahre 1904 unter Mitwirkung der chemischen Industrie ausgearbeitet und 1905 von der Sicherheits-Kommission beschlossen worden. Er soll hauptsächlich Mißverständnissen vorbeugen, die bei der Anwendung

§ 47.
Chemische Betriebsstätten.[1)]

Für chemische Betriebsstätten gelten die der verwendeten Spannung entsprechenden allgemeinen Vorschriften für elektrische Starkstromanlagen, sofern sie nicht durch die nachstehenden Bestimmungen abgeändert werden.

a) Räume, in denen Substanzen, welche mit Luft explosible Mischungen bilden, erzeugt, verarbeitet oder aufbewahrt werden, sind nicht als explosionsgefährlich im Sinne des § 3h anzusehen, wenn die Erzeugung, Verarbeitung oder Aufbewahrung in Behältern geschieht, die so verschlossen sind, daß betriebsmäßig kein Dampf bzw. Staub oder Fasern in explosionsgefährlicher Menge austreten können.

Auf solche Räume finden die nachfolgenden Vorschriften b) bis g) Anwendung:

b) Leitungen. Blanke Leitungen und fest verlegte Schnüre nach § 8a und 8c sind nicht gestattet. Betreffend andere Arten von Leitungen siehe §§ 7 und 8 (Hochspannung). Die Leitungen müssen in Rohren verlegt werden, wenn die in den Räumen auftretenden Stoffe das Isoliermaterial angreifen.[2)] Betreffend Schutz gegen Berührung und mechanische Beschädigung siehe § 26. Armierte Kabel nach § 9c bedürfen keiner Schutzrohre.

c) Elektrische Maschinen und Widerstände. Auf diese findet die Vorschrift des § 40a (Niederspannung) Anwendung. Transformatoren bedürfen keiner besonderen luft- und staubdichten Schutzkästen.

d) Ausschalter, Umschalter und Sicherungen sind luftdicht in kräftige Gehäuse einzukapseln.

Die Einkapselung der Sicherungen muß so erfolgen, daß durch das Abschmelzen einer Sicherung keine andere gefährdet und das Herausschlagen eines Flammenbogens mit Sicherheit gehindert wird.

e) Steckkontakte sind mit einer Verriegelung zu versehen, welche das Einstecken und das Herausziehen verhindert, solange die Kontaktstelle unter Strom steht.

f) Lampen. Es sind nur Glühlampen zulässig, welche im luftleeren Raume brennen. Dieselben müssen mit dicht schließenden Überglocken, welche auch die Fassung dicht einschließen, verwendet werden. Handlampen sind verboten.

---

der Sicherheits-Vorschriften auf Einrichtungen in chemischen Betrieben vorgekommen sind.

[2)] Die Rohre werden zweckmäßig an ihren Enden und an den Einmündestellen in die Verbindungsdosen abgedichtet. Siehe auch unter [3)].

g) vacat.

h) Feuergefährliche, explosionsgefährliche, feuchte und durchtränkte Räume sind nach den Vorschriften der §§ 39, 40, 41 und 43 zu behandeln.
i) Räume mit ätzenden Dünsten. In Räumen, in welchen ätzende Dünste auftreten, dürfen festverlegte Schnüre überhaupt nicht, für Handlampen nur Schnüre mit Isolation mindestens von der Güte von § 8b, welche mit einer gegen die betreffenden chemischen Einflüsse schützenden Hülle umgeben sind, verwendet werden. Kabel sind je nach Art der chemischen Einflüsse zu schützen. Soweit die Leitungen anderer Art durch geeigneten Überzug, z. B. Anstrich oder dicht schließende Verkleidung, wie Rohre,[3]) gegen die vorhandenen Dünste geschützt werden können, soll dies geschehen. Metallrohre müssen ihrerseits wieder durch Anstrich geschützt sein. Wenn die in solchen Räumen verlegten Leitungen nicht mindestens den in den Verbandsvorschriften gegebenen Prüfungsvorschriften genügen, müssen sie wie blanke Leitungen verlegt werden.

---

[3]) Welches Mittel im einzelnen Fall zu wählen ist, richtet sich nach der Art der ätzenden Stoffe und muß oft durch Ausprobieren gefunden werden.

Hochspannung. § 47. Chemische Betriebsstätten.

g) Spannungen von mehr als 1000 V sind für Licht und Motorenbetrieb nicht zulässig.

h) Feuergefährliche, explosionsgefährliche, feuchte und durchtränkte Räume, sowie Räume mit ätzenden Dünsten sind nach den Vorschriften der §§ 39, 40, 41, 42 und 43 zu behandeln.

§ 48.
Inkrafttreten dieser Vorschriften.

a) Diese Vorschriften gelten im allgemeinen für Anlagen oder Erweiterungen, welche nach dem 1. Januar 1904, mit den Nachträgen ETZ 1904 S. 686 für Anlagen, welche nach dem 1. Januar 1905, und mit den Nachträgen ETZ 1905 S. 719 für Anlagen, welche nach dem 1. Juli 1905 fertiggestellt wurden.[1]) Sie haben keine rückwirkende Kraft[2]).

b) Der Verband Deutscher Elektrotechniker behält sich vor, dieselben den Fortschritten und Bedürfnissen der Technik entsprechend abzuändern.

Die vorstehenden Vorschriften sind von der Kommission des Verbandes Deutscher Elektrotechniker einstimmig angenommen worden und haben daher in Gemäßheit des Verbandsbeschlusses vom 13. Juni 1902 als Verbandsvorschriften zu gelten.

Der Vorsitzende der Kommission.

B u d d e.

---

§ 48. [1]) Die im Vorhergehenden behandelte Fassung der Vorschriften ist im Wesentlichen durch die Beratungen der Sicherheits-Kommission in den Jahren 1902 und 1903 zu Stande gekommen; da diese Fassung gegenüber der älteren in einigen Punkten, namentlich bezüglich der isolierten Drähte einschneidende Änderungen forderte, so wurde damals ein angemessener Zeitraum festgesetzt, während dessen die Fabriken sich auf die geänderten Herstellungsverfahren einrichten konnten.

Den Fortschritten und Bedürfnissen der Technik entsprechend wurden in den Jahren 1904 und 1905 an einzelnen Punkten der Vorschriften Änderungen vorgenommen, die an den angegebenen Stellen der ETZ bekannt gegeben wurden, ETZ 1904 S. 1115 N. 121. In die vorliegende Ausgabe der Erläuterungen sind alle diese Änderungen aufgenommen. Doch erschien es nicht angezeigt, sie im einzelnen besonders hervorzuheben.

[2]) Daß die Vorschriften keine rückwirkende Kraft haben sollen, ist, um alle Zweifel auszuschließen, ausdrücklich ausgesprochen.

Bei der Beurteilung älterer Anlagen werden daher die Vorschriften nur als Richtschnur zu gelten haben, wobei es dem Prüfenden überlassen bleibt, diejenigen Teile und Anordnungen, die dem Sinne der Vorschriften nach durchaus unzulässig sind und unmittelbare Gefahr hervorrufen können, sofort beseitigen zu lassen, während andere nach verständigem Ermessen mit den Absichten der Vorschriften und erst bei passender Gelegenheit, soweit möglich, mit dem Wortlaut derselben in Übereinstimmung gebracht werden können. Dagegen müssen alle wesentlichen Änderungen an bestehenden Anlagen ohne Rücksicht auf die Beschaffenheit des nicht zu ändernden Teils nach den Vorschriften ausgeführt werden. Ganz besondere Veranlassung zur Verbesserung unvorschriftsmäßiger Anlagen ist dann gegeben, wenn sie mit höherer Spannung oder anderer Stromart

§ 48.
Inkrafttreten dieser Vorschriften.

a) Diese Vorschriften gelten im allgemeinen für Anlagen oder Erweiterungen, welche nach dem 1. Januar 1904, mit den Nachträgen ETZ 1904 S. 686 für Anlagen, welche nach dem 1. Januar 1905, und mit den Nachträgen ETZ 1905 S. 719 für Anlagen, welche nach dem 1. Juli 1905 fertiggestellt wurden. Sie haben keine rückwirkende Kraft.

b) Der Verband Deutscher Elektrotechniker behält sich vor, dieselben den Fortschritten und Bedürfnissen der Technik entsprechend abzuändern.

Die vorstehenden Vorschriften sind von der Kommission des Verbandes Deutscher Elektrotechniker einstimmig angenommen worden und haben daher in Gemäßheit des Verbandsbeschlusses vom 13. Juni 1902 als Verbandsvorschriften zu gelten.

Der Vorsitzende der Kommission.

Budde.

---

als bisher betrieben werden sollen. ETZ 1904 S. 475 N. 161. Weitere Beispiele hierüber siehe ETZ 1903 S. 295 N. 35; 1904 S. 364 N. 96; S. 1114 N. 115.

Wie schon in der Einleitung hervorgehoben wurde, ist es nicht möglich, unmittelbar verwendbare Vorschriften aufzustellen, ohne — wenigstens teilweise — auf die besonderen Eigenschaften bestimmter Materialien und Verlegungsarten Bezug zu nehmen. Es ist dies auch in diesen Vorschriften geschehen, jedoch nur insoweit, als diejenigen Eigenschaften bezeichnet wurden, welche notwendigerweise für die einzelnen Stoffe vorausgesetzt werden müssen. Es bleibt also auch innerhalb des Rahmens dieser Vorschriften immer noch ein nicht unbeträchtlicher Spielraum für die Anwendung verschiedener Formen und Stoffe, sowie für neue, den einzelnen Zwecken besonders angepaßte Ausgestaltungen der Materialien und Verlegungsarten frei.

Sollte jedoch der Fall eintreten, daß neue Materialien hergestellt werden oder neue Anordnungen auftauchen, deren Zulässigkeit gegenüber den Vorschriften zweifelhaft erscheint, so ist durch die Bestimmung des § 47 Vorsorge getroffen dafür, daß eine derartige weitere Entwickelung der Industrie keine nachteilige Beschränkung erfährt. Die zur Festsetzung dieser Vorschriften berufene Kommission bleibt bestehen, um nach Bedarf auftretende Neuerungen zu prüfen und sich über deren Zulässigkeit zu äußern.

Sicherheitsvorschriften
für
elektrische Bahnanlagen.[1]

Die hierunter stehenden Vorschriften gelten für die elektrischen Einrichtungen von Bahnanlagen, deren Betriebsspannung 1000 V gegen Erde nicht übersteigen kann.

Auf diejenigen Bahnanlagen oder Teile von solchen, bei denen die Spannung mehr als 1000 V gegen Erde beträgt, finden die Hochspannungsvorschriften sinngemäße Anwendung[2]).

---

[1]) Sicherheitsvorschriften für elektrische Bahnanlagen sind vom Verband Deutscher Elektrotechniker zum ersten Male im Jahre 1900 als vorläufige Regeln, 1901 als Vorschriften aufgestellt worden.*) Im Verlauf des Jahres 1903 sind sie umgearbeitet und den neu kodifizierten allgemeinen Sicherheitsvorschriften angepaßt worden. Die so zustande gekommene vorliegende Fassung wurde von der Jahresversammlung des Verbandes Deutscher Elektrotechniker 1904 angenommen. Zur Zeit werden im preußischen Ministerium der öffentlichen Arbeiten, dem die Aufsicht über die Straßenbahnen und straßenbahnähnlichen Kleinbahnen zusteht, Bau- und Betriebsvorschriften für solche Bahnen ausgearbeitet, denen, soweit die elektrischen Einrichtungen in Betracht kommen, die Vorschriften des Verbandes Deutscher Elektrotechniker zugrunde gelegt werden sollen.

Sonderbestimmungen für Bahnen sind notwendig, weil die Rücksichten auf den beschränkten Raum und das beschränkte Gewicht der Wagen, auf die Stöße der bewegten Wagen und auf andere Eigenheiten des Bahnbetriebes vielfach zu anderen Maßnahmen führen, als sie für stationäre Anlagen am Platze sind.

Doch sind die Bahnvorschriften nicht unabhängig von den allgemeinen Sicherheitsvorschriften; sie sind nicht in sich vollständig und selbständig, sondern, wie §§ 1 und 2 erkennen lassen, enthalten die Bahnvorschriften (B.V.), soweit sie sich auf die Kraftwerke und die Leitungsanlagen erstrecken, nur diejenigen Bestimmungen, die von den allgemeinen Sicherheitsvorschriften abweichen; hingegen sind die Vorschriften für Ausrüstung der Wagen (§ 7 ff.) unabhängig von den allgemeinen Sicherheitsvorschriften und sollen in sich vollständig sein.

[2]) Für Betriebsspannungen mit mehr als 1000 V, wie sie ja allerdings bei Hauptbahnen und Schnellbahnen mit Wechselstrombetrieb vorkommen können, sind vorläufig bestimmte Vorschriften nicht aufgestellt, da zu wenig Erfahrungen vorliegen und die konstruktive Tätigkeit in diesem eben in vollster Entwickelung begriffenen Gebiet nicht eingeschränkt werden soll. Die allgemeinen Sicherheitsvorschriften für Hochspannung enthalten genügende Anhaltspunkte; ihre Anwendung hat gegebenenfalls nicht wörtlich, sondern sinngemäß, d. h. unter Berücksichtigung der durch den Bahnbetrieb bedingten Sonderverhältnisse zu erfolgen.

Innerhalb der Grenze von 1000 V greift dort, wo auf die allgemeinen Sicherheitsvorschriften verwiesen ist, deren Einteilung in Hoch- und Niederspannung Platz.

Die Spannung von 1000 V ist gegen Erde festgelegt. Es umfaßt diese Grenze daher z. B. ein Dreileitersystem mit ge-

---

*) ETZ 1900 S. 653. 1901 S. 762.

I.
Kraftwerke.
§ 1.

Für die Kraftwerke, welche dem elektrischen Bahnbetriebe dienen, gelten die Sicherheitsvorschriften für die Errichtung[3]) elektrischer Starkstromanlagen der in Betracht kommenden Spannung. Unterstationen, Wagenschuppen und Werkstätten sind als Betriebsräume im Sinne der Sicherheitsvorschriften anzusehen.

II.
Leitungsanlagen.
§ 2.

Für die Leitungsanlagen außerhalb der Kraftwerke und der Fahrzeuge gelten im allgemeinen die Sicherheitsvorschriften; an Stelle des § 23 derselben treten jedoch die folgenden Bestimmungen:[4])

a) Für Bahnen sind wetterbeständig isolierte Freileitungen von mindestens 10 qmm Querschnitt zulässig[5]).

b) Fahrleitungen und oberirdische Speiseleitungen, welche nicht auf Porzellan- oder Glasdoppelglocken verlegt sind, müssen gegen Erde doppelt isoliert sein[6]). Bei

---

erdetem Mittelleiter, wenn die Außenleiter etwa $+900$ V und -900 V gegen Erde führen.

§ 1. [3]) Die Sicherheitsvorschriften für den B e t r i e b elektrischer Starkstromanlagen sind an dieser Stelle nicht ausdrücklich erwähnt. Sie gelten für alle elektrischen Starkstromanlagen, daher auch für Bahnanlagen; doch sind sie für letztere nicht ausreichend; vielmehr verlangt der Bahnbetrieb viele Sonderbestimmungen, namentlich solche, welche sich nicht auf die elektrische Einrichtung beziehen. Diese Betriebsvorschriften werden von der Betriebsleitung der einzelnen Bahnen aufgestellt, wobei die allgemeinen Betriebsvorschriften für elektrische Anlagen zu berücksichtigen sind.

§ 2. [4]) Die folgenden Bestimmungen ersetzen demnach alles was im § 23 der Sicherheitsvorschriften sowohl inbezug auf Niederspannung als inbezug auf Hochspannung gesagt ist, soweit gemäß Seite 196 Bahnen mit Betriebsspannung bis zu 1000 V gegen Erde in Frage kommen. Über 1000 V finden die Vorschriften für Hochspannung sinngemäße Anwendung (siehe unter 2).

[5]) Nach den allgemeinen Sicherheitsvorschriften (§ 23 b) Niederspannung und § 23 b) Hochspannung) sind isolierte Freileitungen nur bis zu Spannungen von 250 V gegen Erde zulässig. Bei Bahnen ist von seiten der Postverwaltung die Anwendung isolierter Drähte als Schutz gegen den Stromübergang auf etwa herabgefallene Fernsprechleitungen vielfach gefordert worden. Besonders ist auch die isolierende Schutzleiste über dem Fahrdraht elektrischer Bahnen völlig eingebürgert und mit Rücksicht auf die regelmäßige Überwachung, der diese Leitungen unterliegen, als sachgemäßer Schutz anzusehen.

[6]) Das Wort „Fahrleitungen" umfaßt sowohl die über dem Geleise frei aufgehängten „Fahrdrähte" als die „dritte Schiene" Die ersteren werden in der Regel dadurch „doppelt" isoliert, daß der Fahrdraht gegen den Spanndraht und der Spanndraht gegen

Anwendung der sogenannten dritten Schiene als Fahrleitung ist es zulässig, Holz als zweite Isolation anzuwenden[7]).

c) Leitungen und Apparate sind so anzubringen, daß sie ohne besondere Hilfsmittel nicht zugänglich sind. (Siehe auch unter f)[8]).

d) Querdrähte jeder Art (Trag- und Zugdrähte), welche im Handbereich liegen, müssen gegen Spannung führende Leitungen doppelt isoliert sein[9]).

e) Die Höhe der Luftleitungen über öffentlichen Straßen darf auf offener Strecke nicht unter 5 m betragen[10]). Eine geringere Höhe ist bei Unterführungen

---

Erde (Konsol, Mast) durch Befestigungsstücke aus Isolierstoff und geeigneter Form isoliert wird. Der Holzmast selbst kann hierbei nicht eine der Isolierungen ersetzen. ETZ 1903 S. 434 N. 51.

[7]) Hier hat das Publikum nicht Zutritt zum Geleise und zur Fahrschiene. Vollständige Porzellanisolation hat sich bisher nicht bewährt, da eine gewisse Nachgiebigkeit der isolierenden Befestigung nötig ist.

[8]) Die Anordnung mit dritter Schiene unterliegt dieser Bestimmung nicht, vielmehr gilt für sie die Sondervorschrift unter f).

Das wichtigste Mittel, um Leitungen und Apparate unzugänglich zu machen, ist die Anordnung in geeigneter Höhe (siehe unter e). Auch bei Benützung von Decksitzwagen darf der Fahrdraht nicht ohne weiteres von den auf Deck sitzenden Personen erfaßt werden können. Als Verwendung eines besonderen Hilfsmittels würde es jedoch anzusehen sein, wenn ein Fahrgast sich auf die Sitzbank stellt, um den Draht zu erreichen. Übrigens ist eine Berührung des Fahrdrahtes, wie sie auf diese Weise etwa durch das Betriebspersonal zufällig erfolgen kann, ungefährlich, da die Decksitze eine isolierte Unterlage nach Art der Turmwagen bilden.

Auch Speiseleitungen müssen unzugänglich sein, insbesondere dürfen sie ebenso wie Fahrdrähte nicht von Fenstern, Altanen, Brücken ohne besondere Hilfsmittel erreichbar sein. (Vergl. Sicherheitsvorschriften § 23 g) Niederspannung und § 23 b) Hochspannung unter 13 Seite 90.

[9]) Im allgemeinen werden die Spanndrähte usw. einerseits gegen den Fahrdraht, andrerseits gegen ihren Aufhängepunkt isoliert (siehe b). Ist jedoch der Querdraht etwa von einem Fenster (Altane usw.) aus mit der Hand erreichbar, so ist das im Handbereich liegende Stück gegen den Fahrdraht hin nochmals durch einen zweiten Isolierkörper gegen den Übertritt der Spannung zu schützen. Man wird also in diesem Falle den nach b) erforderlichen zweiten Isolierkörper nicht an das Konsol, sondern innerhalb des Querdrahtes in entsprechender Entfernung vom Fenster usw. anbringen.

[10]) Nicht die Befestigungspunkte, sondern die durchhängenden Leitungen selbst müssen 5 m über der Straße sein. Als Straße gilt das begangene Niveau, soweit es unterhalb oder seitlich, aber nahe der Fahrleitung liegt. Bestehen bei einem seitlich vom Fahrdraht befindlichen erhöhten Gangsteig oder dergl. Zweifel, so ist Absatz c) zu berücksichtigen und zu erwägen, daß es durch die geforderte Höhe von 5 m unmöglich gemacht werden soll, daß eine Person vermittels eines von ihr getragenen Werkzeuges (Sense, Peitsche) oder bei erhöhtem Sitz (auf Wagen) mit dem Draht in Berührung kommen kann.

Bahnanlagen. 199

zulässig, wenn geeignete Vorsichtsmaßregeln getroffen werden[11]).

f) Bei elektrischen Bahnen auf besonderem Bahnkörper, soweit dieser dem Publikum nicht zugänglich ist, können die Leitungen (Drähte, Schienen usw.) in beliebiger Höhe verlegt werden, wenn bei der gewählten Verlegungsart die Strecke von instruiertem Personal[12]) ohne Gefahr begangen werden kann. An Haltestellen und Übergängen sind die Leitungen gegen zufällige Berührung durch das Publikum zu schützen und Warnungstafeln anzubringen[13]).

g) Spannweite und Durchhang müssen derart bemessen werden, daß Gestänge aus Holz eine zehnfache und aus Eisen eine vierfache Sicherheit, Leitungen bei minus 20⁰ C eine fünffache Sicherheit (bei Leitungen aus hartgezogenem Metall eine dreifache Sicherheit) dauernd bieten[14]). Dabei ist der Winddruck mit 125 kg für 1 qm senkrecht getroffener Drahtfläche in Rechnung zu

Bergwerksbahnen, bei denen kleinere Höhen unvermeidlich sind, fallen nicht unter diese Vorschriften.

[11]) Bei Unterführungen heißt sowohl innerhalb als in der Nähe der Unterführung. Es muß eine geeignet verlaufende Senkung von der freien Strecke nach der Unterführung hin möglich sein; ebenso ist zwischen zwei kurz aufeinanderfolgenden Unterführungen die geringere Höhe zulässig.

Als geeignete Vorsichtsmaßregel dient vielfach der Einbau des Arbeitsdrahtes zwischen zwei senkrechte Holzwände, die den Draht auch an der Stelle seines tiefsten Durchganges noch zwischen sich fassen müssen. Bei Unterführungen eiserner Brücken u. dergl. verhindert dieser Einbau daß die etwa entgleiste Rolle des Stromabnehmers Erdschluß zwischen dem Fahrdraht und den Eisenteilen herstellt. Erfolgt die Stromabnahme nicht durch Rollen, sondern durch Bügel, so sind andere Maßnahmen nötig. Unter Umständen muß man sich mit einer Warnungstafel gegen das Berühren des Drahtes begnügen.

[12]) Auf der Strecke ist der Schutz nur so weit nötig, daß instruiertes Personal vor zufälliger Berührung bewahrt ist. Sollte das Publikum bei einer Betriebsstörung genötigt sein, die Strecke zu begehen, so geschieht dies unter Führung durch instruiertes Personal, dessen Weisungen vom Publikum zu befolgen sind.

[13]) Auch hier hat sich der Schutz nur auf zufällige Berührung zu erstrecken. Gegen absichtliche Berührung und gegen das Betreten der Strecke können nur Warnungen schützen.

[14]) Für eiserne Gestänge ist in den allgemeinen Vorschriften, für Hochspannung fünffache Sicherheit verlangt. Mit Rücksicht auf die ständige Kontrolle ist bei Bahnen die vierfache und für hartgezogene Leitungen die dreifache Sicherheit auf Grund der Erfahrung als genügend angesehen worden. Der Bruch der Drähte ist bei Bahnen in der Regel nicht die Folge des Zuges, sondern wird, wie vielfach bestätigt ist, durch das fortgesetzte Abbiegen der Leitungen an den Befestigungsstellen veranlaßt. Daher hat man eine möglichst biegsame Befestigung an mehreren Stellen für jeden Aufhängepunkt eingeführt und muß größeren Durchhang der ein erhebliches Anheben der Leitung durch den Stromabnehmer bedingt, vermeiden, indem man den Durchhang häufig kontrolliert und den Draht nachspannt.

bringen[15]). Freileitungen müssen mindestens 10 qmm Querschnitt haben.

h) Den örtlichen Verhältnissen entsprechend sind Freileitungen durch Blitzschutzvorrichtungen zu sichern, die auch bei wiederholten atmosphärischen Entladungen wirksam bleiben[16]). Es ist dabei auf eine gute Erdleitung Bedacht zu nehmen. Fahrschienen können als Erdleitung benutzt werden[17]).

i) Die Fahrdrähte sind mittels Streckenisolatoren in einzelne durch Ausschalter abschaltbare Abschnitte zu teilen, deren Länge in dichtbebauten Straßen in der Regel nicht über 1 km, in wenig bebauten Straßen nicht über 2 km betragen soll. Auf eigenem Bahnkörper und auf offenen Landstraßen können die Ausschalter entbehrt werden[18]).

k) Speiseleitungen, welche Spannung gegen Erde führen, müssen im Kraftwerk von der Stromquelle und an den Speisepunkten von den Fahrleitungen abschaltbar sein[18]).

l) Die Streckenausschalter müssen, soweit sie ohne besondere Hilfsmittel erreichbar sind, mit abschließbaren und verschlossen zu haltenden Schutzkasten versehen sein.

m) Die Lage der Ausschalter muß leicht kenntlich gemacht werden.

n) Bezüglich der Sicherung vorhandener Telephon- und Telegraphenleitungen gegen Störungen durch elektrische Bahnen wird auf § 12 des Telegraphengesetzes vom 6. April 1892 verwiesen[19]).

---

[15]) Es ist die Fläche des Drahtes selbst, nicht die etwa durch Rauhreif vergrößerte in Rechnung zu ziehen.

[16]) Über Blitzschutz von Leitungen siehe Seite 91 unter 14 und 15; daß gegen unmittelbar einschlagende Blitze ein wirksamer Schutz nicht möglich ist, wird als bekannt vorausgesetzt. Die Art der Schutzvorrichtung ist nicht vorgeschrieben; auch nicht ihre örtliche Lage (vergl. indes § 16 Fahrzeuge).
Es bleibt ferner freigestellt, ob das Kabelnetz noch durch besondere Sicherungen geschützt oder ob die Blitzschutzapparate durch Schalter von der Leitung abtrennbar gemacht werden, was manchmal zur Erleichterung der Kontrolle beliebt wird.

[17]) Schienen, welche auf Holzschwellen liegen, sind gegenüber atmosphärischen Entladungen als Erde wirksam, sofern sie große Ausdehnung haben. Auf alle Fälle empfiehlt es sich, die Schienen an einzelnen Stellen unmittelbar an Erde zu legen; namentlich auch deswegen, weil die Blitzvorrichtungen durch Fremdkörper oder durch Zusammenschmelzen überbrückt werden und so die Betriebsspannung auf die Schienen übertragen können.

[18]) Die Teilung in isolierte Abschnitte im Zusammenhang mit den unter k) vorgeschriebenen Ausschaltern für die Speiseleitungen ist nötig, damit bei Kurzschluß an einer bestimmten Stelle nicht das ganze Netz in Mitleidenschaft gezogen wird, ferner zur Kontrolle des Zustandes der Leitungen, zur gefahrlosen Behebung von Störungen bei Mast- und Drahtbrüchen, desgleichen um die Leitungen spannungslos zu machen, wenn bei Schadenfeuern oder dergl. eine Berührung unvermeidlich ist. Vergl. S. 94 unter 17.

§ 3.

a) Luftweichen müssen so eingerichtet sein, daß sich ein Stromabnehmer auch nach dem Entgleisen nicht festklemmen kann[1]).

b) Luftweichen sind an der Abzweigstelle zu verankern.

c) Fahrdrahtkreuzungen sind so auszuführen, daß der Stromabnehmer im normalen Betrieb den kreuzenden Fahrdraht nicht berührt[2]).

§ 4.

a) Der Isolationswiderstand der einzelnen Teilstrecke von oberirdischen Fahrdrähten[3]) muß bei Regenwetter und mit der Betriebsspannung gemessen mindestens 10 000 Ohm für das km einfacher Länge betragen[4]).

b) In mindestens halbjährigen Zwischenräumen sollen besondere Kontrollmessungen vorgenommen werden; über den Befund der Messungen ist Buch zu führen.

c) In mindestens halbjährigem Turnus sind die Isolationspunkte durchzumessen[5]).

§ 5.

Bei Bahnen nach dem Zweileitersystem, deren Schienen als Leitung dienen, ist, sofern kein regelmäßiger

---

[19]) Dieser Paragraph lautet: „Elektrische Anlagen sind, wenn eine Störung des Betriebes der einen Leitung durch die andere eingetreten ist oder zu befürchten ist, auf Kosten desjenigen Teiles, welcher durch eine spätere Anlage oder durch eine später eintretende Änderung seiner bestehenden Anlage diese Störung oder die Gefahr derselben veranlaßt, nach Möglichkeit so auszuführen, daß sie sich nicht störend beeinflussen."
Vergl. S. 98 unter 24. Über die zum Schutz der Schwachstromleitungen in Frage kommenden Maßnahmen besteht ein preußischer Ministerialerlaß. Siehe ETZ 1904 S. 192 und 408.

§ 3. [1]) Diese Vorschrift dient der Sicherheit, indem sie ungebührliche Beanspruchung der Spanndrähte und damit den Bruch der Leitung verhindern soll. Sie kann sowohl durch entsprechenden Bau der Luftweiche selbst, wie auch durch geeignete Hilfsvorrichtungen erfüllt werden. Bei der Gestaltung und Anordnung der Rolle ist ebenfalls darauf Rücksicht zu nehmen, daß das Festklemmen vermieden wird.

[2]) Hierauf ist besonders bei Bügelabnehmern zu achten. Bei Kreuzungen können unter Umständen verschieden hohe Arbeitsspannungen in Frage kommen; namentlich wenn die sich kreuzenden Strecken verschiedenen Bahnnetzen zugehören.

[3]) Die Forderung bezieht sich nur auf oberirdische Fahrdrähte, also nicht auf die „dritte Schiene".
Die Größe der einzelnen Teilstrecken ist durch § 2 i) bestimmt.

§ 4. [4]) Die Messung kann unter Umständen von der Zentrale aus mit Hilfe der Speiseleitungen erfolgen.

[5]) Die Messung erfolgt in der Regel mit Stange und Isolationsprüfer, wobei in der Stunde ungefähr 1 km gemessen werden kann; auch werden Turmwagen benützt. Das Meßergebnis muß dem unter a) geforderten Isolationswiderstand entsprechen. Über Einzelheiten siehe z. B. ETZ 1904 S. 6 und S. 82.

Polaritätswechsel stattfindet⁶), der negative Pol der Dynamomaschine mit der Gleisanlage zu verbinden.

§ 6.

Es ist dafür zu sorgen, daß Gleise, welche dem Publikum zugänglich sind, keine für Menschen oder Tiere gefährliche Spannung gegen Erde annehmen können[7]).

III.
Fahrzeuge.

Für Motorwagen und für Anhängewagen, soweit die letzteren mit Starkstromleitung ausgerüstet sind, gelten die sämtlichen im folgenden aufgeführten Bestimmungen und nur diese[1]).

§ 7.
Allgemeines.

a) **Isolierstoffe.** Die Isolierstoffe sollen in solcher Stärke verwendet werden, daß sie bei den im Betrieb vorkommenden Temperaturen von einer Spannung, welche die Betriebsspannung um 1000 V überschreitet, nicht durchschlagen werden. Außerdem muß das Isoliermaterial derartig gestaltet und bemessen sein, daß ein merklicher Stromübergang über die Oberfläche (Oberflächenleitung) unter normalen Verhältnissen nicht eintreten kann[2]).

Bei Fahrschaltern (Kontrollern), ferner bei Bürstenjochen für Motoren und bei Stromabnehmern ist imprägniertes Holz als Isoliermaterial zulässig[3]).

b) **Isolierte Leitungen.** Als isolierte Leitungen gelten umhüllte Leitungen, die nach 24-stündigem Liegen im Wasser eine Überspannung von 1000 V gegen das Wasser eine Stunde lang aushalten.

---

⁶) Regelmäßiger Polaritätswechsel wird angewendet, um die zerstörenden Wirkungen vagabundierender Ströme zu vermindern. Vergl. ETZ 1902 S. 285. Eine Bahn mit Dreileitersystem besteht in Nürnberg. ETZ 1905 S. 483.

⁷) Zu diesem Zweck müssen die Schienen gut geerdet oder mit derartig bemessenen Rückleitungen versehen sein, daß der Spannungsabfall in ihnen genügend klein gehalten wird. Namentlich sind auch die leitenden Verbindungen an den Schienenstößen richtig zu bemessen, sorgfältig auszuführen und im Stand zu halten.

¹) Die unter III angeführten Vorschriften sind völlig unabhängig von den allgemeinen Sicherheitsvorschriften. Zu ihrer Erläuterung wird indessen im folgenden mehrfach auf diese zu verweisen sein. Über in Amerika bestehende Vorschriften für die Ausrüstung der Fahrzeuge siehe ETZ 1904 S. 1017.

§ 7. ²) Vergl. S. 27 unter 5).

³) Die Imprägnierung wird hier eine isolierende sein müssen. Neben den Kontrollerwalzen (siehe Seite 48, 49 § 10 a) Abs. 2 und ebenda unter 3) kommen namentlich Stromabnehmer für Unterleitungen (Schlitzkanal, dritte Schiene) in Betracht, bei denen das Holz wegen seiner besonders vorteilhaften Eigenschaften bisher nicht entbehrt werden konnte.

c) **Feuersichere Gegenstände.** Als feuersicher gilt ein Gegenstand, der nicht entzündet werden kann oder nach Entzündung nicht von selbst weiter brennt.

d) **Erdung.** Als genügende Erdung für Fahrzeuge gilt die leitende Verbindung mit den Radreifen durch das Untergestell[4]).

§ 8.
Generatoren, Motoren und Transformatoren.

Die Gestelle von zugänglich aufgestellten Generatoren, Motoren und Transformatoren müssen dauernd geerdet sein. Durch die Art der Aufstellung oder durch besondere Geländer muß dafür gesorgt sein, daß Personen auch bei Schleudern des Wagens nicht in Berührung mit den blanken stromführenden oder sich bewegenden Teilen gelangen können. Die Aufstellung ist derart auszuführen, daß etwaige im Betriebe auftretende Feuererscheinungen keine Entzündung von brennbaren Stoffen hervorrufen können.

§ 9.
Akkumulatoren.

a) Akkumulatoren elektrischer Fahrzeuge können auf Holz montiert werden, wobei einmalige Isolation durch nicht hygroskopische Zwischenlagen ausreicht. Soweit nur instruiertes Personal in Betracht kommt, braucht die Möglichkeit, daß eine Person Teile verschiedener Spannung gleichzeitig berührt, nicht ausgeschlossen zu sein. Während des normalen Betriebes dürfen die Akkumulatoren dem Publikum nicht zugänglich sein. Es ist für ausreichende Lüftung zu sorgen.

b) Celluloid ist zur Verwendung als Kästen und außerhalb des Elektrolyten unzulässig[1]).

§ 10.
Leitungen.

a) Der Querschnitt aller Fahrstromleitungen[1]) ist

---

[4]) Diese Erdung kann durch Sand und Staub zwischen Schienen und Radreifen in ihrer Wirkung beeinträchtigt werden.

[5]) Zwar kommen bei Straßenbahnen zugänglich aufgestellte Motoren in der Regel nicht vor, doch kann es bei Lokomotiven für Vollbahnen sowie auch für Hüttenbetrieb und ähnliche Zwecke der Fall sein.

§ 9. [1]) Vergl. S. 68 § 15 Abs. 2 und ebenda unter 3).

§ 10. [1]) Die Unterscheidung zwischen „Fahrstromleitungen" und „den übrigen Leitungen" ist zu beachten. Zu den Fahrstromleitungen zählen alle, welche unmittelbar mit den Motoren und ihrem Zubehör zusammenhängen. Die übrigen Leitungen sind hauptsächlich die zur Beleuchtung, Heizung, Signalgebung dienenden.

Die Bemessung der letzteren stimmt mit der im § 5 der allgemeinen Sicherheitsvorschriften angegebenen überein.

Für die Fahrstromleitungen dagegen ist eine stärkere Benach der Normalstromstärke der vorgeschalteten Sicherung laut folgender Tabelle oder stärker zu bemessen.

Querschnitt in qmm	Normalstromstärke der Sicherung
4	30 A
6	40 ,,
10	60 ,,
16	80 ,,
25	100 ,,
35	130 ,,
50	165 ,,
70	200 ,,
95	235 ,,
120	275 ,,

Drähte für Bremsstrom sind mindestens von gleicher Stärke wie die Fahrstromleitungen zu wählen.

Der Querschnitt aller übrigen Leitungen ist nach der Normalstromstärke der vorgeschalteten Sicherung laut folgender Tabelle oder stärker zu bemessen.

Querschnitt in qmm	Normalstromstärke der Sicherung
0,75	4 A
1	6 ,,
1,5	10 ,,
2,5	15 ,,
4	20 ,,
6	30 ,,
10	40 ,,
16	60 ,,
25	80 ,,
35	90 ,,
50	100 ,,
70	130 ,,
95	165 ,,
120	200 ,,
150	235 ,,
185	275 ,,
240	330 ,,

lastung oder, nach dem gewählten Wortlaut, eine höhere Normalstromstärke der vorgeschalteten Sicherung zulässig, da nämlich beim Betrieb von Fahrzeugen, besonders von Straßenbahnen, nicht mit dauernd gleichmäßigen Strombelastungen, sondern mit einer kurzen Aufeinanderfolge von hohen und niederen Belastungen mit zwischenliegenden stromlosen Pausen zu rechnen ist, so wird die Erwärmung der Drähte stets geringer sein, als der Dauerbelastung mit der Normalstromstärke entspricht.

Wegen dieser Verhältnisse ist es auch nicht möglich, bei der Bemessung des Leitungsquerschnittes von der „Normalstromstärke" als solcher auszugehen, da diese nicht ermittelbar ist; sondern es ist von der Stärke der Sicherung auszugehen, die ihrerseits sich nach der Belastungsfähigkeit des Motors und damit nach den Betriebsverhältnissen richtet.

Bahnanlagen. 205

b) Isolierte Leitungen müssen eine Gummiisolierung in Form einer ununterbrochenen und vollkommen wasserdichten Hülle besitzen. Die Gummiisolierung muß durch eine Umhüllung aus faserigem Material noch besonders geschützt sein[2]).

c) Mehrfachleitungen sind zulässig, wenn jeder Leiter nach b) isoliert ist. Es ist hierbei statthaft, die isolierten Leitungen anstatt einzeln auch durch gemeinsame Umhüllung aus faserigem Material zu schützen.

d) Wenn vulkanisierte Gummiisolierung verwendet wird, muß der Leiter verzinnt sein.

e) Blanke Leitungen sind zulässig, wenn sie sicher isoliert verlegt und gegen Berührung geschützt sind[3]).

f) Isolierte Leitungen in Fahrzeugen müssen so geführt werden, daß ihre Isolierung nicht durch die Wärme benachbarter Widerstände oder Heizvorrichtungen gefährdet werden kann[4]).

g) Alle festverlegten Leitungen sind derart anzubringen, daß sie nur dem instruierten Personal, nicht aber dem Publikum zugänglich sind.

h) Leitungsdrähte dürfen nur durch Verlöten, Verschrauben oder auf eine gleichwertige Verbindungsart miteinander verbunden werden. Drähte durch einfaches Umeinanderschlingen der Drahtenden zu verbinden, ist unzulässig. Zur Herstellung von Lötstellen dürfen Lötmittel, welche das Metall angreifen, nicht verwendet werden. Die fertige Verbindungsstelle ist entsprechend der Art der betreffenden Leitungen sorgfältig zu isolieren[5]).

i) Die Verbindung der Fahr- und Brems-Strom-Leitungen mit den Apparaten ist mittels gesicherter Schrauben oder durch Lötung auszuführen. Drahtseile bis zu 6 qmm und Drähte bis zu 25 qmm Leitungsquerschnitt können mit angebogenen Ösen an den Apparaten befestigt werden. Drahtseile über 6 qmm, sowie Drähte über 25 qmm Leitungsquerschnitt müssen mit Kabel-

---

[2]) Vergl. die Normalien für Gummiaderleitungen im Anhang dieser Erläuterungen.

[3]) An bestimmten Stellen, z. B. unterhalb der Sitzbänke ist eine gesicherte Verlegung blanker Leitungen möglich.
Am Untergestell des Wagens werden sie in der Regel dem Bespritzen durch Wasser sowie der Berührung mit fremden Metallteilen nicht entzogen werden können; da hierdurch Lichtbogenbildung veranlaßt werden kann, so wird man an dieser Stelle blanke Leitungen nur soweit verwenden, als durch die Rücksicht auf Kühlung (Widerstände) oder auf gefährliche Erwärmung oder chemische Angriffe isolierte Leitungen ausgeschlossen sind.

[4]) Es ist auch auf abtropfendes Öl Rücksicht zu nehmen, das Gummileitungen angreift. Nicht nur elektrische Heizungen, sondern auch Öfen und Dampfheizkörper kommen vor.

[5]) Vergl. S. 110 § 26 d) e) f). Die Rücksicht auf die Erschütterungen der Wagen macht eine ausgedehnte Verwendung von g e s i c h e r t e n Schrauben besonders ratsam, wie sie im folgenden Absatz 2 für die Verbindung mit den Apparaten vorgeschrieben ist.

schuhen oder einem gleichwertigen Verbindungsmittel versehen sein. Drahtseile von geringerem Querschnitt müssen, wenn sie nicht gleichfalls Kabelschuhe erhalten, an den Enden verlötet werden[6]).

k) Nebeneinander verlaufende isolierte Fahrstromleitungen müssen entweder zu Mehrfachleitungen mit einer gemeinsamen wasserdichten Schutzhülle zusammengefaßt werden, derart, daß ein Verschieben und Reiben der Einzelleitungen ausgeschlossen ist; dabei ist die Isolierhülle an den Austrittsstellen von Leitungen gegen Wasser abzudichten; oder die Leitungen sind getrennt zu verlegen und wo sie Wände oder Fußböden durchsetzen, durch Isoliermittel so zu schützen, daß sie sich an diesen Stellen nicht durchscheuern können.

l) Bei Wagen, aus denen das Publikum auf der Strecke gefahrlos ins Freie gelangen kann, dürfen isolierte Leitungen direkt auf Holz verlegt und Holzleisten zur Verkleidung derselben benutzt werden[7]).

m) Verbindungsleitungen zwischen Motorwagen und Anhängewagen sollen so ausgeführt sein, daß auch bei zufälliger Berührung das Publikum keine Beschädigung erleiden kann[8]). Bewegliche Kuppelungsstücke sollen so eingerichtet sein, daß diejenigen Teile, welche nach der Auslösung noch Spannung führen, das Publikum nicht beschädigen können[9]).

n) Leitungen, die einer Verbiegung oder Verdrehung ausgesetzt sind, müssen aus leicht biegsamen Seilen hergestellt und soweit sie isoliert sind, wetterbeständig hergerichtet sein.

o) In der Nachbarschaft von Metallteilen sind die Leitungen über der Isolierung noch mit einem besonderen feuchtigkeitsbeständigen Rohr oder Schlauch zu überziehen[10]).

---

[6]) Vergl. S. 50 § 10 c) sowie oben unter 5).
[7]) Diese bei stationären Anlagen unzulässigen Verlegungsarten sind der herrschenden Praxis zugestanden worden mit Rücksicht darauf, daß das Publikum jederzeit in der Lage ist, einen in Brandgefahr geratenen Wagen rasch zu verlassen. Es ist zu hoffen, daß sich die Praxis des Wagenbaues allmählich den für stationäre Anlagen geltenden Grundsätzen anschließt, was übrigens bei den Wagen für elektrische Hauptbahnen, sowie für die Hochbahn und die Schwebebahn bereits zutrifft.
[8]) Es kommen hier hauptsächlich die Anschlüsse für Beleuchtungsstrom und Bremsstrom in Betracht. Die oberhalb des Wagendaches angeordneten Verbindungsleitungen können in vielen Fällen durch entsprechende Ausladung des vorderen und hinteren Wagendaches der zufälligen Berührung entzogen werden. Ist dies nicht möglich, so ist sorgfältige Umkleidung der Leitung (Gummischlauch, Lederhülle) nötig.
[9]) Die Kontaktstücke sind durch überragende Schutzhüllen oder durch Schutzkappen der zufälligen Berührung zu entziehen.
[10]) Die Bestimmungen unter n) und o) haben hauptsächlich die zahlreichen und verwickelten Leitungen im Untergestell der Wagen im Auge. Dort ist der Raum beschränkt, gleichzeitig sind Lagenänderungen dieser Leitungen, auch Beschädigungen

Bahnanlagen. 207

p) Krampen sind nur zur Befestigung von geerdeten blanken Leitungen zulässig. Bei ihrer Verwendung dürfen die Drähte nicht beschädigt werden[11]).

q) Rohre können zur Verlegung isolierter Leitungen in und auf Wänden, Decken und Fußböden verwendet werden, sofern sie die Leitungen gegen die Wirkungen von Feuchtigkeit und vor mechanischer Beschädigung schützen. Sie können aus Metall oder feuchtigkeitsbeständigem Isolierstoff oder aus Metall mit isolierender Auskleidung bestehen[12]). Bei Verwendung eiserner Rohre für Ein- oder Mehrphasenstromleitungen müssen sämtliche zu einem Stromkreise gehörige Leitungen in demselben Rohre verlegt werden[13]). Drahtverbindungen dürfen nicht innerhalb der Rohre, sondern nur in Verbindungsdosen ausgeführt werden, die jederzeit leicht geöffnet werden können[14]).

Die Rohre sind so herzurichten, daß die Isolierung der Leitungen durch vorstehende Teile oder scharfe Kanten nicht verletzt werden kann[15]). Metallrohre sind leitend zu verbinden und zu erden[16]). Die Rohre sind so zu verlegen, daß sich an keiner Stelle Wasser ansammeln kann[17]).

§ 11.
Schalttafeln.

a) Schalttafeln in oder an Fahrzeugen dürfen Holz nur als Konstruktionsmaterial und nur mit feuersicherer Imprägnierung enthalten[1]). Stromführende blanke Metallteile und solche Apparate, welche betriebsmäßig Funken erzeugen, müssen auf feuersicherer Unterlage montiert und müssen derart angeordnet sein, daß die Feuererscheinungen weder Personen noch brennbare Stoffe gefährden können[2]). Blanke stromführende Metallteile müssen gegen zufällige Berührung geschützt sein[3]).

b) Die Kontakte sind derart zu bemessen, daß im regelrechten Betriebe keine Erwärmung von mehr als 50⁰ C über Lufttemperatur eintreten kann[4]).

---

derselben durch Abscheuern oder durch aufliegende Steine, Metallteile und dergl. nicht ausgeschlossen. Dadurch sind wiederholt Lichtbogen zwischen den Leitungen und benachbarten Metallteilen entstanden.

[11]) Vergl. S. 69 unter 2). Stets ist darauf zu achten, daß die Krampen derart geformt sind, daß eine Verletzung des Drahtes ausgeschlossen ist. Vielfach werden statt der Krampen Lederlaschen benützt, die seitlich vom Draht befestigt werden.

[12]) Vergl. S. 70 § 18 u. S. 122 § 30.
[13]) Vergl. S. 124 § 30 d).
[14]) Vergl. S. 124 § 30 b).
[15]) Vergl. S. 126 § 30 g).
[16]) Vergl. S. 129 § 30 i).
[17]) Vergl. S. 128 § 30 h).
§ 11. [1]) Vergl. S. 32 § 4 a) unter 3).
[2]) Vergl. S. 33 § 4 a) Satz 2 unter 5) und S. 48 § 10 a).
[3]) Vergl. S. 54 § 11 c).
[4]) Vergl. S. 54 § 11 b).

208 Bahnanlagen.

§ 12.
Fahrschalter.

Die Bedienungsgriffe der Fahrschalter müssen, und zwar nur bei ausgeschaltetem Fahrstrom, abnehmbar oder arretierbar sein. Sind sie dem Publikum zugänglich, so müssen sie abnehmbar sein[5]). Die der Berührung ausgesetzten Teile müssen geerdet sein[6]).

§ 13.
Sicherungen.

a) Jeder Motorwagen muß eine Abschmelz- oder gleichartig wirkende Hauptsicherung für die motorischen Teile haben[1]). Akkumulatorenleitungen und jede andere Leitung, die keinen Fahrstrom führt, müssen besonders gesichert sein.

Erdleitungen und vom Fahrstrom unabhängige Bremsleitungen dürfen keine Sicherungen enthalten[2]).

b) Die Sicherungen, zu denen auch die Automaten zu rechnen sind, müssen derart konstruiert sein, daß beim Funktionieren derselben (selbst bei Kurzschluß) kein dauernder Lichtbogen entstehen kann. Bei Abschmelzsicherungen darf der Kontakt nicht unmittelbar durch weiche plastische Metalle und Legierungen vermittelt werden, sondern, wenn die Sicherung aus weichem Metall besteht, müssen die Schmelzdrähte oder Schmelzstreifen in Kontaktstücke aus Kupfer oder gleichgeeignetem Metall eingelötet sein[3]).

Die Maximalspannung und die Normalstromstärke sollen auf dem auswechselbaren Einsatz der Sicherung verzeichnet sein[4]).

---

[5]) Es ist vorgekommen, daß Wagen durch Unberufene in Gang gesetzt wurden und alsdann nicht mehr gebremst werden konnten. Zweckmäßig wird die Einrichtung so getroffen, daß bei abgenommenem Griff nicht nur der Fahrstrom ausgeschaltet, sondern außerdem die Bremsschaltung hergestellt ist, damit auch auf Neigungen eine unbeabsichtigte Bewegung nicht eintreten kann.

[6]) Der Fahrer bedient häufig mit einer Hand den Fahrschalter, mit der andern die Bremse. Da letztere durch die Radkränze geerdet ist, so würde der Fahrer elektrischen Schlägen ausgesetzt sein, sobald der Bedienungsgriff oder das Gehäuse des Fahrschalters höhere Spannung annimmt.

§ 13. [1]) Eine Hauptsicherung ist auch dann nötig, wenn bei mehreren parallel geschalteten Motoren jeder mit einer Teilsicherung ausgerüstet ist.

[2]) Die Kurzschlußbremse dient oft als Notbremse. Ein allzuhohes Ansteigen des Stromes wird dabei durch das Schleifen der Räder verhindert.

[3]) Vergl. S. 62 § 14 b) u. c).

[4]) Es empfiehlt sich, die Bezeichnung auch auf dem festen Teil der Sicherung anzubringen.

Abschmelzstromstärke und Abschmelzzeit der Sicherungen sind für Größen bis zu 50 Amp. in den allgemeinen Sicherheits-

Bahnanlagen. 209

c) Die Sicherungen müssen so angebracht sein, daß sie beim Funktionieren weder das Publikum gefährden noch für benachbarte brennbare Gegenstände eine Feuersgefahr herbeiführen.

§ 14.
Ausschalter.

a) Es muß ein von jedem Führerstand aus bedienbarer Haupt- (Not-) Ausschalter vorhanden sein, der das Ausschalten des Fahrstromkreises unabhängig vom Fahrschalter gestattet.

b) Erdleitungen sowie vom Fahrstrom unabhängige Bremsstromkreise dürfen nur im Fahrschalter abschaltbar sein[1]).

c) Die Schalter müssen so konstruiert sein, daß sich kein dauernder Lichtbogen bilden kann[2]).

d) Die Schalter müssen so angebracht bezw. geschützt sein, daß sie weder das Publikum noch benachbarte brennbare Teile gefährden können[3]).

§ 15.
Widerstände.

a) Widerstands- und Heizapparate sind derart anzuordnen, daß eine Berührung zwischen den wärmeentwickelnden Teilen und entzündlichen Stoffen, sowie eine feuergefährliche Erwärmung der letzteren nicht vorkommen kann[4]).

b) Die stromführenden Teile derselben dürfen dem Publikum nicht zugänglich sein.

c) Metallische Schutzhüllen, die dem Publikum zugänglich sind, müssen geerdet sein.

---

vorschriften § 14 a) festgelegt. Diese Angaben sind auch für diejenigen Sicherungen in Motorwagen maßgebend und bindend, welche in Beleuchtungsstromkreisen liegen. Für die Sicherungen im Fahrstromkreis sind ebenso wie für alle Sicherungen über 50 Amp. ähnliche Normen bisher nicht festgestellt worden. Für den Fahrstromkreis sind Sicherungen erwünscht, welche zwar bei einer bestimmten dauernden Überschreitung des Normalstromes sicher unterbrechen, jedoch eine vorübergehende Überschreitung zulassen (träge Sicherungen). Versuche, die in dieser Richtung von verschiedenen Firmen angestellt wurden, haben bisher zu festlegbaren Zahlen nicht geführt.

§ 14. [1]) Jede unbeabsichtigte Unterbrechung der Erdleitungen oder der Bremsstromkreise soll verhindert werden. Umschalter können im Bremsstromkreis vorhanden sein, z. B. solche, die den Bremsstrom im Winter auf Heizkörper, im Sommer auf andere Widerstände leiten; sie sind aber so einzurichten, daß das Umschalten ohne Unterbrechung erfolgt.

Bei Anhängewagen sind in der Regel selbsttätige Einrichtungen vorgesehen, die den Bremsstromkreis auch dann geschlossen halten, wenn der Anhängewagen abgekuppelt ist.

[2]) Vergl. S. 52 § 11 a).
[3]) Vergl. S. 54 § 11 c).
[4]) Vergl. S. 144 § 34 c) u. d).

Bahnanlagen.

§ 16.
Blitzschutzvorrichtungen.

Die Motorwagen für Oberleitungsbetrieb sind mit Blitzschutzvorrichtungen zu versehen, welche bei wiederholten atmosphärischen Entladungen wirksam bleiben und so anzubringen sind, daß sie weder Personen gefährden noch eine Feuersgefahr herbeiführen[5]).

§ 17.
Lampen.

a) Die unter Spannung stehenden Teile von Lampen nebst Zubehör müssen, soweit sie ohne besondere Hülfsmittel erreichbar sind, mit einer Schutzhülle aus Isoliermaterial versehen sein[6]).

b) Die Fassungen müssen den Normalien des Verbandes Deutscher Elektrotechniker entsprechen.

c) Fassungen mit Ausschalter (Hahnfassungen) sind verboten.

§ 18.
Inkrafttreten dieser Vorschriften.

Diese Sicherheitsvorschriften gelten für Anlagen oder Erweiterungen, welche nach dem 1. Januar 1905 fertiggestellt werden. Sie haben keine rückwirkende Kraft.

Der Verband Deutscher Elektrotechniker behält sich vor, Abänderungen und Erweiterungen dieser Vorschriften nach Bedürfnis herauszugeben[7]).

---

[5]) Obwohl nach § 2 h) der Bahnvorschriften auch die Oberleitung mit Blitzschützern auszurüsten ist, wurde es doch für nötig erachtet, auch noch für jeden Motorwagen einen solchen zu fordern. Es ist nicht verboten, die Blitzschützer zeitweilig z. B. im Winter, abzuschalten.

[6]) Vergl. S. 74 § 19 d). Die Lampen in den Wagen sind meist in Hintereinanderschaltung und mit höherer Spannung betrieben als in Hausanlagen üblich ist. Das Berühren der unter Spannung stehenden Teile muß daher besonders sorgfältig verhindert werden.

[7]) Vergl. S. 194 § 48.

Anhang.

zu den Sicherheitsvorschriften.

Vorschriften über die Herstellung und Unterhaltung von Holzgestängen für elektrische Starkstromanlagen.

1. Stangen mit geringerer Zopfstärke als 15 cm sind nur für Niederspannung bis 250 Volt gegen Erde zulässig. Stangen für Hochspannung müssen mindestens 18 cm Zopfstärke haben[1]).

2. Die Stangen sind je nach der Bodengattung und Länge entsprechend tief einzugraben (im mittleren Boden je nach ihrer Länge[2]) auf eine Tiefe von in der Regel mindestens 1,5 bis 2,5 m), gut zu verrammen (in weichen Boden einzubetonieren) und in allen Winkelpunkten zu verstärken, zu verankern[3]) oder zu verstreben. Wenn für die Aufstellung der Leitungstragstangen die Wahl der Straßenseite freisteht, so empfiehlt sich die Benutzung der Ostseite, weil dann die eventuell durch den am häufigsten auftretenden Weststurm umgeworfenen Stangen nicht auf die Straße fallen.

Bei Leitungen, welche heftigen Stürmen ausgesetzt sind, soll auch in geraden Strecken jede fünfte Stange mit Verankerungen[3]) derart versehen werden, daß ein Auffallen der Stangen auf die Verkehrswege infolge von Stangenbrüchen möglichst ausgeschlossen wird.

---

[1]) Die Stärke der Stangen richtet sich nach ihrer Höhe, der Belastung durch die Drähte und dem zu erwartenden Winddruck. Je nach dem Klima ist auch auf Schneebelastung, besonders aber auf Belastung durch Eis oder Rauhreif Rücksicht zu nehmen. Die Grundlagen für die Berechnung sind im § 23 i) der Hochspannungsvorschriften angegeben. Weiteres über die Beanspruchung siehe ETZ 1902, S. 593.

[2]) In der Regel pflegt man mindestens $1/5$ der ganzen Stangenlänge in den Boden einzugraben.

[3]) Die Ankerdrähte sind bei Spannungen von 1000 Volt oder mehr nach § 23 r) in einer Höhe von mindestens 3 m mit Abspannisolatoren zu versehen.

3. An den Stangen muß bezeichnet sein:
a) das Jahr der Aufstellung[4]),
b) die fortlaufende Nummer, wobei zu beachten ist, daß bei benachbarten oder sich kreuzenden Leitungen sämtliche Stangen verschiedene Nummern haben müssen[5]),
c) die Art der eventuellen Imprägnierung durch einen Buchstaben[6]):

C — Kupfervitriol.   Q — Quecksilberchlorid.
K — Kreosot.

4. Für die Standpunkte der Stangen dürfen in geraden Strecken nachfolgende Maximalabstände nicht überschritten werden.

Für Linien mit einem Gesamtquerschnitt der Leitungsdrähte und Schutzdrähte
a) von 100—200 qmm 45 m,
b) von 200—300 qmm 40 m,
c) darüber 35 m.

In Kurven, bei Kreuzungen mit anderen elektrischen Leitungen, mit Eisenbahnen und bei Wegüberführungen, müssen die Stangenabstände den Umständen entsprechend geringer gewählt werden.

An Straßen- und Wegübergängen muß bei Hochspannungsleitungen auf jeder Seite der Straße eine Stange stehen, deren Umfallen auf die Straße durch Verstärkung der Verankerung oder Verstrebung möglichst zu verhindern ist. Ist der Gesamtquerschnitt der Leitungen größer als 300 qmm oder muß infolge besonderer Umstände, wie z. B. bei Flußübergängen, zu größeren Stangenabständen, als oben angegeben, gegriffen werden, so sind entweder Stangen von stärkeren Dimensionen oder gekuppelte Stangen anzuwenden[7]).

---

[4]) Das Aufstellungsjahr ist für die Häufigkeit der Prüfungen maßgebend. Vergl. unter 7).

[5]) Diese Bestimmung ist von großer Wichtigkeit, um bei Hochspannungsanlagen Unglücksfälle sicher zu verhüten. Sie soll jede Zweideutigkeit bei Bezeichnung einer bestimmten Stange ausschließen. Zur Ausführung von Reparaturen werden nämlich bei ausgedehnten Anlagen in der Regel nur einzelne Teilstrecken von der Zentrale aus abgeschaltet. Damit nun der zur Ausführung der Reparatur ausgeschickte Arbeiter nicht in Zweifel kommen kann, welche Leitung die spannungslose ist, muß eine völlig eindeutige Numerierung angewendet sein. Sollten zweizifferige oder dreizifferige Zahlen nicht ausreichen, so empfiehlt es sich, Buchstaben und Ziffern nebeneinander zu benützen, z. B A 6; D 27 usw.

[6]) Über Imprägnierungsverfahren siehe z. B. Uppenborns Kalender 1905, S. 331.

[7]) Da Holzgestänge eine begrenzte Lebensdauer haben, die je nach der Beschaffenheit des Holzes und nach den klimatischen Verhältnissen verschieden ist, so muß für regelmäßige Untersuchung und rechtzeitige Erneuerung gesorgt werden. Bestimmte Vorschriften sind hierüber nicht aufgestellt, doch hat die Sicherheitskommission nachstehende Maßnahmen zur Aufnahme in diese Erläuterungen bestimmt:

Die hölzernen Stangen sind im Frühjahr und im Herbst jeden Jahres einer Untersuchung in bezug auf die Beschaffenheit des Holzes, den senkrechten Stand der Stangen, den Zustand der Verstärkungsmittel der Stangen und der Isolatorenträger zu unterziehen. — Die Beschaffenheit des Holzes ist hierbei durch Beklopfen der Stangen in der Höhe von 1,5 bis 2 m über dem Erdboden mit einem harten Gegenstand zu prüfen; geben die Stangen einen hellen Ton, so kann das Holz im allgemeinen als gesund betrachtet werden; ist jedoch der Ton dumpf, so ist noch eine nähere Untersuchung des Holzes in der unten angegebenen Weise vorzunehmen.

Als schadhaft befundene Stangen sind auszuwechseln; schiefstehende Stangen sind gerade zu richten, lockere Anker, mangelhafte Streben, lockere Isolatoren und Träger entsprechend zu reparieren.

In den ersten 10 Jahren hat jeden zweiten Herbst eine genauere Prüfung des Stangenmaterials zu erfolgen, während nach Verlauf von 10 Jahren eine solche genaue Prüfung jeden Herbst durchzuführen ist. Zu diesem Behufe sind die Stangen auf eine Tiefe von 20 bis 25 cm mittels Aufgraben freizulegen und ist dann mittels Einstoßen eines geeigneten spitzen Instrumentes (Stichel, feststehendes Messer usw.) in den Stangenkörper der Zustand der Holzfaser zu prüfen; derselbe läßt sich aus dem Widerstand, den das Holz diesem Eingriffe entgegensetzt, gewöhnlich leicht feststellen. — Stangen, welche trotz des gesunden Holzes, das sie äußerlich zeigen, doch beim Beklopfen mit einem harten Gegenstande einen dumpfen Ton geben, lassen auf Kernfäule schließen und ist das Stangeninnere durch Anbohren mit einem Bohrer von höchstens 5 mm Stärke und Prüfen des Bohrmehles näher zu untersuchen.

Falls die Beschaffenheit des Bohrmehles zu Bedenken keinen Anlaß gibt, ist das Bohrloch durch Einschlagen eines Stiftes aus hartem Holz wieder zu verschließen. Bei Stangen bis zu einer Gesamtlänge von 11 m, welche weder verstrebt noch verankert sind, kann die Untersuchung auf Kernfäule in einfacherer Weise dadurch vorgenommen werden, daß gegen das obere Ende der Stange und rechtwinklig zur Leitungsrichtung eine Stützgabel gespreizt und mit Hilfe letzterer die Stange in mäßige Schwingungen versetzt wird, wobei faule Stangen ein leises Krachen oder Knistern dicht über dem Erdboden vernehmen lassen.

Normalien für Leitungen.

(Aufgestellt von der Draht- und Kabelkommission des Verbandes Deutscher Elektrotechniker unter Mitwirkung von Delegierten der Vereinigung der Elektrizitätswerke.)

Kupfernormalien[1]).

§ 1.

Der spezifische Widerstand des Leitungskupfers wird gegeben durch den in Ohm ausgedrückten Widerstand eines Stückes von 1 m Länge und 1 qmm Querschnitt bei 15° C.

§ 2.

Als Leitfähigkeit des Kupfers gilt der reziproke Wert des durch § 1 festgesetzten spezifischen Widerstandes.

§ 3.

Kupfer, dessen spezifischer Widerstand größer ist als 0,0175 oder dessen Leitfähigkeit kleiner ist als 57, ist als Leitungskupfer nicht annehmbar.

---

[1]) Über Zweck und Bedeutung der Kupfernormalien siehe die Erläuterungen zu § 5 der Sicherheitsvorschriften unter 1) S. 38.

Im § 5 d) der Sicherheitsvorschriften ist die Querschnittsbemessung für Drähte aus anderen Metallen als Kupfer derart festgesetzt, daß sowohl ihre Erwärmung durch den Strom als auch ihre Festigkeit denjenigen Größen entspricht, die bei den einzelnen Stromstärken für Kupferdrähte durch die Tabelle des § 5 b) der Sicherheitsvorschriften vorgeschrieben sind.

Hierbei kann als Zugfestigkeit für Weichkupfer 21—26 kg und als zulässige Beanspruchung 4 kg für 1 qmm zugrunde gelegt werden. Wünschenswert erscheint es, daß auch hierfür eine Normalzahl aufgestellt würde. In der Schweiz unterscheidet man w e i c h e n Draht mit ca. 25 kg Bruchfestigkeit für Innen-installation, h a l b h a r t e n , mit 30—35 kg für gewöhnliche Freileitungen, h a r t e n mit mehr als 35 kg für Bahnen.

Des ferneren kommt bei Beurteilung des Leitungskupfers seine Biegsamkeit bis zu gewissem Grade in Betracht, indem gelegentlich spröde Kupfersorten vorkommen, welche für elektrotechnische Zwecke unbrauchbar sind, obwohl sie den Anforderungen an Leitfähigkeit genügen. Eine Grundlage über die zulässigen Anforderungen in dieser Richtung zu schaffen, hat der Schweizer Elektrotechniker-Verein in Aussicht genommen, doch sind die dazu nötigen Prüfungen noch nicht durchgeführt.

Normalien für die Belastung von Kabeln. 215

§ 4.

Als Normalkupfer von 100% Leitfähigkeit gilt ein Kupfer, dessen Leitfähigkeit 60 beträgt.

§ 5.

Zur Umrechnung des spezifischen Widerstandes oder der Leitfähigkeit von anderen Temperaturen auf 15⁰ C ist in allen Fällen, wo der Temperaturkoeffizient nicht besonders bestimmt wird, ein solcher von 0,4% für 1⁰ C anzunehmen.

§ 6.

Querschnitte von Leitungskupfer sind grundsätzlich durch Widerstandsmessung zu ermitteln[2]).

Normalien für die Belastung von Kabeln[3]).

Belastungstabelle für einfache im Erdboden verlegte Gleichstromkabel bis 700 V mit und ohne Prüfdraht.

Querschnitt in qmm	Stromstärke in Amp.
16	140
25	175
35	215
50	260
70	315
95	370
120	420
150	475
185	530
240	615
310	705
400	810
500	920
625	1040
800	1190
1000	1350

Die in der Tabelle angegebenen Stromstärken dürfen auf keinen Fall überschritten werden und gelten, so lange nicht mehr als zwei Kabel dicht nebeneinander im gleichen

---

[2]) Die unmittelbare Ausmessung des Querschnittes ist, namentlich bei Seilen, die aus einer großen Zahl von Einzeldrähten bestehen, nicht möglich; auch die Querschnittsermittlung durch Wägung stößt auf Schwierigkeiten, wenn die Drähte einzeln verzinnt oder mit Gummi umgeben sind. Natürlich ist bei der Widerstandsmessung eine bestimmte Leitfähigkeit zugrunde zu legen; meist rechnet man mit 57. (ETZ 1904, S. 660 Sp. 2.)
[3]) Die Tabelle ist durch Kommissionen der Vereinigung der Elektrizitätswerke, der Kabelfabriken und des Verbandes Deutscher Elektrotechniker vereinbart und zuerst ETZ 1905 S. 464 bekannt gegeben worden. Die Versuche und Erwägungen, auf die sie gegründet ist, sind von Kath ETZ 1904 S. 969 mitgeteilt. Über die Theorie der Kabelerwärmung siehe Teichmüller ETZ 1904 S. 933.

Graben in der üblichen Verlegungstiefe liegen. Mittelleiter werden nicht als Kabel betrachtet.

Der Tabelle ist als zulässige Übertemperatur 25⁰ C und eine Verlegungstiefe von 70 cm zugrunde gelegt. Bei ungünstigen Abkühlungsverhältnissen, wie z. B. bei Anordnung von Kabeln in Kanälen und dergl., oder Anhäufung von Kabeln im Erdboden, empfiehlt es sich, die Höchstbelastung auf $^3/_4$ der in der Tabelle angegebenen Werte zu ermäßigen.

Normalien für Gummiband- und Gummiader-Leitungen[1]).

I. Gummibandleitungen
(geeignet zur Verlegung in trockenen Räumen für Spannungen bis 250 V) [2]).

Gummibandleitungen sind mit massiven Leitern in Querschnitten von 1 bis 16 qmm, mit mehrdrähtigen Leitern in Querschnitten von 1 bis 150 qmm zulässig[3]).

---

[1]) Wie schon in der Einleitung dieses Buches (S. 6) sowie in den Erläuterungen zu §§ 7 und 8 (S. 44) erwähnt, hat die Beschaffenheit und unzweckmäßige Verlegung einzelner marktgängiger Drahtsorten, namentlich die allzuweit ausgedehnte Verwendung von Gummiaderschnüren zu mehrfachen Mißständen Anlaß gegeben. Da die früher gültigen Vorschriften in dieser Richtung einen zu weiten Spielraum ließen, entschloß sich die Sicherheitskommission zur Aufstellung von Normalien über die Herstellung der fraglichen Drahtsorten, welche die in den früheren Vorschriften enthaltenen Beschaffenheitsangaben ersetzen sollen, während ihre Verwendungsweise durch die neue Fassung der Vorschriften geregelt wurde.

Die Normalien sind durch gemeinsame Beratungen von Vertretern der Draht- und Kabelkommission des Verbandes Deutscher Elektrotechniker, der Vereinigung der Elektrizitätswerke und der deutschen Kabelfabriken festgesetzt und von der Sicherheitskommission des Verbandes Deutscher Elektrotechniker angenommen worden.

[2]) Die scharfen Grenzen der für die einzelnen Drahtsorten zulässigen Verwendungsgebiete sind in den Vorschriften selbst angegeben. Indessen sind in den Normalien die Spannungsgrenzen, für welche ihre Verwendung gedacht ist, beigefügt, um das Verständnis zu erleichtern.

[3]) Zwischen mehrdrähtigen Gummiband-Leitungen und den unter 3) der Normalien erläuterten Gummiband-Schnüren besteht als einziger wesentlicher Unterschied nur der, daß unter der letzteren Benennung in der Regel Doppelleitungen verstanden werden. Während die Gummiband-Leitungen, also die einfachen, massiven oder zusammengesetzten Leiter bis zu 150 qmm Querschnitt zulässig sind, ist die Verwendung der Schnüre oder Mehrfachleitungen nur bis zu 4 qmm Querschnitt gestattet.

Auch in bezug auf die Spannungsgrenzen des zulässigen Verwendungsgebietes sind den Mehrfachleitern engere Schranken gezogen, wie dies unter 15) näher angegeben.

Bei mehrdrähtigen Leitungen darf die Stärke der Einzeldrähte, aus denen die Seele zusammengesetzt ist, ein gewisses Maß nicht überschreiten. Die zulässige Dicke der Einzeldrähte ergibt sich aus der Tabelle, die die Zahl der Einzeldrähte regelt.

Die Kupferseele ist feuerverzinnt, mit Baumwolle umgeben[4]) und darüber mit unverfälschtem technisch reinem, unvulkanisiertem Paraband umwickelt[5]).

Die Überlappung der Umwickelung muß mindestens 2 mm betragen.

Die Parabandhülle muß für 100 m einadriger Leitung folgende Gewichte aufweisen[6]):

Kupfer- querschnitt in qmm	Gummi- gewicht in g	Mindestzahl der Drähte bei mehrdrähtigen Leitern
1,0	130	7
1,5	155	7
2,5	190	7
4,0	230	7
6,0	280	7
10,0	340	7
16,0	420	7
25,0	550	7
35,0	650	19
50,0	800	19
70,0	1000	19
95,0	1200	19
120,0	1400	19
150,0	1550	19

Der Gewichtsfeststellung wird das Mittel aus fünf Wägungen von aus verschiedenen Stellen entnommenen 1 m langen Stücken zugrunde gelegt.

---

[4]) Bei den Beratungen wurde hervorgehoben, daß ein sicher zuverlässiges Verfahren für elektrolytische und Sudverzinnung bisher nicht bekannt sei. Die Verzinnung hat bei unvulkanisierter Gummihülle nur den Zweck, das Löten zu erleichtern. Bei vulkanisierter Hülle soll die Verzinnung zum Schutz der Kupferseele gegen chemische Angriffe durch die Schwefelverbindungen der Gummihülle dienen. ETZ 1905, S. 279.

Die Baumwolleschicht zwischen der Kupferseele und dem Gummi soll hier hauptsächlich verhindern, daß das Paraband an der Kupferseele anklebt, während andererseits ein gewisser Reibungswiderstand zwischen Kupferseele und Gummihülle geschaffen wird, so daß der richtige Grad von Beweglichkeit zwischen Kupfer und Gummi und damit die richtige Schmiegsamkeit der Leitung gewahrt bleibt.

Bei mehrdrähtigen Leitern und Schnüren bietet die Baumwollschicht einen gewissen Schutz dagegen, daß nicht einzelne gebrochene Drähte aus dem Zusammenhang mit den übrigen heraustreten und die Gummischicht durchbohren. ETZ 1903, S. 295 N. 37.

Bei vulkanisierten Gummihüllen (siehe Gummiaderdrähte und Gummiaderschnüre) schützt die Baumwollschicht die Kupferseele vor chemischem Angriff durch den Schwefelgehalt der Gummischicht, was auch durch die Verzinnung der Drähte bezweckt wird.

[5]) Gegen die früher marktgängigen Gummibanddrähte war besonders der Vorwurf erhoben worden, daß die Beimischungen zum reinen Gummi unter dem Druck des auf niedrige Preise gerichteten Wettbewerbs teilweise derartige Beträge erreicht hätten,

Über der Parabandhülle befindet sich eine Umwickelung mit Baumwolle[7]) und über dieser eine Umklöppelung aus Baumwolle, Hanf oder ähnlichem Material, welche in geeigneter Weise imprägniert ist.

Die Toleranz der Dimensionen und Gewichte beträgt 5 %.

Die so bezeichneten Leitungen werden einer Durchschlagsprobe nicht unterworfen.

Diese Leitungen können, wenn mehrdrähtig ausgeführt, als Mehrfachleiter beliebiger Anordnung benutzt werden und sind als solche in trockenem Zustande einer halbstündigen Durchschlagsprobe mit 500 V Wechselstrom zu unterziehen[8]).

II. Gummiaderleitungen

(geeignet zur festen Verlegung für Spannungen bis 1000 V und zum Anschluß beweglicher Apparate bis 500 V)[9]).

Die Gummiaderleitungen sind mit massiven Leitern in Querschnitten von 0,75 bis 16 qmm, mit mehrdrähtigen Leitern in Querschnitten von 0,75 bis 1000 qmm zulässig.

Die Kupferseele ist feuerverzinnt und mit einer wasserdichten vulkanisierten Gummihülle umgeben.

Jede Leitung muß nach 24-stündigem Liegen unter Wasser geprüft werden und einer halbstündigen Einwirkung eines Wechselstromes von 2000 V zwischen

---

daß die Haltbarkeit der Bandisolierung nicht mehr gewährleistet erschien. Bei einzelnen Lieferungen soll die Gummibandisolierung noch vor der Verwendung der Drähte, allein durch die Aufbewahrung im Lager, vollständig zu Staub zerfallen sein. Da das Maß der Beimischungen am fertigen Fabrikat, insbesondere wenn es vulkanisiert ist, nicht festgestellt werden kann, so erschien es geboten, j e d e Beimischung auszuschließen. Hierfür war auch der weitere Umstand maßgebend, daß es vorläufig sehr schwierig ist, das vulkanisierte Gummi von schädlichen Stoffen wie Chlor und dergl. völlig zu reinigen. (Über Gummi- und Kautschuksorten siehe ETZ 1901, S. 550.)

[6]) Da die Dicke der Gummibandhülle nicht genau gemessen werden kann, auch unter Umständen am abgeschnittenen Stücke des Drahtes das Band zusammenschrumpft, so ist das Gummigewicht vorgeschrieben.

[7]) Die Umspinnung über der Gummibandhülle soll namentlich auch das Zusammenschrumpfen des Bandes verhindern.

[8]) Vergl. unter 2). Die hier erwähnten Mehrfachleiter stimmen ihrer Beschaffenheit nach mit den unter 3) der Normalien erwähnten Schnüren überein und unterliegen daher denselben Bedingungen bezüglich ihrer Verwendung, wie diese. Die Durchschlagsprobe gewährt bei allen Bandleitungen nur eine beschränkte Sicherheit, da ja nur die augenblicklich einander zugekehrten Stellen der Gummihüllen beider Drähte bei der Probe beansprucht werden. Ein Eintauchen in Wasser, wobei die Hülle in ihrer ganzen Ausdehnung geprüft wird, ist in der Regel nur bei nahtlosen Gummihüllen, also bei Gummiaderleitungen möglich.

[9]) Vergl. unter 2).

[10]) Da sich die chemische Zusammensetzung der vulkani-

Normalien für Gummiaderleitungen. 219

Kupferseele und Wasser, dessen Temperatur 25⁰ C nicht übersteigen darf, widerstehen[10]).
Die Wandstärke der Gummihülle soll betragen:

Kupfer-querschnitt in qmm	höchstens mm	mindestens mm	Mindestzahl der Drähte bei mehr-drähtigen Leitern
0,75	1,1	0,8	7
1,0	1,1	0,8	7
1,5	1,1	0,8	7
2,5	1,4	1,0	7
4,0	1,4	1,0	7
6,0	1,4	1,0	7
10,0	1,7	1,2	7
16,0	1,7	1,2	7
25,0	2,0	1,4	7
35,0	2,0	1,4	19
50,0	2,3	1,6	19
70,0	2,3	1,6	19
95,0	2,6	1,8	19
120,0	2,6	1,8	37
150,0	2,8	2,0	37
185,0	3,0	2,2	37
240,0	3,2	2,4	61
310,0	3,4	2,6	61
400,0	3,6	2,8	61
500,0	4,0	3,2	91
625,0	4,0	3,2	91
800,0	4,5	3,5	127
1000,0	4,5	3,5	127

Die Toleranz der Dimensionen beträgt 5%[11]).
Jede Leitung muß über dem Gummi von einer Hülle gummierten Bandes umgeben sein[12]). Als Einzelleitung verwendet, muß dieselbe außerdem eine impräg-

---

sierten Gummihülle einer Nachprüfung vorläufig entzieht, so ist ihre Beschaffenheit durch die hier geforderte Durchschlagsprobe zu gewährleisten. Diese tritt an die Stelle der früher vielfach üblichen Messung des Isolationswiderstandes. Sie ist ohne umfangreiche Meßgeräte ausführbar und genügt, um die Brauchbarkeit festzustellen. Zum Vergleich verschiedener Drahtsorten wird man jedoch die Messung des Isolationswiderstandes, unter Umständen auch die der Kapazität heranziehen*).

[11]) Die Toleranz von 5% und der in der Tabelle angegebene Spielraum für höchste und niederste Wandstärke sind so zu verstehen, daß der genannte Spielraum dem Fabrikanten ermöglichen soll, die Wandstärke der Isolierfähigkeit der verwendeten Gummisorte anzupassen. Die Toleranz von 5% gilt für unbeabsichtigte Abweichungen des Fabrikats von der gewählten Wandstärke.

[12]) Das Gummi ist behufs Erhöhung der Haltbarkeit tunlichst gegen Licht und Luft zu schützen, daher ist die Bandhülle vorgeschrieben.

---

*) Da auch die Sprödigkeit des Isolierstoffes für die Güte der Leitungen maßgebend ist, so hat man in der Schweiz eine Wickelprobe vorgeschrieben. Der isolierte Draht wird um einen Zylinder vom 2½fachen Durchmesser des Drahtes (über der Isolierung gemessen) gewickelt. Trockene und nasse Durchschlagproben werden in diesem Zustande gemacht.

nierte Umklöppelung erhalten; bei Mehrfachleitungen kann die Umklöppelung gemeinsam sein.

Normalien für Gummiband- und Gummiader-Schnüre.

I. Gummibandschnüre*)

(geeignet zur Verlegung in trockenen Räumen für Spannungen bis 125 V)[13]).

Die Gummibandschnüre sind in Querschnitten von 1 bis 4 qmm zulässig[14]). Die Kupferseele besteht aus feuerverzinnten Kupferdrähten von höchstens 0,3 mm Durchmesser[15]), welche miteinander verseilt sind. Die Kupferseele ist mit Baumwolle umsponnen und darüber mit unverfälschtem, technisch reinem, unvulkanisiertem Paraband umwickelt[16]). Die Überlappung der Umwickelung muß mindestens 2 mm betragen.

Das Gewicht der Parabandhülle[17]) muß für 100 m einadriger unverseilter Leitung

bei 1,0 qmm mindestens 130 g
,, 1,5 ,, ,, 155 ,,
,, 2,5 ,, ,, 190 ,,
,, 4,0 ,, ,, 230 ,,

betragen.

Der Gewichtsfeststellung wird das Mittel aus fünf Wägungen von aus verschiedenen Stellen entnommenen 1 m langen Stücken zugrunde gelegt.

Über der Parabandhülle jeder Einzelleitung befindet sich eine Umwickelung mit Baumwolle und über dieser eine Umklöppelung aus widerstandsfähigem Material, das nicht brennbarer sein darf als Seide oder Glanzgarn[18]).

Die Toleranz der Dimensionen und Gewichte beträgt 5%.

Die so bezeichneten Leitungen sind in trockenem Zustande einer halbstündigen Durchschlagsprobe mit 500 V Wechselstrom zu unterwerfen.

---

[13]) Vergl. unter 2).

[14]) Die Verwendung der Schnüre, die wegen des dichten Zusammenliegens beider Pole größere Gefahr bieten, als Einzelleitungen, ist gegenüber jenen dadurch eingeschränkt, daß sie als Bandschnur nur bis zum Querschnitt von 4 qmm, als Aderschnur bis 6 qmm und nur bei Spannungen bis 125 Volt zulässig ist. Weitere Beschränkungen in der Verwendungsweise sind in §§ 26 d), 29 d), 38 d), 39 e), 40 c) festgesetzt.

[15]) Der höchste zulässige Durchmesser der Einzeldrähte ist in den Tabellen Seite 217 und 219, in ähnlicher Größe wie hier, durch die Mindestzahl der Drähte festgesetzt, aus denen die mehrdrähtigen Leiter bestehen müssen.

[16]) Vergl. unter 4) und 5) Seite 217.

[17]) Vergl. unter 6). Die Länge von 100 m ist an einer der Leitungen zu messen, bevor sie mit der andern verseilt wird.

[18]) Die Umklöppelung der Einzelleitung unter-

---

*) Unter Schnüren sind im allgemeinen Doppelleitungen verstanden. Leitungen gleicher Konstruktion mit nur einer oder mehr als zwei Seelen sind durch den Zusatz „Einfach", „Dreifach" usw. besonders zu bezeichnen.

Normalien für Fassungsadern. **221**

II. Gummiaderschnüre

(geeignet zur festen Verlegung für Spannungen bis 1000 V und zum Anschluß beweglicher Apparate bis 500 V).

Gummiaderschnüre sind in Querschnitten von 0,75 bis 6 qmm zulässig. Die Kupferseele besteht aus feuerverzinnten Kupferdrähten von höchstens 0,3 mm Durchmesser[15]), welche miteinander verseilt sind. Die Kupferseele ist mit Baumwolle umsponnen und darüber mit einer wasserdichten vulkanisierten Gummihülle umgeben.

Jede Leitung[16]) muß nach 24-stündigem Liegen unter Wasser geprüft werden und einer halbstündigen Einwirkung eines Wechselstromes von 2000 V zwischen Kupferseele und Wasser, dessen Temperatur 25⁰ C nicht übersteigen darf, widerstehen.

Die Wandstärke der Gummihülle soll betragen bei einem Querschnitt von

0,75 qmm höchstens 1,1 mm, mindestens 0,8 mm
1,0 ,, ,, 1,1 ,, ,, 0,8 ,,
1,5 ,, ,, 1,1 ,, ,, 0,8 ,,
2,5 ,, ,, 1,4 ,, ,, 1,0 ,,
4,0 ,, ,, 1,4 ,, ,, 1,0 ,,
6,0 ,, ,, 1,4 ,, ,, 1,0 ,,

Die Toleranz der Dimensionen beträgt 5 %.

Jede Einzelleitung muß über dem Gummi mit einer Schutzhülle umgeben sein, deren Art je nach dem Verwendungszweck zu wählen ist[18]). Bewegliche Leitungen sind außerdem mit einer gemeinsamen geeigneten Umhüllung zu umgeben[19]).

Normalien für einfache Gleichstromkabel s. S. 222.

Normalien für Fassungsadern[1])
(Bezeichnung FA)
(geeignet zur Installation von Beleuchtungskörpern).

Die Fassungsader besteht aus einem massiven oder mehrdrähtigen Leiter von 0,75 qmm Kupferquerschnitt.

---

scheidet die S c h n u r von der S. 216 behandelten Mehrfachl e i t u n g , bei der diese Umklöppelung gemeinsam sein kann.

[19]) Auch die Beschaffenheit der gemeinsamen Umhüllung richtet sich nach den Betriebsverhältnissen an der Verwendungsstelle. Vergl. z. B. § 26 c Satz 2, ferner ETZ 1903, S. 434 N. 43.

[1]) Die Fassungsadern und Fassungsdoppeladern sind eine Abart der Gummiaderleitungen und Gummiaderschnüre, deren Existenzberechtigung nur darin zu suchen ist, daß die S. 218 und 220 den Normalien aufgestellten Drahtsorten vielfach zu großen Durchmesser haben, so daß sie in die oft sehr engen Rohre der Beleuchtungskörper nicht eingezogen werden können. Man hat daher für diesen Sonderzweck die dort geforderte Mindestwandstärke der Gummihülle von 0,8 mm auf 0,6 mm vermindert und die über die Gummihülle geforderte weitere Bekleidung auf eine Beklöppelung aus Baumwolle oder dergl. beschränkt; dementsprechend ist auch eine weniger strenge Durchschlagsprobe verlangt.

Wo die Beleuchtungskörper genügenden Raum bieten, empfiehlt es sich daher, Gummiaderdrähte oder Aderschnüre statt der Fassungsader zu verwenden.

Normalien für einfache Gleichstromkabel mit und ohne Prüfdraht bis 700 V[1]).

Toleranz 5% für sämtliche Dimensionen mit Ausnahme der Länge, der Isolationsstärke und des im Leitungswiderstande oder der Leitungsfähigkeit ausgedrückten Querschnittes.

Effektiver Kupferquerschnitt	Zahl der Drähte ohne Prüfdraht Minimalzahl	Zahl der Drähte Kabel mit Prüfdraht	Durchmesser eines jeden Drahtes bei Kabel mit Prüfdraht	Prüfdraht: Querschnitt der Kupferseele qmm	Isolierhülle Konstruktion	Isolierhülle Dicke Minimal-Dicke, Toleranz 0,25 mm	Bleimantel einfacher Gesamtdicke	Bleimantel doppelter	Bespinnung des Bleimantels Konstruktion	Bespinnung des Bleimantels Dicke	Blechstärke der Armierung	Dicke der Bewickelung des armierten Kabels ca. mm	Äußerer Durchmesser des fertigen Kabels ohne Prüfdraht	Äußerer Durchmesser des fertigen Kabels mit Prüfdraht	Maximal-Prüfungsspannung
16	7	3	2,60			2,0	1,5	2×0,9		2,0	2×0,5	2,0	23	24	
25	7	6	2,30			2,0	1,5	2×0,9		2,0	2×0,5	2,0	24	25	
35	7	6	2,73			2,0	1,6	2×0,9		2,0	2×0,8	2,0	25	26	
50	19	6	3,26			2,0	1,6	2×1,0		2,0	5×0,8	2,0	29	30	
70	19	13	2,60	1	Imprägnierte Faserisolation	2,0	1,6	2×1,0	Säurefreie imprägnierte Jute	2,0	2×0,8	2,0	31	32	1200 V Wechselstrom
95	19	13	3,10			2,0	1,7	2×1,0		2,0	2×1,0	2,0	32	33	
120	19	13	3,42			2,0	1,8	2×1,1		2,0	2×1,0	2,0	35	36	
150	19	18	3,26			2,25	1,9	2×1,1		2,0	2×1,0	2,0	37	38	
185	37	26	3,00			2,25	2,0	2×1,1		2,0	2×1,0	2,0	40	41	
240	37	29	3,25			2,50	2,1	2×1,2		2,5	2×1,0	2,0	43	44	
310	37	36	3,31			2,50	2,2	2×1,2		2,5	2×1,0	2,0	46	47	
400	37	36	3,76			2,50	2,3	2×1,2		2,5	2×1,0	2,0	49	50	
500	37	36	4,20			2,75	2,4	2×1,3		3,0	2×1,0	2,0	54	55	
625	37	36	4,70			2,25	2,6	2×1,3		3,0	2×1,0	2,0	58	59	
800	37	36	5,32			3,0	2,8	2×1,4		3,0	5×1,0	2,0	63	64	
1000	37	36	5,95			3,0	3,0	2×1,5		3,0	2×1,0	2,0	67	68	

Der Isolationswiderstand der Kabel soll bei Abnahme im Werk mindestens 500 Megohm pro Kilometer bei einer Temperatur von 15° C betragen. Die Isolationsmessung bei Abnahme in der Fabrik soll auf Verlangen des Abnehmers mit 700 V vorgenommen werden. Auf Verlangen

Die Kupferseele ist feuerverzinnt und mit einer vulkanisierten Gummihülle umgeben, deren Wandstärke 0,6 mm betragen soll. Über dem Gummi befindet sich eine Umklöppelung aus Baumwolle, Hanf, Seide oder ähnlichem Material, welches auch in geeigneter Weise imprägniert sein kann, und darf der äußere Durchmesser der Ader 2,7 mm nicht übersteigen.

Die Toleranz der Dimensionen beträgt 5 %.

Die so bezeichnete Ader ist, wenn 5 m lang, doppelt zusammengedreht, in trockenem Zustande einer halbstündigen Durchschlagsprobe mit 1000 V Wechselstrom zu unterziehen.

Fassungsdoppelader (Bezeichnung FA 2)
(geeignet zur Installation von Beleuchtungskörpern).

Die Fassungsdoppelader besteht aus zwei nebeneinander liegenden nackten Fassungsadern, welche eine gemeinsame Umklöppelung aus Baumwolle, Hanf, Seide oder ähnlichem Material haben, die auch imprägniert sein kann.

Die äußeren Dimensionen dürfen 5,4 mm nicht übersteigen.

Die Toleranz der Dimensionen beträgt 5 %.

Die so bezeichnete Fassungsdoppelader ist in trockenem Zustande einer halbstündigen Durchschlagsprobe mit 1000 V Wechselstrom zu unterziehen.

Normalien für Pendelschnur[3]
(Bezeichnung PL)
(geeignet zur Installation von Schnurzugpendeln).

Die Pendelschnur hat einen Kupferquerschnitt von 0,75 qmm. Die Kupferseele besteht aus feuerverzinnten Drähten von höchstens 0,3 mm Durchmesser, welche miteinander verseilt sind. Die Kupferseele ist mit

---

[1] Über die Fabrikation von Kabeln und das dazu verwendete Material. Siehe ETZ 1901, S. 485. Über Belastung siehe S. 215 ferner ETZ 1903, S. 913.

[2] Es ist bekannt, daß bei Vernachlässigung der Oberflächenleitung leicht unrichtige Meßergebnisse erzielt werden. Der Betrag, der über die Oberfläche der Isolierhülle von der Seele nach dem Bleimantel überkriechenden Elektrizitätsmenge hängt von der Meßanordnung und von den Temperatur- und Feuchtigkeitsverhältnissen bei der Messung ab.

[3] Die Pendelschnur ist nur mit Rücksicht auf Zugpendel mit dem besonders kleinen Querschnitt von 0,75 qmm ausgestattet worden. Mit Rücksicht darauf, daß diese Zugpendel Rollen besitzen, über welche die Leitungen laufen, muß diese besonders dünn und schmiegsam sein.

Andrerseits ist es nötig, wenn ein Brechen der Isolierhüllen, besonders nach längerem Gebrauche, vermieden werden soll, daß der Durchmesser der Rollen nicht zu klein gewählt wird. Daher ist auf der Jahresversammlung des Verbandes Deutscher

Baumwolle umsponnen und darüber mit einer vulkanisierten Gummihülle von 0,6 mm Wandstärke umgeben. Zwei Adern sind mit einer Tragschnur oder einem Tragseilchen aus geeignetem Material zu verseilen und erhalten eine gemeinsame Umklöppelung aus Baumwolle, Hanf, Seide oder ähnlichem Material. Die Tragschnur oder das Tragseilchen können auch doppelt zu beiden Seiten der Adern angeordnet werden. Wenn das Tragseilchen aus Metall hergestellt ist, muß es umsponnen oder umklöppelt sein. Die gemeinsame Umklöppelung der Schnur kann wegfallen, doch müssen die Gummiadern dann einzeln umflochten werden.

Die so bezeichnete Pendelschnur soll in trockenem Zustande einer Wechselspannung von 1000 V widerstehen.

Die Pendelschnüre für Zugpendel usw. müssen mindestens so biegsam sein, daß einfache Schnüre um Rollen von 25 mm und doppelte um solche von 35 mm Durchmesser ohne Nachteil geführt werden können.

Normalien für die Konstruktion und Prüfung von Gummiaderleitungen für Hochspannung

(geeignet zur festen Verlegung)[1].

Die Hochspannungsleitungen sind mit massiven oder mehrdrähtigen Leitern in Querschnitten von 1 bis 500 qmm zulässig.

Die Kupferseele ist feuerverzinnt und mit einer wasserdichten, vulkanisierten Gummihülle zu umgeben. Dieselbe muß bei Spannungen von mehr als 1000 V aus mehreren Lagen Gummi hergestellt sein.

Die Beschaffenheit der Gummihülle muß eine derartige sein, daß die Leitungen nach 24 stündigem Liegen unter Wasser, dessen Temperatur 25° C nicht übersteigen darf, einer mindestens einstündigen Einwirkung eines Wechselstromes, dessen Spannung aus der nachstehenden Tabelle hervorgeht, widerstehen.

Die Prüfspannungen sollen betragen:

Elektrotechniker zu Mannheim im Jahre 1903 noch der letzte Absatz über die erforderliche Biegsamkeit im Verhältnis zum Rollendurchmesser zugefügt worden.

Bei Schnurpendeln nach § 21 der Sicherheitsvorschriften, welche nicht Zugpendel sind, also keine Rollen enthalten, wird man häufig guttun, etwas stärkere Kupferseelen und stärkere Tragschnur zu wählen, als sie für Pendelschnüre als normal fest gesetzt sind.

[1] Die Gummiaderleitungen für Hochspannung sind nach Art der Gummiaderleitungen für Spannungen bis 1000 Volt und feste Verlegung (diese Normalien S. 218) gebaut. Nur haben sie der höheren Spannung entsprechend eine m e h r f a c h e Gummischicht, welche bewirken soll, daß schwache Stellen einer einzelnen Schicht, die bei der Fabrikation nicht vermieden werden konnten, durch eine oder mehrere weitere Schichten verstärkt und unschädlich gemacht werden. Die Stärke der Gummihülle richtet sich nach der Betriebsspannung.

Normalien für Mehrleiterkabel.

Betriebsspannung Volt	Prüfspannung Volt
1 000	2 000
2 000	4 000
3 000	6 000
4 000	8 000
5 000	9 000
6 000	10 000
7 000	12 000
8 000	13 000
10 000	15 000
12 000	18 000

Jede Leitung muß über dem Gummi von einer Hülle gummierten Bandes umgeben sein. Als Einzelleitung verwendet, muß dieselbe außerdem eine imprägnierte Umklöppelung erhalten. Bei Mehrfachleitungen kann die Umklöppelung gemeinsam sein und können Mehrfachleitungen auch eine gemeinsame Hülle von Metalldrähten (Geflecht, Umwickelung) erhalten.
Hochspannungsleitungen führen die Bezeichnung G.A. Die für dieselben zulässige höchste Spannung ist als Index anzufügen.

Normalien für konzentrische, bikonzentrische und verseilte Mehrleiterkabel mit und ohne Prüfdraht.

(Toleranz 5 % für sämtliche Dimensionen mit Ausnahme der Länge, der Isolationsstärke und der im Leitungswiderstand oder der Leitungsfähigkeit ausgedrückten Querschnitte.)

Kupferquerschnitte der Einzelleiter qmm	Mindestzahl der Drähte des Innenleiters bei konzentrischen Kabeln Kabel ohne Prüfdrähte	Mindestzahl der Drähte des Innenleiters bei konzentrischen Kabeln Kabel mit Prüfdrähten	Mindestzahl der Drähte in jedem kreisförmigen Leiter bei den verseilten Kabeln	Prüfdrähte Querschnitt der Kupferseele qmm	Konstruktion	Isolierhülle für Kabel bis 700 V Mindeststärke zwischen den Leitern und zwischen Leitern und Blei (Toleranz 0,25 mm) mm
1	—	—	1			2,3
1,5	—	—	1			2,3
2,5	—	—	1			2,3
4	—	—	1			2,3
6	—	—	1			2,3
10	1	—	1			2,3
16	1	—	7			2,3
25	7	6	7			2,3
35	7	6	7	1	Imprägnierte Papier- oder Faserisolation	2,3
50	19	6	19			2,3
70	19	13	19			2,3
95	19	13	19			2,3
120	19	13	19			2,3
150	19	18	37			2,3
185	37	26	37			2,5
240	37	29	37			2,5
310	37	36	61			2,8
400	37	36	—			2,8

Weber, Erläuterungen. 8. Ausg.

Die Drähte der Außenleiter bei konzentrischen und bikonzentrischen Kabeln sind derart zu wählen, daß dieselben einen möglichst geschlossenen Leiter bilden. Schwächer als 0,8 mm Durchmesser dürfen die Drähte jedoch nicht sein.

Konzentrische und bikonzentrische Kabel sind nur für Spannungen bis 3000 V zulässig.

Die Prüfspannungen der Kabel werden wie folgt festgesetzt[2]):

Die Spannung bei der Prüfung in der Fabrik soll das Doppelte, jene bei der Prüfung nach fertiger Verlegung das 1,25 fache der Betriebsspannung betragen.

Den Bedingungen ist genügt, wenn die Kabel in der Fabrik nach einhalbstündiger Spannung und im fertig verlegten Netz nach einstündiger Spannung mit den vorgeschriebenen Spannungen in Wechselstrombezw. bei den Dreifachkabeln in Drehstromschaltung nicht durchschlagen. Der Isolationswiderstand soll sich nach der Hochspannungsprobe nur soviel verändern, als etwaige Erwärmungen mit sich bringen.

Kupferwiderstand siehe Kupfernormalien des Verbandes Deutscher Elektrotechniker.

Der **Isolationswiderstand** soll mindestens 500 Megohm pro Kilometer bei 15° C betragen und ist so zu verstehen, wenn ein Leiter gegen die anderen und Bleimantel bezw. Erde gemessen wird. Messungen bei anderer Temperatur als 15° C und Umrechnungen auf 15° C sind zulässig, solange die umzurechnenden Werte zwischen dem 0,5 bis 2 fachen der normalen Werte liegen. — Die Isolationsmessung bei Abnahme in der Fabrik soll auf Verlangen des Abnehmers mit 700 V vorgenommen werden. Auf Verlangen des Fabrikanten müssen hierbei die Oberflächenströme abgefangen werden.

Die **Stärken der Isolationsschichten** zwischen den Leitern unter sich und zwischen den Leitern und Blei werden bei den Kabeln höherer Spannung, also über 700 V, dem Ermessen des Fabrikanten überlassen.

---

[2]) Gegen die für Mehrleiterkabel festgesetzte Prüfspannung ist das Bedenken erhoben worden, daß sie nicht die volle Sicherheit biete gegen jene Überspannungen, die im Betriebe etwa infolge von Extraströmen oder von Resonanzerscheinungen auftreten können. Derartige Bedenken dürften jedoch nicht stichhaltig sein. Denn die Überspannungen, die als Folge von Resonanz auftreten können, werden ebenso leicht das Doppelte wie das Mehrfache oder Mehrfache der Betriebsspannung erreichen können. Gegen sie würde daher auch eine Erhöhung der Prüfspannung ebenfalls nicht unbedingt schützen. Vielmehr strebt man im derzeitigen Betrieb von Kabelnetzen dahin, derartige Überspannungen im vorhinein durch richtige Berechnung der Kabelnetze auszuschließen und gleichzeitig durch Spannungssicherungen die etwa noch möglichen Zufälle unschädlich zu machen.

Keinesfalls dürfen die Stärken geringer sein, als für die Kabel für 700 V festgelegt ist.

Die Stärken der Bleimäntel und der Eisenbandarmierung richten sich nach folgender Tabelle:

Durchmesser der Kabelseele unter dem Bleimantel	Bleimantel		Bespinnung des Bleimantels	Blechstärke der Armierung
	einfach	doppelt		
mm	mm	mm	mm	mm
10	1,5	2 × 0,9	2	2 × 0,8
12	1,6	2 × 0,9	2	2 × 0,8
14	1,7	2 × 1,0	2	2 × 0,8
16	1,7	2 × 1,1	2	2 × 0,8
18	1,8	2 × 1,1	2	2 × 0,8
20	1,9	2 × 1,1	2,5	2 × 1,0
23	2,0	2 × 1,2	2,5	2 × 1,0
26	2,1	2 × 1,2	2,5	2 × 1,0
29	2,2	2 × 1,2	2,5	2 × 1,0
32	2,3	2 × 1,3	2,5	2 × 1,0
35	2,4	2 × 1,3	2,5	2 × 1,0
38	2,6	2 × 1,3	3	2 × 1,0
41	2,7	2 × 1,4	3	2 × 1,0
44	2,8	2 × 1,4	3	2 × 1,0
47	3,0	2 × 1,5	3	2 × 1,0
50	3,2	2 × 1,6	3	2 × 1,0
54	3,2	2 × 1,6	3	2 × 1,0
58	3,4	2 × 1,5	3	2 × 1,0
62	3,4	2 × 1,7	3	2 × 1,0
66	3,6	2 × 1,8	3	2 × 1,0
70	3,6	2 × 1,8	3	2 × 1,0

Die Bespinnung über der Armierung muß derart ausgeführt werden, daß eine gute Deckung vorhanden ist.

Vorschriften für die Konstruktion und Prüfung von Installationsmaterial.

Die nachstehenden Vorschriften finden Anwendung auf die Prüfung von Installationsmaterial, welches bei normaler Verwendung einer Spannung bis zu 500 V ausgesetzt ist, soweit hierfür anderweitige Bedingungen nicht besonders angegeben oder vereinbart sind.

Allgemeines in bezug auf Materialprüfung.

Die Prüfung zerfällt in zwei Teile.

a) Die Feststellung, ob die Konstruktion und Materialbeschaffenheit mit den Sicherheitsvorschriften und Normalien des Verbandes Deutscher Elektrotechniker übereinstimmt.

b) Die experimentelle Feststellung der Brauchbarkeit.

Dosen-Aus- und Umschalter.

Zu a) Konstruktion und Material.

§ 1. Die stromführenden Teile müssen auf Unterlagen montiert sein, die nicht hygroskopisch und nicht brennbar sind. Als nicht brennbar gilt ein Körper, der, in der verwendeten Form auf eine Temperatur von 100^0 C. gebracht und entzündet, nicht von selbst weiterbrennt. Gehäuse und Griffe müssen entweder aus Isoliermaterial bestehen oder mit einer haltbaren Schicht von Isoliermaterial überzogen oder ausgekleidet sein.

§ 2. Die Schalter müssen Momentschalter sein, d. h. die Stromunterbrechung muß durch eine plötzlich eintretende Bewegung des Kontaktstückes erfolgen. Die Kontakte sollen Schleifkontakte sein.

§ 3. Vacat.

§ 4. Die normale Stromstärke für Dauerbetrieb und die zugehörige Spannung sind so zu vermerken, daß die Schrift im montierten Zustande bei abgenommener Kappe leicht zu erkennen ist. Die Angaben können auch auf dem festen Teil des Schalters in Bruchform erfolgen, wobei die Stromstärke im Zähler, die Spannung im Nenner steht. Für Bezeichnung auf dem Sockel im Innern ist Gummistempel zulässig.

§ 5. Als normale Stromstärken gelten 2, 4, 6, 10, 15, 20, 30, 40, 60, 80, 100 A. Für Wechselschalter und Umschalter gilt in beschränkter Weise auch 1 A.

§ 6. Als normale Spannungen gelten 125, 250, 500 V.

§ 7. Der Schalter muß so konstruiert sein, daß sein Anschluß an die Leitung durch Schrauben bewirkt wird.

§ 8. Sämtliche Schrauben, welche Kontakte vermitteln, müssen ihr Muttergewinde in Metall haben.

§ 9. Dient der Griff des Schalters zugleich zur Befestigung des Gehäuses auf dem Sockel, so muß er derart auf seiner Achse

Konstruktion und Prüfung von Installationsmaterial. 229

befestigt sein, daß er sich beim Rückwärtsdrehen nicht ohne weiteres abschrauben läßt.

Zu b) Experimentelle Untersuchung.

§ 10. Der Schalter muß, in eingeschalteter Stellung, gegen die Befestigungsschrauben, gegen eine am Griff angebrachte Stanniolumwickelung und gegen das Gehäuse, ferner in ausgeschalteter Stellung zwischen seinen Klemmen eine Überspannung von 1000 V Wechselstrom über die auf ihm vermerkte höchste Betriebsspannung 5 Minuten lang aushalten.

§ 11. Die Kontaktteile der Schalter dürfen nach einstündiger Belastung bei geschlossenem Gehäuse keine übermäßige Temperatur annehmen. Als Belastung für diesen Versuch gilt bei Schaltern bis 10 A das 1,5-fache und bei Schaltern über 10 A das 1,25-fache der höchsten auf dem Schalter verzeichneten Stromstärke. Die Temperatur gilt als übermäßig, wenn es gelingt, eine Stelle zu finden, an der ein Kügelchen reinen Bienenwachses, das vorher auf die Stelle gelegt wurde, nach Beendigung des Versuches zerschmolzen ist.

§ 12. Um die mechanische Haltbarkeit des Schalters zu prüfen, wird er mittels Antriebsvorrichtung, aber ohne Strom zu führen, in fünf oder mehr Stunden 5000-mal eingeschaltet und 5000-mal ausgeschaltet. Schmierung vor dem Versuch ist zulässig. Nach Beendigung dieses Versuches muß der Schalter für den in § 13 vorgeschriebenen Versuch noch brauchbar sein.

§ 13. Um festzustellen, daß bei rasch wiederholtem Gebrauch des Schalters sich kein dauernder Lichtbogen bildet, ist der Schalter bei den auf ihm verzeichneten Spannungen und den entsprechenden Stromstärken, welche um den in der Tabelle angegebenen Prozentsatz zu erhöhen sind, bei induktionsfreier Belastung in Tätigkeit zu setzen und zwar mit geschlossenem Gehäuse.

Die Versuchsdauer ist 3 Minuten und in dieser Zeit ist die in nachstehender Tabelle angegebene Zahl von Stromunterbrechungen vorzunehmen.

	bis 10 A	15 bis 40 A	60 bis 100 A
Größe des Schalters			
Die den Spannungen entsprechenden Stromstärken sind zu steigern um . . . . $^0/_0$	30	25	20
Zahl der Ausschaltungen in 3 Minuten . . .	90	60	30

Glühlampenfassungen mit und ohne Hahn.

Zu a) Konstruktion und Material.

§ 14. Die stromführenden Teile müssen auf feuersicherer Unterlage montiert und durch feuersichere Umhüllung, die jedoch nicht unter Spannung gegen Erde stehen darf, vor Berührung geschützt sein.

Isoliermaterialien, die brennbar (vergl. § 1) oder hygroskopisch sind oder bei einer Temperatur von 300° C. eine Formveränderung erleiden, dürfen im Innern der Fassung nicht verwendet werden.

§ 15. Fassungen für Spannungen über 250 V dürfen keinen Hahn haben.

§ 16. Die Hähne müssen Momentschalter sein (vergl. § 2). Der Griff des Hahnes muß, wenn ausgeschaltet, rechtwinklig zur Mittellinie der Fassung stehen.

§ 17. Die Fassung muß so konstruiert sein, daß die Verbindung der Kontakte mit den Zuleitungen durch Schrauben erfolgt und daß eine Berührung zwischen beweglichen Teilen des Schalters und den Zuleitungsdrähten ausgeschlossen ist. Sämtliche Schrauben, welche Kontakte vermitteln, müssen ihr Muttergewinde in Metall haben. Der Hahngriff darf aus Metall bestehen, muß aber von den Spannung führenden Teilen isoliert sein.

Zu b) Experimentelle Untersuchung.

§ 18. Die Fassung muß, in eingeschalteter Stellung, eine Wechselspannung vom doppelten Betrag der Betriebsspannung, mindestens aber 750 V 5 Minuten lang aushalten und zwar
    a) zwischen den einzelnen Kontakten,
    b) zwischen jedem Spannung führenden Kontakt und dem Gehäuse,
    c) zwischen jedem Spannung führenden Kontakt und dem Hahngriff.
    d) zwischen den Kontakten des Hahnes in ausgeschalteter Stellung.

§ 19. Um die mechanische Haltbarkeit des Hahnschalters zu prüfen, wird wie in § 12 verfahren.

§ 20. Um die allgemeine Gebrauchsfähigkeit der Hahnfassung zu prüfen, wird ein induktionsfreier Widerstand von 150 Ω angeschlossen und bei 250 V in 3 Minuten 90-mal ein- und 90-mal ausgeschaltet.

Stöpselsicherungen bis zu 60 A.*)

Zu a) Konstruktion und Material.

§ 21. Die stromführenden Teile von Sockel und Einsatz müssen auf Unterlagen montiert sein, die nicht hygroskopisch und nicht brennbar (vergl. § 1) sind und bei einer Temperatur von 300° C eine Formveränderung nicht erleiden.

§ 22. Der Sockel muß so konstruiert sein, daß sein Anschluß an die Leitung durch Schrauben bewirkt wird. Sämtliche Schrauben, welche Kontakte vermitteln, müssen ihr Muttergewinde in Metall haben.

§ 23. Die Normalstromstärke und die Maximalspannung sind auf dem Schmelzeinsatz zu verzeichnen.

§ 24. Als normale Stromstärken gelten 2, 4, 6, 10, 15, 20, 30, 40. 60 A.

§ 25. Als normale Spannungen gelten 125, 250, 500 V.

§ 26. Stöpselsicherungen von 6 A aufwärts müssen in dem Sinne unverwechselbar sein, daß eine fahrlässige oder irrtümliche Verwendung von Einsätzen für zu hohe Stromstärken ausgeschlossen ist.

§ 27. Der Berührung zugängliche Metallteile des Sockels und des Einsatzes müssen von unter Spannung stehenden Teilen isoliert sein.

Zu b) Experimentelle Untersuchung.

§ 28. Die Sicherung muß bei eingesetztem Stöpsel gegen die Befestigungsschrauben und gegen die der Berührung zugänglichen Metallteile am Sockel und Stöpsel, ferner nach herausgenommenem Stöpsel zwischen den Kontakten eine Spannung von 1000 V Wechselstrom über die Betriebsspannung 5 Minuten lang aushalten.

§ 29. Sicherungen sind hinsichtlich ihres Funktionierens mit Gleichstrom zu prüfen. Als Stromquelle dient entweder

---

*) Für Streifensicherungen sind Konstruktionsvorschriften nicht aufgestellt. Sie sind zulässig, wenn sie gleichartigen Bedingungen genügen, wie die Stöpselsicherungen.

Konstruktion und Prüfung von Installationsmaterial. 231

eine Dynamomaschine oder eine Batterie, oder beides. Von der Stromquelle führen zwei Leitungen zu den Anschlußpunkten der Sicherung. In diese Leitungen ist einzusetzen ein Schalter und ein regulierbarer Widerstand, der kurzgeschlossen werden kann. Die Sicherung wird jenseits des Schalters und des regulierbaren Widerstandes als Kurzschluß zu den Leitungen angeordnet. Die Spannung zwischen den Anschlußklemmen des offenen Schalters muß um 10% höher sein als die normale Betriebsspannung, für welche die Sicherung bestimmt ist. Sicherungen sind zu prüfen sowohl bei plötzlichem Kurzschluß als auch bei allmählich anwachsendem Strom.

§ 30. Für die Prüfung bei Kurzschluß gelten folgende Vorschriften:

Die Leistungsfähigkeit der Stromquelle und der Widerstand der Zuleitungen sind so zu bemessen, daß im Augenblick des Abschmelzens der Sicherung der gesamte Spannungsabfall von Stromquelle und Zuleitungen 1% nicht übersteigt. Diese Bedingung gilt als erfüllt, wenn unter Ersatz der Sicherung durch einen zweiten regulierbaren Widerstand der durch ihn fließende Strom das 20-fache des normalen Betriebsstromes der Sicherung mindestens aber 400 A beträgt und gleichzeitig die Spannung an den Anschlußklemmen dieses Widerstandes nicht kleiner ist als die normale Betriebsspannung, für welche die Sicherung bestimmt ist.

Sind Stromquelle und Leitungen den hier angegebenen Bedingungen entsprechend bemessen, so wird der Schalter geöffnet, der zweite Widerstand entfernt und an seine Stelle die Sicherung eingesetzt. Bei Schluß des Schalters muß diese abschmelzen, ohne einen dauernden Lichtbogen zu erzeugen und ohne gefährliche Explosionserscheinungen hervorzurufen.

§ 31. Für die Prüfung bei allmählich ansteigendem Strom gelten folgende Vorschriften: Der in § 30 erwähnte Widerstand wird entfernt und der in § 29 erwähnte Widerstand wird benutzt zur Regulierung der Stromstärke.

Sicherungen bis einschließlich 50 A Normalstromstärke müssen mindestens die $1^1/_4$-fache Normalstromstärke dauernd tragen können. Vom kalten Zustande aus plötzlich mit der doppelten Normalstromstärke belastet, müssen sie in längstens 2 Minuten abschmelzen.

Steckkontakte bis zu 6 A.

Zu a) Konstruktion und Material.

§ 32. Die stromführenden Teile müssen auf Unterlagen montiert sein, die bei Dose und Stecker nicht hygroskopisch und bei Dose auch nicht brennbar (vergl. § 1) sind und bei einer Temperatur von 300^0 C. keine Formveränderung erleiden. Das Gehäuse der Dose und der Handgriff des Steckers muß aus Isoliermaterial bestehen, oder mit einer haltbaren Schicht von Isoliermaterial überzogen oder ausgekleidet sein. Eine Ausnahme machen Stecker und Dosen für Anlagen mit geerdetem und in den Installationen blank durchgeführtem Mittelleiter, sofern dieser an das Gehäuse und den Stecker metallisch angeschlossen und der letztere so eingerichtet ist, daß eine Vertauschung der Pole unmöglich ist. Die normale Stromstärke für Dauerbetrieb und die zugehörige Spannung müssen auf Dose und Stecker vermerkt sein.

§ 33. Als normale Spannungen gelten 125, 250 und 500 V.

§ 34. Dose und Stecker müssen so konstruiert sein, daß der Anschluß an die Leitungen durch Schrauben bewirkt wird. Schrauben, welche Kontakte vermitteln, müssen ihr Muttergewinde in Metall haben. Nach Einsetzen des Steckers dürfen keine unter Spannung stehenden Metallteile von außen zugänglich sein.

§ 35. Doppelpolige Sicherungen für 2, 4 oder 6 A dürfen in den Dosen untergebracht werden. Der Kontakt darf nicht durch weiches oder plastisches Material vermittelt werden, sondern es müssen die Schmelzeinsätze mit Backen aus Kupfer, Messing oder gleichartigem Material versehen sein.

Zu b) Experimentelle Untersuchung.

§ 36. Der Steckkontakt muß bei eingesetztem Stecker eine Wechselspannung von 1000 V über die Betriebsspannung gegen die Befestigungsschrauben 5 Minuten lang aushalten und ebenso gegen eine an seinem Griff angebrachte Stanniolumwickelung.

Bei ausgezogenem Stecker müssen die Kontakthülsen gegeneinander und ebenso die Kontaktstifte gegeneinander 1000 V Wechselspannung über die Betriebsspannung 5 Minuten lang aushalten.

§ 37. Um die mechanische Brauchbarkeit des Steckkontaktes zu prüfen, ist der Stecker 100-mal stromlos einzusetzen. Nach dieser Probe muß er sich ebenso sicher einschieben lassen und ebenso fest sitzen wie vorher.

§ 38. Die Sicherungen in den Dosen sind nach §§ 29 bis 31 zu prüfen.

Steckkontakte über 6 A.

Zu a) Konstruktion und Material.

§ 39. Die stromführenden Teile müssen auf Unterlagen montiert sein, die bei Dose und Stecker nicht hygroskopisch und bei Dose auch nicht brennbar (vergl. § 1) sind und bei einer Temperatur von 300⁰ C. keine Formveränderung erleiden. Dose und Stecker müssen aus Isoliermaterial bestehen oder mit einer haltbaren Schicht von Isoliermaterial überzogen oder ausgekleidet sein. Die normale Stromstärke für Dauerbetrieb und die zugehörige Spannung müssen auf Dose und Stecker vermerkt sein. Im übrigen finden die §§ 34, 35 sinngemäße Anwendung.

§ 40. Die Stecker müssen so konstruiert sein, daß sie nicht in Dosen für höhere Stromstärken eingesetzt werden können.

§ 41. Als normale Stromstärken gelten 10, 15, 20, 30, 40, 60 A.

§ 42. Als normale Spannungen gelten 125, 250, 500 V.

Zu b) Experimentelle Untersuchung.

§ 43. Die Prüfung erfolgt, wie in §§ 36, 37, 38 vorgesehen, und außerdem ist der Steckkontakt eine Stunde lang mit dem Anderthalbfachen des auf ihm verzeichneten Betriebsstromes zu belasten und darf dabei nicht so heiß werden, daß der Stift unmittelbar nach Herausziehen reines Bienenwachs zum Schmelzen bringen kann.

Erste Hilfeleistung bei Unfällen in elektrischen Betrieben.

Folgende Anleitung ist im Auftrage des Verbandes Deutscher Elektrotechniker durch die H.H. von Dolivo-Dobrowolsky und Görges aufgestellt und von der Jahresversammlung 1899 genehmigt worden.

I. Verbrennungen.

1. Bei bloßer Rötung und Schmerz kühle man durch kaltes Wasser (Wasserleitung) oder Eis, lege einen Verband mit Watte an, die in Brandsalbe getaucht ist, und befestige darüber eine Binde.
2. Bei Blasenbildung sind die Blasen nicht abzureißen, sondern mit einer Nadel, die vorher ausgeglüht ist, aufzustechen, damit das Wasser herausfließt. Nach dem Auslaufen der Flüssigkeit ist eine vierfache Lage von Jodoformgaze und darüber Watte und eine Binde zu legen. (Vor dem Abschneiden der Gaze sind die Hände auf das sorgfältigste in Wasser und hierauf in Sublimatlösung 1:1000 zu waschen.)
3. Bei Verkohlungen und Schorfbildungen ist eine vierfache Lage von Jodoformgaze, darauf Watte und Binde zu legen.

II. Bewußtlosigkeit.

1. Unter allen Umständen ist sofort nach einem Arzt zu schicken.
2. Alle den Körper des Verunglückten beengenden Kleidungsstücke (Hemdkragen, Beinkleider) sind zu öffnen.
3. Man lege den Verunglückten auf den Rücken und überzeuge sich vor allem davon, ob noch eine Spur von Atmung vorhanden ist. In diesem Falle bringe man den Kopf in etwas erhöhte Lage und mache Umschläge mit kaltem Wasser oder Eis auf die Stirn. Ferner empfiehlt es sich in diesem Falle, eine Einspritzung mit Kampferöl (eine Spritze voll) unter die Haut zu machen. Die Einspritzung ist nach 10 Minuten zu wiederholen, falls noch kein Arzt gekommen sein sollte.
4. Ist keine Atmung mehr nachweisbar, so lege man den Verunglückten auf den Rücken und bringe ein Polster aus zusammengelegten Kleidungsstücken, z. B. einem zusammengerollten Mantel, unter die Schultern. Das Polster muß so groß sein, daß das Rückgrat gestützt wird, der Kopf dagegen frei nach hinten überhängt. Nun kniee man hinter dem Kopf des Betäubten nieder, das Gesicht ihm zugewandt, ergreife beide Arme unterhalb der Ellenbogen und ziehe sie über seinen Kopf hinweg, so daß man sie über seinem Kopf fast ganz zusammenbringt. In dieser Lage sind die Arme 2 bis 3 Sekunden lang festzuhalten. Dann bewege man sie abwärts, beuge sie und presse die Ellenbogen mit dem eigenen Körpergewicht fest gegen die

Brustseiten des Betäubten. Nach 2 bis 3 Sekunden strecke man die Arme wieder über dem Kopfe des Betäubten aus und wiederhole das Ausstrecken und Anpressen der Arme möglichst regelmäßig und ohne Übereilung etwa 15-mal in der Minute.

Sind zwei Helfer zugegen, so fasse der zweite während dieser Versuche die Zunge des Betäubten mit einem Taschentuche, ziehe sie kräftig heraus, so oft die Arme über den Kopf gezogen werden, und lasse sie zurückgehen, wenn die Arme zur Brust geführt werden. Diese Maßregel befördert die Atmung sehr. Wenn der Mund nicht leicht aufgeht, öffne man ihn gewaltsam mit einem Stück Holz oder dergl.

Sind noch mehr Helfer zur Hand, so sind die oben aufgeführten Versuche von zweien auszuführen, indem jeder einen Arm ergreift, und auf das Kommando 1, 2—3, 4 machen beide gleichzeitig diese Bewegungen.

Die beschriebene künstliche Atmung ist so lange fortzusetzen, bis die r e g e l m ä ß i g e natürliche Atmung wieder eingetreten ist. Wenn das nicht der Fall ist, muß die künstliche Atmung bis zur Ankunft des Arztes, mindestens aber zwei Stunden lang fortgesetzt werden, ehe man auf weitere Wiederbelebungsversuche verzichten darf.

5. Das Einflößen irgend welcher Flüssigkeiten durch den Mund ist zu unterlassen.

Für das Entfernen des Verunglückten von der Leitung empfehlen sich folgende Maßnahmen, die einer Anweisung der Firma Siemens & Halske entnommen sind:

1. Man stelle die Maschine ab oder schalte den betreffenden Stromkreis mit allen Polen von der Stromquelle (Maschine, Transformator) ab.

2. Erfordert dies zu viel Zeit, so suche man die Leitungen kurz zu schließen und zu erden, d. h. gut leitend mit der Erde, eisernen Masten, der Wasserleitung oder dergl. zu verbinden.

3. Berührt der Verunglückte nur einen Leitungsdraht, so genügt es vielfach, diesen zu erden oder den Verunglückten vom Boden aufzuheben.

4. Wenn die Leitungsdrähte nicht kurz geschlossen sind, darf nur die Leitung geerdet werden, an der sich der Verunglückte befindet.

5. Der Helfende beobachte zum eigenen Schutze folgende Regeln:

a) Jede Berührung der Leitung auch der kurzgeschlossenen, sowie des mit der Leitung in Verbindung stehenden Verunglückten ist gefährlich, solange die Leitung nicht geerdet ist.

b) Der Helfende stehe daher möglichst gut von der Erde (eisernen Masten usw.) isoliert, etwa auf Glas, trockenem Holze oder zusammengelegten Kleidungsstücken, und fasse den Verunglückten nur an seinen Kleidungsstücken an oder bediene sich eines trockenen Tuches oder eines trockenen Holzstückes, um ihn von der Leitung zu entfernen.

c) Das Kurzschließen der Leitungsdrähte ist vor dem Erden vorzunehmen, wenn es durch Überwerfen eines Drahtes, nasser Tücher oder dergl. geschehen kann, ohne daß sich der Helfende dadurch mit den Leitungsdrähten in leitende Verbindung bringt. Andernfalls ist zunächst diejenige Leitung zu erden, an der sich der Verunglückte befindet. (Vergl. 4.)

d) Beim Erden ist der dazu benutzte Draht (die Eisenstange und dergl.) zuerst mit der Erde (dem eisernen Maste usw.), dann mit der Leitung in Berührung zu bringen.

Sachregister.

Abdichtung von Rohren 128.
— in Gruben 181, 184.
Abschalten von Stromkreisen 140.
— feuchter Räume 158.
Abschmelzstromstärke 62, 63.
Abstand blanker Drähte 118, 119.
— isolierter Drähte 68, 113.
— von der Wand 119.
— bei Apparaten 50.
— in feuchten Räumen 158.
Abspannisolatoren 97.
Abteufen 179.
Abzweigklemmen 110, 154.
Abzweigstellen, Sicherungen 132.
— in Beleuchtungskörpern 78, 79.
Akkumulatoren 150.
— in Fahrzeugen 203.
Aluminiumdrähte 43.
Anhang 210.
Ankerdrähte 97.
Anlasser 54, 60.
— in Bergwerken 187.
Anschlußdosen 57.
Anstrich von Leitungen 87.
Apparate 48, 49.
— Anbringung 138.
— in Freileitungen 88, 91.
Aschenteller 74, 156, 166.
Asphaltierte Kabel 46.
Ätzende Dünste 160.
Aufhängung von Bogenlampen 76, 147.
— von Glühlampen 146.
— von Kabeln 181.
Aufstellung von Maschinen 98, 103.
— in Bergwerken 183, 187.
Ausschalter 52.
— in Nulleitern 138.
— an Steckkontakten 141.
— in Fahrzeugen 209.
Automaten als Sicherung 133.

Bahnen 10, 11, 196.
— in Bergwerken 179, 185, 199.

Bedienungsgang 33.
Befestigung v. Leitungen 122.
— von Kabeln in Schächten 178.
Behandlung der Räume 150.
— Verunglückter 232.
Belastung von Drähten 38.
— von Fahrstromleitungen 204.
— von Kabeln 215.
Beleuchtungskörper 76, 77.
— Anbringung 146.
— Lötstellen 80, 110.
Bergwerke 176.
Beschaffenheit des Materials 30, 31.
Betriebsräume, elektr. 28, 150.
Betriebsstätten 28.
Bewegliche Lampen 109, 149.
— in feuchten Räumen 160.
— in Theatern 172, 173.
— in Warenhäusern 164.
— bei Hochspannung 149.
Bewegliche Leitungen 108, 109, 138.
— Stromverbraucher 138.
Bezeichnungen 14.
Biegsame Leitungen 46.
— in Bergwerken 182.
Bindedrähte 122.
Birnenschalter 141.
Blanke Leitungen in Gebäuden 116.
— Strombelastung 40.
— in feuchten Räumen 158.
— in Bergwerken 179.
— in Schlagwettergruben 185.
— in Theatern 175.
Blanker Mittelleiter 120.
Blei, chemisch zerstört 47, 128.
Bleikabel 46, 128.
Blitzpfeil 13, 85.
Blitzschutz 88, 93.
— bei Bahnen 200.
— von Wagen 210.
Bogenlampen 74, 75.
— Aufhängung 147.
— in Bergwerken 185, 189.

Bohrlöcher 178.
Brennscheren 145.
Bühnenbeleuchtungskörper 175.
Bühnenhaus 170.
Bühnenregulator 169.

Celluloid 68.
— in Fahrzeugen 203.
Chemische Angriffe auf Blei 47, 128.
Chemische Betriebsapparate 10.
Chemische Fabriken 11, 190.

Dauerbelastung 40.
Deckendurchführungen 114.
Decksitzwagen 198.
Definitionen 24, 25.
Drahtbruch 97.
Drahtbruch bei Bahnen 199.
Drähte 42.
— in Beleuchtungskörpern 78, 146, 149.
Drahtbund von Arlt 110.
Drahtverbindungen 110.
— in Beleuchtungskörpern 79, 110, 154.
— in Rohren 124.
Dreileitersystem 8, 84.
— mit blankem Mittelleiter 120.
— Sicherungen im 130.
Drosselspulen als Blitzschutz 91.
Durchführung durch Wände 114.
Durchhang 89.
— bei Bahnen 199.
Durchtränkte Räume 162.
Dynamomaschinen 98.
— in feuergefährlichen Räumen 154.
— in explosiblen Räumen 156.
— in Bergwerken 183, 187.
— in Fahrzeugen 203.

Einführung in Apparate 144.
— in Gebäude 98.
Einteilung der Vorschriften 6.
Eisendraht 42.
Eisenmast 97.
Elektrochemische Anlagen 10, 11.
Emaillack 160.
Endverschlüsse 128.
Entfernen der Drähte 124.
— Verunglückter 234.
Entfernung der Leitungen vom Boden 88, 89.

Entfernung der Leitungen in Bergwerken 180.
— bei Bahnen 198.
Entladespannung 10.
Entlastung von Abzweigungen 110.
Entstehung hoh. Spannung 101.
Erdelektroden 82, 83.
Erdplatten 95.
Erdung 26, 27, 80, 81.
—, Fahrschienen als 200.
— von Kabelarmaturen 115.
— von Lampenarmaturen 149.
— von Maschinen 105.
— von Masten 97.
— von Schalttafeln 35.
— von Rohren 129.
— von Fahrzeugen 203.
Erdungsleitungen 80, 81.
— von Blitzableitern 93.
Erdungswiderstand 83.
Erwärmung von Drähten 42.
— von Kabeln 39.
— von Kontakten 54, 55.
— von Widerständen 144.
Explosible Stoffe 156.
Explosionsgefährliche Räume,
— Behandlung 156.
— Definition 28.

Fahrzeuge 10, 202.
Fahrleitungen 197, 203.
— in Gruben 179, 185.
Fahrschalter 208.
Fangbügel 95.
Fassungen 70, 71, 229.
Fassungsader 78, 79, 221.
Festigkeit von Drähten 43.
— der Gestänge 90, 91.
Feuchte Räume, Isolation 23.
— Installation 158.
Feuererscheinungen 99.
Feuergefährliche Betriebe 154.
Feuersichere Gegenstände 26.
Feuerwehr 94.
Flugdrähte 171.
Freileitungen, Ausführung 84.
— Definition 26.
— Isolation 24, 25.
— isolierte bei Bahnen 197.
— Minimalquerschnitt 40, 41.
— Strombelastung 38, 86.
Fußbekleidung 163.
Fußbodendurchführung 114.
Fußboden in Maschinenräumen 103.

Garderoben 170, 174.
Gase, Gasuhr 29.
Gebrauchsspannung 8.

Sachregister. 237

Gehäuse von Apparaten 142.
— an Schalttafeln 33.
Gehäuse von Schaltern 54.
— von Transformatoren 105.
Geltungsbereich der Niederspannung 8.
— der Hochspannung 9.
Gestänge 91, 199.
— Herstellung etc. 211.
Gestell von Maschinen, isoliert 103.
— geerdet 105.
Gips 47, 107.
Glas als Isolierstoff 26, 69.
Gleis, Polarität 202.
— Spannung 202.
Gleichstromkabel 222.
Gliederung der Vorschriften 6.
Glocken 68.
— Verlegung 120.
Glühlampen 70, 71.
— in Bergwerken 184, 188.
Griffe von Schaltern 54, 55.
Gummiaderleitungen 216.
— für Hochspannung 224.
Gummiaderschnur 221.
Gummbandleitungen 216.
Gummibandschnüre 220.
Gummikabel 129.
— in Schächten 178.

Hahnfassung 73.
— in durchtränkten Räumen 164.
Haltestellen 199.
Handlampen 74.
Handwarm 144.
Hartgummi in Fassungen 73.
— an Steckern 58.
Hartkupfer 39.
Hebelschalter 54.
Heizapparate 61.
— Anbringung 142.
Hilfeleistung bei Unfällen 233.
Hochspannung, Grenzen 8.
Höhe von Leitungen 88, 198.
Holz an Apparaten 49.
— an Bühnenbeleuchtungskörpern 175.
— als Isolierstoff 27, 28.
— an Kontrollern 49.
— an Schaltern 55.
— an Schalttafeln 30, 32.
Holzgestänge 211.
Holzleisten 67.
— in Fahrzeugen 206.

Inkrafttreten der Vorschriften 194.
— für Bahnen 210.

Installationsmaterial 228.
Intermittierende Betriebe 40.
Interm. Betr., Sicherung 136.
Isolation 18, 19.
— von Akkumulatoren 152.
— von Beleuchtungskörpern 146.
Isolationsprüfung 18, 19, 195.
— von Kabeln 220.
Isolationszustand 18, 19, 201.
— im Betriebe 25.
— von Fahrleitungen 201.
— in feuchten Räumen 22.
Isolierglocken 68, 69.
— Verlegung 120.
Isolierstand 35.
— bei Maschinen 102.
— in feuchten Räumen 161.
Isolierstoffe 25.
Isolierte Drähte, Verlegung 120.
— in Bergwerken 179.
— in Schlagwettergruben 186.
Isolierung v. Lötstellen 110, 111.
— von Maschinen 102.

Kabel 46, 47.
— Strombelastung 215.
Kabelschuhe 50, 128.
Kabelverlegung 108, 128.
— in Bergwerken 177, 181, 186.
Kalk 47, 120, 162.
Kanäle 116.
Kapazität von Schaltern 53.
Klemmen 68, 69.
— Verlegung 120.
Klemmschrauben 110.
Konstruktion von Installationsmaterial 228.
Kontakte, Erwärmung 54, 55.
Kraftwerke von Bahnen 197.
Krampen 66, 67, 68.
— in Fahrzeugen 207.
Kreuzung von Freileitungen 97.
— an Schalttafeln 34.
— von Leitungen 112.
Krümmungen in Erdleitungen 93.
Kupferdrähte 38.
Kupfernormalien 214.

Lampen in Fahrzeugen 210.
Lampensockel 73.
Laternen 76, 77.
— Anbringung 147.
Läutewerke 11.
Leitungen 42, 43.
— in Gebäuden 106.
— geerdete 120.
— in Fahrzeugen 203.
Leitungen, Normalien 214.

238 Sachregister.

Leitungskupfer 38, 214.
Leitungsmaterial 38.
Leitungsschnur 108.
Lichtbogen an Schaltern 52.
— an Schalttafeln 33.
— an Sicherungen 63.
Linoleum an Schalttafeln 31.
— an Isolierständen 103.
Lösbare Kontakte 108.
Löten 50. 51, 110.
Lötfertige Kontakte 51, 111.
Lötmittel 110.
Lötstellen 107, 110.
Lüftung 150.
Luftweichen 201.

Marmor als Isolierstoff 26.
— an Schalttafeln 31.
— in Bergwerken 182.
Maschinen, Aufstellung 98, 99.
— in Bergwerken 183, 187.
— in Fahrzeugen 203.
Maschinenräume 150.
Maste, Schutzverkleidung 97.
Material 30, 31.
Materialprüfung 228.
Mehrfachleitung 45, 47.
— in Fahrzeugen 205.
Messung der Isolation 20.
Metalle, andere, als Kupfer 40.
Meßtransformator 143.
Mindestquerschnitt von Freileitungen 86, 87.
— von isolierten Leitungen 40, 41.
Mittelleiter, geerdeter 84.
Momentschalter 52.
Motoren 98, 99.
— in Betriebsstätten 154, 156.
— in Bergwerken 183, 187.
— in Fahrzeugen 197.
Mühlen 29.

Nernstlampen 74, 153, 158, 189.
Niederspannung, Grenzen 8.
Normalien 214.
Normalkupfer 214.
Notbeleuchtung 170.

Oberflächenleitung 26.
Oberlichter 175.
Ölschalter 53.
Ortschaften, Leitungen in 93.

Panzerdraht 44.
Panzerschnur 46.
Paraband 217, 220.
Parallelzweige von Leitungen 118.

Pendelschnur 223.
Peschels Rohrsystem 110, 127.
Pläne 12, 13.
Plätteisen 145.
Polaritätszeichen 36.
Porzellan 26, 69.
Prüfdrähte in Kabeln 129.
Prüfung von Sicherungen 64.
Prüfspannungen 225.

Querdrähte 198.
Querschnitte 38, 39.
Querschnittsänderungen 132.
Querschnitt von Fahrstromleitungen 198.

Räume, Behandlung 148.
— Bezeichnung 12.
— durchtränkte 162.
— explosible 156.
— feuchte 158.
— mit ätzenden Dünsten 160.
— trockne 152.
Reihenschaltung von Lampen 149.
— — in Bergwerken 184.
— von Transformatoren 107.
— Sicherung 138.
Reihenstromkreise, Isolationsmessung 19.
Rohre 70.
— in Fahrzeugen 207.
— Verlegung 122.
Rohrleitungen als Erde 84, 85.
Rollen 68.
— Verlegung 120.
Ringe 68.
— Verlegung 120.
Ringleitungen 133.
Rückwirkende Kraft der Vorschriften 3, 194.

Säure 152.
Schächte 177.
Schalter 52.
Schalteschema 14.
Schaltetafeln 30, 37.
— in Bergwerken 182, 186.
— in Fahrzeugen 207.
Schaufenster 164.
Schiefer 26.
Schiene, dritte 198.
Schienen als Erde 200.
Schlagwettergruben 185.
Schleifkontakte 54.
Schlußbestimmungen 194.
Schmelzsicherungen 62, 63.
Schnurleitungen 120.
Schnurpendel 78, 79.
Schutznetze 95.

Schwachstromanlagen 11.
Sicherheitsaufhängung 95.
Sicherungen 62.
— nach Stromstärken 134.
Sicherungen, Anbringung 130.
— auf der Bühne 174.
— in Fahrzeugen 208.
— an Schalttafeln 36.
— bei Steckkontakten 56, 134.
— an Maschinen 132.
Spanndrähte 198.
Spannungsgrenzen 8, 9.
Spannweite 89, 199.
Speiseleitungen 197.
Steckkontakte 56, 57.
— mit Ausschaltern 141.
— in Bergwerken 187.
— in Theatern 172.
Steinplatten 27.
Stöpsel 142.
Streckenausschalter 200.
Streckenisolatoren 200.

Tapeten über Holzleisten 67.
Telephonleitungen an Hochspannungsgestängen 97.
Telegraphengesetz 90, 97.
Temperatur von Apparaten 50.
— von Glühlampen 74.
— von Widerständen 144.
Theater 168.
Transformatoren 105.
— in Freileitungen 88, 93.
Treppenhäuser in Theatern 170.
Trockene Räume 152.

Überglocken 158.
— in Bergwerken 184.
Übertemperatur 42, 50.
Übertritt hoher Spannung 100.
Uhren, elektrische 11.
Unglücksfälle 162, 233.
Unterirdische Leitungsnetze 10.
Unterführungen 198.
Unterlagen für Apparate 48.
Unverwechselbare Sicherungen 64.
Unverwechselbare Steckkontakte 56.

Verbindung von Freileitungen 89.
— von Leitungen unter sich 110.
— — mit Apparaten 50.
— von Schnüren 110, 154.
Verbindungsdosen 71, 125.
Verbindungsleitungen 206.
Verbindungsstellen in Rohren 124.
— in Erdleitungen 84, 161.
Verbrennungen 233.
Verlegungvorschriften 80.
Verletzung von Leitungen 108.
Verlötung der Enden. 50.
Verputz 107.
Verteilungstafeln 30, 31, 36.
Verzeichnis der Räume 13.
Vorschaltewiderstand 145.

Wagenschuppen 197.
Warenhäuser 164.
Wanddurchgänge 114.
Warnungstafeln 164.
— bei Unterführungen 199.
— an Haltestellen 199.
Warnungszeichen 85.
Wasser in Rohren 128.
Wegkreuzungen 93.
Werkstätten 156.
Widerstände 61.
— Anbringung 142.
— in Fahrzeugen 209.
Winddruck 91.
Wohnräume 152.

Zeichnungen 14.
Zellenschaltleitungen 118.
Zentralisieren von Sicherungen 138.
— — in Theatern 170.
Zigarrenanzünder 145.
Zopfstärke 211.
Zusammenlegen von Leitungen 112.
— in Fahrzeugen 206.
Zweck der Vorschriften 2.

Verlag von Julius Springer in Berlin.

Der elektrische Lichtbogen bei Gleichstrom und Wechselstrom
und seine Anwendungen.
Von **Berthold Monasch**,
Diplom-Ingenieur.
Mit 141 Textfiguren.
In Leinwand gebunden Preis M. 9,—.

Die Berechnung elektrischer Leitungsnetze
in Theorie und Praxis.
Bearbeitet von
Jos. Herzog und **Cl. Feldmann.**
Zweite, umgearbeitete und vermehrte Auflage in zwei Teilen.
Erster Teil: **Strom- und Spannungsverteilung in Netzen.**
Mit 269 Textfiguren.
In Leinwand gebunden Preis M. 12,—.
Zweiter Teil: **Die Dimensionierung der Leitungen.**
Mit 216 Textfiguren.
In Leinwand gebunden Preis M. 12,—.

Handbuch der elektrischen Beleuchtung.
Bearbeitet von
Jos. Herzog und **Cl. Feldmann.**
Dritte, verbesserte Auflage.
Unter der Presse.

Theorie u. Berechnung elektrischer Leitungen.
Von
Dr.-Ing. H. Gallusser, und Dipl.-Ing. **M. Hausmann,**
Ingenieur bei Brown, Boveri & Co., Ingenieur bei der Allgemeinen
Baden (Schweiz) Elektrizitäts-Gesellschaft, Berlin.
Mit 145 Textfiguren.
In Leinwand geb. Preis M. 5,—.

Berechnung und Ausführung der Hochspannungs-Fernleitungen.
Von **Karl Fred. Holmboe,**
Elektroingenieur.
Mit 61 Textfiguren.
Preis M. 3,—.

Die Fernleitung von Wechselströmen.
Von **Dr. G. Roeßler,**
Professor an der Königlichen Technischen Hochschule in Danzig.
Mit 60 Figuren.
In Leinwand gebunden Preis M. 7,—.

Die Isolierung elektrischer Maschinen.
Von
H. W. Turner und **H. M. Hobart.**
Deutsche Bearbeitung von **A. von Königslöw** und **R. Krause,**
Ingenieure.
In Leinwand gebunden Preis M. 8,—.

Zu beziehen durch jede Buchhandlung.

Verlag von Julius Springer in Berlin.

Dynamomaschinen
für Gleich- und Wechselstrom.
Von **Gisbert Kapp**.

Vierte, vermehrte und verbesserte Auflage.

Mit 255 Textfiguren.

In Leinwand gebunden Preis M. 12,—.

Transformatoren für Wechsel- u. Drehstrom.
Eine Darstellung ihrer Theorie, Konstruktion und Anwendung.

Von **Gisbert Kapp**.

Dritte, vermehrte und verbesserte Auflage.

Mit ca. 170 Textfiguren.

Erscheint im Frühjahr 1907.

Elektromechanische Konstruktionen.
Eine Sammlung von Konstruktionsbeispielen u. Berechnungen von Maschinen und Apparaten für Starkstrom.

Zusammengestellt und erläutert
von **Gisbert Kapp**.

Zweite, verbesserte und erweiterte Auflage.

Mit 36 Tafeln und 114 Textfiguren.

In Leinwand gebunden Preis M. 20,—.

Der Drehstrommotor.
Ein Handbuch für Studium und Praxis.

Von **Julius Heubach**,
Chef-Ingenieur.

Mit 163 Textfiguren.

In Leinwand gebunden Preis M. 10,—.

Die Bahnmotoren für Gleichstrom.
Ihre Wirkungsweise, Bauart und Behandlung.

Ein Handbuch für Bahntechniker

von

H. Müller, und **W. Mattersdorff**,
Oberingenieur der Westinghouse- Abteilungsvorstand der Allgemeinen
Elektrizitäts-Aktiengesellschaft, Elektrizitäts-Gesellschaft.

Mit 231 Textfiguren und 11 lithogr. Tafeln, sowie einer Übersicht der ausgeführten Typen.

In Leinwand gebunden Preis M. 15,—.

Kurzes Lehrbuch der Elektrotechnik.
Von **Dr. Adolf Thomälen**,
Elektroingenieur.

Zweite, verbesserte Auflage.

Mit 287 Textfiguren.

In Leinwand gebunden Preis M. 12,—.

Zu beziehen durch jede Buchhandlung.

Verlag von Julius Springer in Berlin.

Hilfsbuch für die Elektrotechnik
unter Mitwirkung
namhafter Fachgenossen bearbeitet und herausgegeben von
Dr. Karl Strecker.
Siebente, umgearbeitete und vermehrte Auflage.
Mit 675 Textfiguren.
In Leinwand gebunden Preis M. 14,—.

Anlasser und Regler für elektrische Motoren und Generatoren.
Theorie, Konstruktion, Schaltung.
Von **Rudolf Krause**, Ingenieur.
Mit 97 Textfiguren.
In Leinwand gebunden Preis M. 4,—.

Messungen an elektrischen Maschinen.
Apparate, Instrumente, Methoden, Schaltungen.
Von **Rudolf Krause**, Ingenieur.
Mit 166 Textfiguren.
In Leinwand gebunden Preis M. 5,—.

Elektrische und magnetische Messungen und Meſsinstrumente.
Von
H. S. Hallo und **H. W. Land.**
Eine freie Bearbeitung und Ergänzung des Holländischen Werkes
Magnetische en Elektrische Metingen von G. J. van Swaay,
Professor an der technischen Hochschule zu Delft.
Mit 343 Textfiguren.
In Leinwand gebunden Preis M. 15,—.

Elektrotechnische Meſskunde.
Von **Arthur Linker,**
Ingenieur.
Mit 385 Textfiguren.
In Leinwand gebunden Preis M. 10, —.

Die Preisstellung beim Verkaufe elektrischer Energie.
Von **Gustav Siegel,**
Diplom-Ingenieur.
Mit 11 Textfiguren.
Preis M. 4,—.

Die Verwaltungspraxis
bei Elektrizitätswerken und elektrischen Straßen- und Kleinbahnen
von **Max Berthold,**
Bevollmächtigter der Continentalen Gesellschaft für elektrische Unternehmungen u. der Elektrizitäts-Aktiengesellschaft vormals Schuckert & Co.
in Nürnberg.
In Leinwand gebunden Preis M. 8,—.

Zu beziehen durch jede Buchhandlung.

MIX
Papier aus verantwortungsvollen Quellen
Paper from responsible sources
FSC® C105338

If you have any concerns about our products,
you can contact us on
ProductSafety@springernature.com

In case Publisher is established outside the EU,
the EU authorized representative is:
**Springer Nature Customer Service Center GmbH
Europaplatz 3, 69115 Heidelberg, Germany**

Printed by Libri Plureos GmbH
in Hamburg, Germany